과학의 순교자

과학의 순교자

과학의 역사상 가장 위대했으나
가장 불운했던 과학자들

이종호 지음

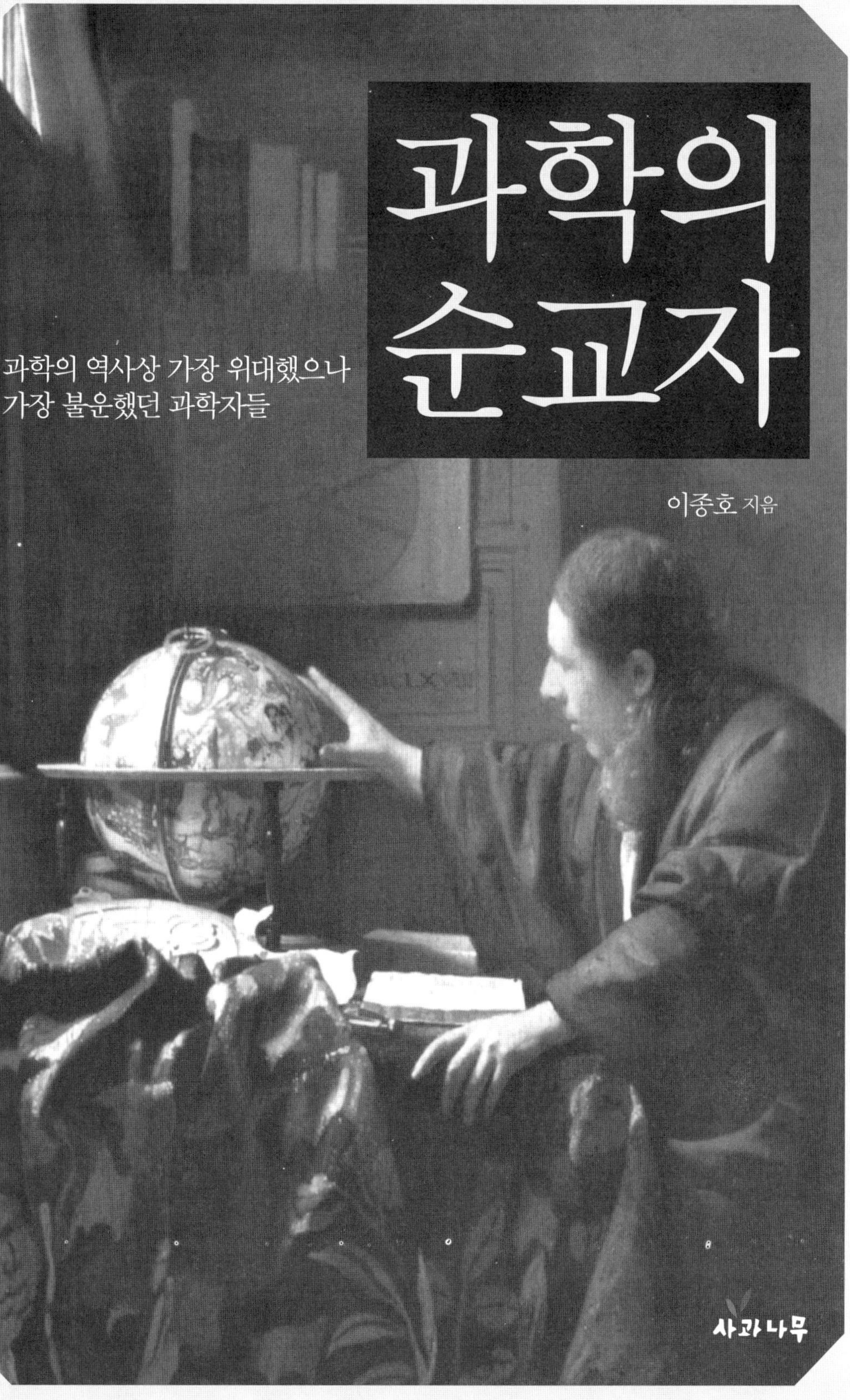

사과나무

과학의 순교자

초판 1쇄 인쇄 2014년 2월 5일
초판 1쇄 발행 2014년 2월 10일

지은이 이종호
펴낸곳 도서출판 사과나무
펴낸이 권정자
본문 · 표지구성 김미영
등록번호 제11-123
주소 경기도 고양시 덕양구 충장로 123번길 26, 301-1208

전화 (031) 978-3436
팩스 (031) 978-2835
이메일 bookpd@hanmail.net

값 16,000원

ISBN 978-89-6726-006-4 03400

이 도서의 국립중앙도서관 출판시도서목록(CIP)은 서지정보유통지원시스템 홈페이지(http://seoji.nl.go.kr)와 국가자료공동목록시스템(http://www.nl.go.kr/kolisnet)에서 이용하실 수 있습니다.(CIP제어번호: CIP2014000416)

"인생의 성공 여부를 흔히 돈으로 평가하는
사람들이 많지만 그래서는 안 된다.
사람은 자기가 씨를 뿌렸는데도 아무 수확을 거두지 못할 때
그것을 애석하게 여겨야 한다."
– 찰스 굿이어

| 머리말 |

과학자로 산다는 것

인류사를 보면 과학은 많은 희생을 요구했다. 여느 사람들처럼 개인적인 목표(명예, 돈, 권력)에 따라 차이가 있긴 하지만 과학자들이 추구하는 것은 다소 특별하기 때문이다. 과학 자체가 미지의 것을 탐구하는 분야로, 수많은 과학자들에게 공통적으로 찾아볼 수 있는 것은 단 한 가지다. 무언가 새로운 것을 발견하고 이를 토대로 이론을 세우고 그것을 입증함으로써 미지의 영역을 밝혀내려는 뚜렷한 목표의식이다. 그런데 문제는 과학자들이 어떤 방법으로 자신의 연구를 수행하는가, 하는 데에는 정답이 없으며 그 결과도 보장되지 않는다는 점이다.

목숨을 담보로 한 연구

과학자들의 일상과 생(生)은 그들의 연구와 떼려야 뗄 수 없도록 묶여 있는 경우가 많다. 자신이 하는 연구가 그 결과를 예측할 수 없거나 어림조차 하기 어려운 것이 비일비재하기 때문이다.

현대인들은 방사능의 위험에 대해 잘 알고 있다. 하지만 우리가 그 위험성을 알기까지는 누군가가 방사능이 위험하다는 사실을 먼저 발견했기에 가능했다. 그 대단한 일을 해낸 마리 퀴리와 이렌 퀴리 모녀는 그 후유증인 백혈병으로 숨졌다. 그녀들은 노벨상이라는 과실을 얻었지만 여타 개척자들은 자신들의 작업에 어떤 위험이 도사리고 있는 줄도 모른 채 도전을 했고 그로 인해 목숨을 잃기도 했다.

1753년 번개 연구를 하던 리히만(Richmann)은 천둥번개가 치자 전기를 유도하기 위해 걸어 놓은 금속선으로 다가갔고 그 순간 시퍼런 불덩이가 금속선을 타고 그의 머리로 들어갔다. 리히만은 그 자리에서 즉사했다.

그런데 당시 사람들은 악마가 신에 반항할 때 번개가 치므로 이를 방어하는 유일한 방법은 천둥번개가 칠 때 교회의 종을 울리면 된다고 믿었다. 그 결과 18세기 말 독일에서만 번개가 칠 때 종을 울리다가 120명의 종지기가 죽었고 400개의 종탑이 파괴되었다. 그후 벤저민 프랭클린에 의해 피뢰침이 발명되어 인류는 비로소 번개의 공포로부터 자유로울 수 있었다.

순교자정신 혹은 기업가정신

경영자들에게 실패를 두려워하지 않는 기업가정신이 있다면 과학자들에게는 자신의 연구를 위해 어떠한 난관과 위험도 감수하려는 순교자정신이 있다. 그 두 가지가 접목되었을 때 인류의 미래를 위한 위대한 과학적 성취를 이룰 수 있었다.

과학자들에게 '희생'의 의미는 여러 가지다. 순교자란 '훌륭한 일을 위해 목숨을 바친 사람'을 뜻하므로 그 어떤 것보다도 심오한 뜻을 담고 있다. 한 사람의 삶과 죽음에 이보다 더한 찬사는 없다. 그러나 순교자를 보는 시각은 여러 가지 정서적·주관적 요인들이 강하게 맞물려 있어 언제나 조심스럽고 또 의구심이 제기되기도 한다.

이 책에 등장하는 인물들 중에서 순교자라는 말이 적합한 사람도 있지만 다소 의문을 제기할 만한 인물도 있을 것이다. 프리츠 하버는 질소비료 생산 공정을 개발하여 노벨상 사상 가장 노벨상 제정 의미에 적합하다는 평가를 받은 반면 독가스를 개발해 수많은 사람을 살상케 한 인물이다. 뼛속까지 독일인임을 자부하던 그는 유태인이라는 멍에 때문에 히틀러에게 추방당한 후 사망했다. 컴퓨터의 아버지인 튜링은 동성애자로 밝혀져 화학적 거세를 받은 끝에 자살했고, 화학 사상 최고의 발명품 중 하나인 나일론을 개발한 캐러더스는 상사와의 불화로 자살로 생을 마감했다. 만일 그들이 과학 분야에 종사하지 않았더라면 그들의 미래는 완전히 달라졌을 것이다.

이 책에는 과학자가 아닌 사람도 등장한다. 조르다노 브루노는 지동설을 주장하다가 화형을 당했지만 그는 코페르니쿠스처럼 지동설을 맨 먼저 주창한 사람도 아니고 지동설에 관여한 사람도 아니다. 그는 자신이 신봉하는 아리우스파의 종교적인 믿음을 견지하기 위해 화형을 당했는데 아이러니컬하게도 브루노는 과학계의 가장 유명한 순교자 중 한 명으로 기록된다. 그의 죽음으로 인해 지동설이 본격적으로 확산되는 계기가 되었기 때문이다.

과학의 길, 과학자의 숙명

16세기 중반의 의사 베살리우스(Vesalius)는 남성과 여성이 갖고 있는 치아의 수가 같다는 것을 밝혀냈다. 그런데 당시 사람들은 남성의 이빨이 여성보다 더 많다고 믿었는데, 아리스토텔레스가 그렇게 말했기 때문이다. 여성과 남성의 이빨을 세어보기만 해도 되는데도 2천 년 동안 어느 누구도 그런 작업을 하지 않은 것이다. 관찰이 과학자의 기본임을 말해주는 사례이다.

학자들이 자신의 연구로 말미암아 희생될 위험성은 각 분야마다 다르다. 철학자들이 신체적인 위험을 감수하는 일은 거의 없다고 해도 과언이 아니다. 문학자나 사회학자 등도 마찬가지다. 반면 실험하며 연구하는 물리학자, 화학자, 생리의학자 및 탐험가들에게는 항상 특별한 위험이 도사리고 있는데 이것은 과학자로서의 숙명일지도 모른다.

이 같은 위험이 과거에는 훨씬 더 컸음이 분명하다. 그렇다고 해서 과학자들이 자기 연구를 위해 죽을 각오가 되어 있는 것은 아니다. 과학자도 가능한 한 오래 살고 싶어 한다. 되도록 많은 발견들을 이루기 위해, 혹은 자기 이론을 가능한 한 완벽하게 만들기 위해서 시간이 필요한 것은 물론 자신의 아이디어가 재산으로 바뀌는 것도 마다할 일이 아니다.

그럼에도 많은 과학자들은 돈과 명예를 초월해 고난과 난관을 겪으면서도 자신의 연구에 열정을 바쳤고 그러한 자세가 과학기술의 진보를 가져왔다. 그리고 우리가 누리는 행복은 그들 과학자들의 희생을 토대로 했음은 물론이다. 이 땅의 모든 과학자들에게 영광을!

그리고 한 가지 더. 마리 퀴리와 첫째딸 이렌이 백혈병으로 일찍 사망한 데 비해, 작가였던 둘째딸 이브는 102세까지 살다가 2007년 사망했다.

2014년 1월 저자

| CONTENTS |

| CONTENTS |

01

목숨을 걸고 오류를 밝힌다

안드레아스 베살리우스(1514-1564)

벨기에의 해부학자, 외과의사. 브뤼셀 출생. 1533년 파리대학에서 의학을 공부하고 1536년 돌아와 인체를 해부할 기회를 얻어 해부학에 숙달. 1537년 이탈리아의 파도바 대학에 유학, 23세에 해부학과 외과교수로 임용. 1543년 해부학 연구서인 《파브리카(Fabrica)》 출판. 카를 5세의 주치의. 예루살렘 성지순례 중 사망.

안드레아스 베살리우스 Andreas Vesalius, 1514~1564

해부학의 아버지, 시체 해부의 금기를 깨뜨린 죄

레오나르도 다빈치(Leonardo da Vinci, 1452~1519)가 750장이나 되는 많은 해부도를 남긴 것은 잘 알려진 사실이다. 다빈치는 신비한 인체의 구조를 정확하게 그리려면 해부학의 지식이 절대적으로 필요하다는 것을 느끼고 동물의 사체를 해부했다. 또한 유명한 해부학자들을 방문하여 해부 장면을 직접 관찰하기도 했고 스스로도 30번 이상의 해부실험을 하며 직접 스케치를 했다. 다빈치가 만든 인체에 대한 해부도는 놀라울 정도로 세밀해서 인간 심장의 4개의 방과 판막을 묘사했고 자궁에서 태아의 착상 위치를 정확하게 그렸다. 두개골 그림은 처음으로 이마와 턱에 구멍이 뚫린 모양을 나타냈으며 겹으로 굽은 척추의 모습을 정확하게 그렸다. 특히 운동을 조절하는 팔과 다리의 근육을 비롯해 신경계 등을 그린 그림은 매우 사실적으로 묘사되어 있다.

그러나 다빈치의 해부도는 당시의 해부학 발전에 전혀 도움을 주지 못했다. 다빈치 해부도는 그가 죽은 지 200년 후인 18세기에 비로소 발견되었기 때문이다. 다빈치보다 60년 뒤에 태어난 베살리우스의 해부도가 다빈치를 대신해 오랫동안 해부학의 교과서로 인정받았던 것도 그 때문이었다. 만약 다빈치가 생존해 있을 때나 죽은 직후에 그의 해부도가 세상에 알려졌다면 우리는 베살리우스가 아닌 다빈치를 인체 해부학의 시조로 기억하고 있을 것이다.

고대 로마 검투사의 팀닥터 갈레노스

과학사를 보면 어떤 이론이 꽤 오랫동안 정설로 자리잡는 경우가 있다. 이런 경우는 두 가지로 분류할 수 있는데 첫째는 이론 자체가 '참'이므로 부동의 이론이 되는 경우이다. 둘째는 '참'은 아니지만 워낙 저명한 사람이 제창한 것이어서 감히 그 권위에 맞서 부정할 엄두조차 내지 못하는 경우이다. 유명한 로마의 갈레노스(Claudios Galenos, 129~199)의 이론이 후자의 경우이다.

갈레노스는 의학의 아버지로 칭송받는 히포크라테스(Hippocrates, 기원전 460~377?)보다 약 600년 후에 소아시아의 페르가몬 근교(현 터키의 베르가마)에서 태어났다. 갈레노스는 그리스어로 '고요한' 또는 '평화스러운'이란 뜻이다.

갈레노스의 아버지는 유명한 건축가이자 대지주로, 당시의 상류층답게 아들에게 철학을 배우도록 했는데 어느 날 꿈을 꾼 뒤 아들의 진로를 결정한다. 갈레노스가 열다섯 살 되던 해 아버지의 꿈 속에 나타난 의술의 신 아스클레피오스(Asclepios)가 갈레노스를 의사로 만들라고 계시했다는 것이다. 신의 뜻에 따라 아버지는 아들에게 의학 공부를 시켰고 갈레노스는 특히 해부학(인체 해부가 아니다)에 뛰어난 실력을 보였다.

갈레노스는 여러 나라를 방문한 후 고향인 페르가몬으로 돌아와 검투사를 진료하는 의사에 임명되었다. 요즘 말로 하면 팀닥터인 셈이다. 검투사 주치의의 임기는 7개월이었지만 그는 네 차례에 걸쳐 재임용될 정도로 실력이 뛰어났다. 그후 몇 차례의 우여곡절이 있었지만 유명한 철학자 마르쿠스 아우렐리우스(Marcus Aurelius, 120~180) 황제의 주치의이자 측근이 되었다. 또한 아우렐리우스의 아들이며 직접 검투사로 참여하기도 한 코모두스(Commodus) 황제의 주치의가 되었는데 코모두스가 살해되자 고향으로 돌아가 의술을 펼치며 세상을 마쳤다.

'교만한 코의 소유자'라는 말을 들을 정도로 특이한 성격으로 알려진 갈레노스는 황제의 주치의라는 높은 지위에도 불구하고 새로운 질병을 파악하고 치료하기 위해 해부학을 중요시했다는 점에서 의학사에서 돋보인다. 최초로 맥박을 이용해 진단한 의사도 갈레노스이다. 당시에는 인체를 절개한다는 것이 사회적 금기여서 동물 해부로 대체했으므로 많은 부분에서 부정확했지만 그가 인체에 대해 전혀 문외한은 아니었음이 분명하다. 직접 인체를 해부하지는 못했지만(2건을 해부했다는 설도 있다) 고대부터 내려오는 해부에 대한 자료를 적극적으로 활용했다. 거슬러 올라가 고대 로마에서도 해부가 이루어졌음은 켈수스(Celsus, BC30?~AD45?)의 글에 잘 나타나 있다.

'고통과 질병은 몸의 내부 어딘가에서 오는 것이므로 인체 내부를 모르고 질병에 대한 약을 쓸 수는 없다. 그러므로 의사들은 시신을 해부하여 창자와 내장을 관찰했다. 헤로필루스와 에라시스트라토스는 이 방면에서 누구보다 탁월했다. 이들은 감옥에서 얻어온 죄수들

을 산 채로 절단하여 실험 대상이 살아 있는 동안 자연이 꼭꼭 감추어두었던 부분들을 관찰했다.'

켈수스뿐만 아니라 고대 로마의 문인이자 정치가인 플리니우스도 《박물지Historia Naturalis》에 살아 있는 사람을 해부했다고 기록했다.

'수많은 수술을 한 노련한 대가와 박식한 해부학자들은 시신경이 뇌에 도달한다고 생각한다. 나는 시신경이 위(胃)를 지나간다고 생각하는데 이것만큼은 확실하다. 사람의 눈을 머리에서 뽑아냈는데 그는 구토하기 시작했고 위 속에 있는 모든 것을 게워냈다.'

살아 있는 사람을 해부했다는 기록은 일본 731부대(일명 마루타 부대)를 연상시키지만, 주인이 언제든 포로나 노예를 죽일 수 있는 권리를 갖고 있던 고대 로마에서 노예를 의학용으로 활용했다는 고대 의사들의 말은 충분히 가능한 일이다. 그들도 인체의 정보가 얼마나 중요한가를 알고 있었다는 뜻으로 보인다.

그러나 아이러니컬하게도 갈레노스 이후 해부학 연구는 중단된다. 갈레노스가 저술한 《갈레노스 전집》에 해부학에 관한 모든 것이 집대성되어 있기 때문이다. 무려 천 페이지짜리 책 22권에 해당하는 이 방대한 양의 책은 현대문명사에서 결정적인 역할을 한다. 다루는 분야도 다양해서 해부학, 생리학, 맥박이론, 위생, 식이법, 병리학, 치료학, 약물학, 히포크라테스에 대한 주석, 의학 논증법, 의철학, 논리학 및 철학, 문헌학 등이다. 한 마디로 갈레노스의 머릿속에 담겨 있던 생각이 당대 의학의 바이블이었다. 그런데 이 많은 분량도 갈레노스가 남긴 저술의 3분의 1에 불과할 정도로 그는 방대한 양의 글을 저술했다.

그런데 문제는 고대 로마의 의사가 저술한 《갈레노스 전집》이 1400~1500년이 지난 중세시대에 와서도 의사들의 교과서로 인정받았다는 점이다. 갈레노스 이후의 의사들은 직접 경험으로 인체를 파악한 것이 아니라 갈레노스의 책을 철저한 교과서로 삼아 환자의 병을 진단하고 처방했다. 오늘날 같으면 말도 안 되는 일이지만 인체에 관한 한 갈레노스의 지식은 그야말로 요지부동의 정설이었다.

그런데 어떻게 1500년 동안이나 갈레노스의 이론이 장기 집권할 수 있었던 것일까? 그 이유는 단순하다. 유럽의 의사들이 시체를 해부할 수 없었기 때문이다. 혹시 요행으로 해부가 이루어진다 하더라도 불완전하기 짝이 없었다. 더구나 지체 높은 의학교수들은 죽은 사람의 몸에 칼을 대는 일이 자신들의 품격에 어울리지 않는다고 생각했다. 당시에는 손에 피를 묻히는 외과의사와 책으로만 공부하는 일반 의사를 별개의 직종을 가진 사람으로 취급했다. 당시 수술을 전담하는 외과의사는 말만 의사지 사회적으로 신분이 낮은 이발사(기본적으로 날카로운 칼을 든 남자) 출신으로 전문지식을 갖고 있는 의사들과는 계층 자체가 달랐다.

해부,
금기를 깨뜨리다

역사를 살펴보면 모순점이 계속 누적되면 필연적으로 문제점이 드러나고, 이에 대한 반론이 생기게 마련이다. 의학 분야에서 이러한 모순점을 과감하게 깨뜨린 사람이 안드레아스 베살리우스(Andreas Vesalius)이다.

1514년 12월 31일 브뤼셀에서 태어난 베살리우스의 본명은 안드리스 반 베젤(Andries van Wesel)인데 그는 다소 드라마틱한 경력의 소유자이다. 그의 선조들은 여러 대에 걸쳐 베젤에서 유명 의사로 활동했다. 증조할아버지는 1429년 의학박사를 취득한 후 루뱅대학교 의학부 학장까지 역임했고, 할아버지 역시 신성로마제국 황제인 막시밀리안 대공의 주치의였다. 그의 아버지는 신성로마(독일)의 황제인 카를 5세의 궁정 약사로, 한마디로 그의 집안은 지위가 높고 부유한 의학자 집안이었다. 베젤이란 지명이 그 가문의 성(姓)이 되었는데 나중에 라틴어식인 베살리우스로 바꾼 것이다.

《인체의 구조에 관하여》 책에 들어 있는 베살리우스의 삽화

집안 전체가 의학과 관련 있기 때문이기도 했지만 그는 어려서부터 특별한 경험을 하면서 자랐다. 당시 처형된 죄인의 시체를 방치해 두는 곳이 바로 그의 집 한구석이었다. 아버지가 궁정 의사였기 때문인 듯한데, 베살리우스는 여느 아이들과 달리 어려서부터 시체가 부패하는 과정을 관찰하며 자랐다. 어려서 이런 경험을 하게 되면 상당히 거부감을 가질 만도 한데 그는 오히려 동물의 사체 해부에 관심을 기울여 새, 고양이, 개, 족제비, 두더지, 개구리 등 온갖 죽은 동물들을 해부했다. 그의 눈에 띄는 동물은 더 이상 안전할 수 없었다는 말까지 나왔을 정도이다.

15세 때 그는 루뱅대학교에 입학했지만 그곳의 의학 분야 학습 여건은 썩 좋지 않아 그의 지도교수는 베살리우스에게 좀 더 여건이 좋은 유럽의 유명 대학교에서 수업할 것을 권유했다. 베살리우스는 1533년 당시 유럽 최고 수준을 자랑하는 파리대학교에 입학한다. 그러나 파리대학교 역시 해부학의 비중이 크지 않아 3년 동안 단 세 번 공개적인 해부 수업에 참가했다고 전해진다. 당시 해부에 대해 학교에서 얼마나 무관심했는가는 그의 역작《인체의 구조에 관하여(1543)》의 서문으로도 알 수 있다.

'복부 근육 여덟 가지, 그것도 엉망진창으로 난도질하여 뒤죽박죽된 것 말고는 근육이나 골격, 그리고 신경, 정맥, 동맥들을 제대로 나에게 보여준 사람은 아무도 없었다. (…) 흔히 누군가는 인체를 해부하고 또 다른 사람은 마치 높은 의자 꼭대기에 앉아 시끄럽게 울어대는 갈가마귀처럼 인체 부위에 대해 터무니없이 거들먹거리며 말도 안 되는 설명을 하는 그 혐오스럽고 진저리나는 방식으로는 다른 사람의 책에 들어 있는 기억만 끄집어낼 수 있을 뿐 결코 아무것도 밝혀낼 수 없다.'

해부에 대해 남다른 재주와 열의를 가진 베살리우스는 수업으로 해부에 대한 지적 욕구를 채울 수 없자 혼자서 동물을 해부하기 시작했다. 그런데 곧 의문점이 생겼다. '인체는 어떻게 생겼는가?' 하는 원론적인 의문이었다. 방법은 딱 하나, 인간의 시체가 있어야 한다는 것. 그가 생각해낸 방법은 간단했다. 친구들과 함께 공동묘지나 사형수들의 시체를 훔쳐 이를 연구하는 것이다. 해부에 대한 열정이 너무 지나친 나머지 갓 사망한 사람의 시체를 찾아 한밤중에 묘지를 뒤

지던 중 시체를 놓고 들개와 싸움을 벌이기도 했다고 전해진다. 주위 사람들의 불편한 관심을 피하기 위해 시체를 침실로 가져와 몰래 해부했고, 부패하기 시작한 시신 곁에서 잠을 자곤 했는데 몇 주씩 지난 시체에서 나는 악취가 끔찍했다고 한다.

당시는 해부를 금기시하던 시대임에도 이러한 그의 학습태도 즉 열정은 의학부 내에서도 인정을 받아 21살의 학생 신분이지만 공개적으로 사람의 시신을 해부할 수 있는 허가를 받았다. 말하자면 그의 해부학 솜씨와 열의가 의학계에서 인정을 받은 것이다.

그러나 베살리우스의 파리 생활은 갑작스러운 사태로 인해 중도에 접어야 했다. 1536년 프랑스와 신성로마제국 사이에 일어난 전쟁으로 어쩔 수 없이 벨기에로 돌아가야 했기 때문이다. 그는 한 해 동안 루뱅대학에서 의학 공부를 계속하여 의학사 학위를 받았는데, 이곳에서도 해부에 대한 열정으로 루뱅 외곽의 교수대에서 사체(또는 남겨져 있던 사체의 일부)를 훔쳐 집으로 끌고 갔다고 한다.

의학에 대한 뜨거운 열정으로 베살리우스는 1537년 이탈리아 파도바로 향한다. 당시 이탈리아에서는 인체 해부가 무제한 허용되었는데 그 점이 이탈리아로 유학하게 된 가장 큰 이유이기도 했다. 이탈리아에서 공식적으로 해부가 허용된 것은 1300년대로 거슬러 올라갈 정도로 매우 오래되었다. 이는 독살의 증거를 찾기 위해서는 부검이 필요하다는 것을 알았기 때문이다. 1302년 볼로냐의 아촐리노가 독살되었다는 단서가 나오자 법원은 그의 시신을 열어 검시하라는 명령을 내렸다. 이것을 보면 당시 해부가 드문 일이 아니었음을 알 수 있다. 1410년 교황 알렉산데르 5세가 급사했을 때도 후계자 코사가 교황을 독살했다는 혐의를 받았는데 시신을 부검한 후 코사는 파면되었다는 기록도 있다.

베살리우스가 기대했던 대로 이탈리아는 그에게 상당히 호의적이었다. 마르칸토니오 콘타리니(Marcantonio Contarini) 판사는 그에게 처형된 죄수들의 사체를 제공했을 뿐 아니라, 심지어 베살리우스가 필요로 할 때마다 그때그때 처형 시기를 조정하기도 했다고 한다. 어린 나이에다 동료 의사들의 질시에도 불구하고 이러한 특권을 누릴 수 있었던 것은 의학계에서 무시하지 못할 정도로 그의 집안 배경이 든든한 것도 한몫을 했다.

비록 학문을 위해서라곤 하지만 해부를 위해 베살리우스가 부적절한 행동을 한 것은 사실이다. 파리대학에 있을 때 교수대에 있던 시체를 훔친 사건은 그를 계속 따라다녔다. 당시 시체는 이미 뼈가 드러날 정도로 새에게 먹힌 상태였는데 그는 시체를 끌고 와 파묻은 후 그 뼈 조각을 하나씩 다시 꺼내 자기 방으로 가져 와 연구했다고 한다. 나중에 저명한 의학 교수가 되었지만 그의 과거는 이처럼 엽기적인 일로 얼룩져 있었다.

당시 교황청이 해부를 금지했다는 설이 있는데 이는 잘못 와전된 것이다. 교황청이 금지한 것은 죽은 십자군에 대한 조처였다. 십자군 전쟁에 참여한 병사들이 죽으면 그의 뼈를 고향에 가져가기 위해 전우의 시체를 끓였는데 이 관습이 해부 연구를 위해 뼈를 삶았던 것과 혼동되었던 것이다. 여하튼 해부 금지령은 별 효과가 없었는데 영국의 헨리 5세와 프랑스의 필리프 4세는 자신이 죽으면 뼈를 삶도록 한 것으로도 알 수 있다.

베살리우스의 탁월한 해부 실력은 파도바에서도 입증되었다. 공식적인 기록으로는 베살리우스가 파도바대학에서 대학원생으로 적을 둔 것은 고작 몇 달에 불과했지만 그는 당당히 박사학위를 취득했다. 파도바대학에서 그의 능력을 인정하여 학위 취득에 필요한 최소한의 수학 기간조차 요구하지 않았기 때문이다. 더욱 놀라운 것은 학위를 받자마자 곧바로 외과 및 해부학 교수로 임명받았다는 점이다. 당시에 학위를 받자마자 교수로 임명되는 예가 전혀 없는 것은 아니지만 베살리우스처럼 외국인인 경우는 매우 이례적인 경우였다.

유럽의 인기 교수로 떠오르다

파도바대학에서 베살리우스의 강의는 학생들로부터 열렬한 호평을 받았다. 그는 다른 교수들과는 달리 새로운 교육 방법을 시도했는데, 인체 해부도를 보여주면서 강의한 것이다.

당시에도 해부도가 전혀 없었던 것은 아니다. 1491년 베네치아에서 간행된 《의학총서》에 기초적인 해부도가 실려 있었지만, 아이들 그림책으로 여길 정도로 조잡했다. 그런데 베살리우스의 해부도는 상상 이상으로 정교하고 뛰어났다. 그의 해부도가 어찌나 인기가 좋았던지 1538년 베살리우스는 《여섯 개의 해부도》를 직접 출간하여 상당한 부수를 팔았다. 여섯 개의 그림들 중 세 개는 베살리우스가 직접 그린 것이었고, 나머지는 르네상스 시대의 유명 화가 티치아노의 제자인 요한네스 스테파노(Johannes Stefano of Kalkar)의 그림이다. 베살리우스가 1543년에 출판한 《인체의 구조에 관하여》의 삽화는 탁월한 실력을 보여주고 있는데 이 역시 스테파노가 관여했을 것으로 추정된다.

《여섯 개의 해부도》 중 3개는 인체의 골격을 보여주고 나머지 3개는 각각 심장 근처의 문맥, 심장과 인체의 모든 정맥, 심장과 모든 동맥을 상세히 보여주었다. 이전까지 보지 못하던 인체도는 곧 큰 파장을 몰고 왔다. 학생들에게는 큰 인기를 끌었지만 동료 교수들은 베살리우스의 해부도가 해부학 교과서를 비전문적이고 심지어 아이들이나 보는 그림책으로 격하시킨다고 분개했다. 특히 그들은 의학의 바이블처럼 여기고 있는 갈레노스조차 해부도를 중요시하지 않았다는 점을 강조했다.

베살리우스의 스승 실비우스조차도 해부도가 학생들을 잘못 호도하고 학문의 품위를 떨어뜨린다고 크게 화를 냈다. 더욱 교수들을 화나게 한 것은 자신들이 신처럼 떠받들고 있는 갈레노스의 오류를 베살리우스가 바로잡았다는 점이다. 이에 대한 실비우스의 해명이 걸작이다.

> '갈레노스의 기록에는 잘못이 없다. 베살리우스의 이론은 갈레노스의 오류를 지적한 것이 아니라 갈레노스 이후 많은 세월이 흐르는 동안 인체에 생긴 미세한 변화를 갈레노스의 잘못된 서술이라 착각한 것일 뿐이다. 따라서 갈레노스의 기록에는 아무런 문제가 없다.'

현대 관점에서 보면 황당하기 짝이 없는 말이지만 당대에는 베살리우스보다 실비우스의 말이 더 신빙성 있게 받아들여졌다. 어쨌든 학생과 교수로부터 극과 극의 상반된 반응을 얻었던 베살리우스는 결국 학생들 편에 섰다. 한마디로 후학들을 위해서는 인체도만으로 끝낼 것이 아니라 보다 업그레이드 된 포괄적이고도 정확한 인체 해부학 안내서가 필요하다고 생각했다. 그러나 그런 작업은 하루 이틀에 되는 것이 아니어서 베살리우스는 차근차근 자료를 쌓아갔다.

베살리우스는 자신의 원대한 목표를 위해 전문적인 연구를 계속했고 그의 뛰어난 아이디어는 1539년 의학사에 기록될 만한 특별한 폭탄을 터뜨린다. 〈사혈에 관한 편지〉라는 논문을 발표한 것인데 이것은 그동안 발표된 논문과는 차원이 달랐다. 그는 이 논문에서 몸의 측면에 생기는 통증, 즉 측부통(側部痛)은 정맥이 아픈 부위의 혈액을 잡아당겨 생긴다고 지적하면서 이를 확인하기 위해 해부를 했다고 밝혔다. 이 논문은 어떤 병의 증상을 설명하기 위해 그 주장을 뒷받침할 증거를 실험을 통해 함께 제시했다는 점에서 의학사에서 특별한 의미를 갖는다. 즉 베살리우스는 당대까지 알려진 지식의 옳고 그름을 검증하는 데는 정확한 해부를 통해야 한다고 주장했다.

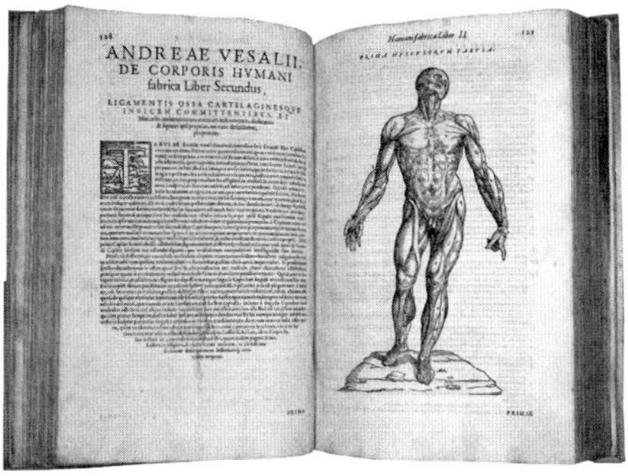

베살리우스가 1543년에 출판한 《인체의 구조에 관하여(일명 파브리카Fabrica)》는 과학사에서 가장 중요한 책 가운데 하나로 꼽힌다.

그는 볼로냐와 피사에서 초청 강좌를 열기도 했는데 강의 도중 직접 시신을 해부하여 동료 교수들을 경악케 했다. 당시 시신 해부는 비천한 이발사, 소위 외과의사들의 몫이지 저명한 대학교 교수가 할 일이 아니었다. 동료 교수들은 칼을 대어 시신을 해부하는 행위는 시간 낭비라고 생각했다. 교수들을 더욱 분노케 한 것은 갈레노스라는 의학의 선구자가 만들어준 권위 있는 교과서가 있음에도 불구하고 베살리우스가 이를 부정한다는 사실이다. 불경하기 짝이 없는 일이었다.

반면 베살리우스는 인체 구조에 대한 지식은 실제 해부를 함으로

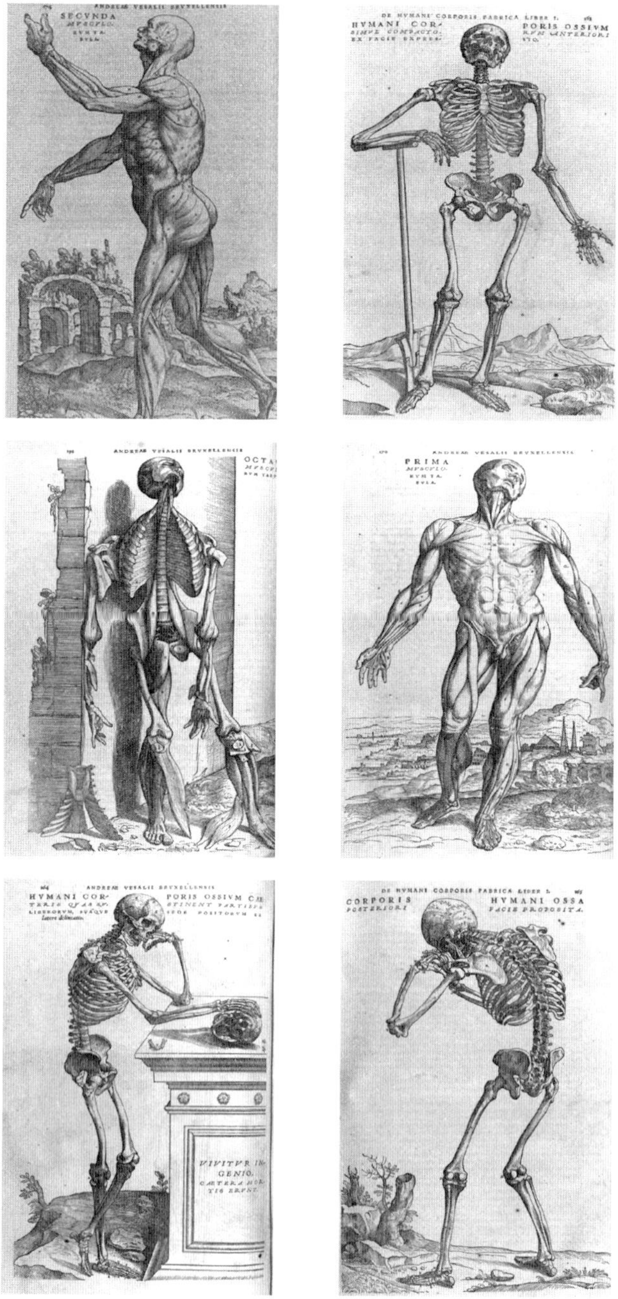

《인체의 구조에 관하여》에 들어 있는 삽화. 탁월한 실력을 보여주고 있는 이 삽화들은 르네상스 시대의 유명 화가 티치아노의 제자인 요한네스 스테파노가 관여했을 것으로 추정된다.

써 얻어질 뿐 그 외 다른 방법이 없다는 생각을 굽히지 않았다. 그리고 의학 교수라면 실험 대상과 관련된 핵심적 사항을 아랫사람에게 떠넘기지 말고 손수 궂은 작업을 수행할 줄 알아야 한다는 점을 강조했다. 한마디로 인명을 다루는 전문가라면 선배들로부터 전해져 내려온 기록들을 바이블로 생각하여 곧이곧대로 받아들이는 것보다는 자신의 눈으로 본 증거를 받아들이는 것이 더 중요하다는 의미였다.

이처럼 그가 해부학에 대해 남다른 견해를 갖게 된 것은 기존 의료인들에 대해 부정적인 생각을 가졌기 때문이다. 그는 당대의 의사들을 다음과 같이 통렬하게 비판했다.

'겉멋만 아는 의사들이 고대 로마인들을 본받아 손으로 일하는 것을 꺼리면서 건축기사들처럼 가만히 서서 환자에게 필요한 치료를 하인들에게 시키기 시작했다. 그러자 진정한 의술을 베풀고 있던 다른 의사들마저도 치료비를 깎아준다든가 의사의 품위는 조금도 손상당하기 싫어하면서 하나 둘씩 꺼림칙한 일에서 손을 떼기 시작했다. 고대 의사들의 모범에서 멀어지고 있었다. 그렇게 해서 환자를 위해 음식을 준비한다거나 조리하는 모든 일은 간호사에게, 약을 짓는 일은 약사에게, 손으로 하는 일은 이발사에게 넘어갔다.'

베살리우스는 한술 더 떠서 동료 교수들의 비난에도 불구하고 학생들에게 자신과 갈레노스의 견해가 어긋나는 경우 자신이 옳고 갈레노스가 틀렸다고 설명했다는 점이다. 당시 시범 강의는 교수와 학생들이 함께 들었는데 갈레노스가 이런 무례한 발언을 하자 교수들이 발끈해서 모두 퇴장했다고 한다.

물론 베살리우스의 새로운 지식이 갈레노스의 모든 오류를 바로 잡아 준 것은 아니었다. 우선 베살리우스는 자신이 직접 경험한 것에 대해서는 자신이 옳다고 확신했지만 자신이 모르는 분야는 갈레노스의 이론을 수용했기 때문이다. 과학이 오류로부터 점진적으로 수정되는 것임을 여실히 보여주는 사례이다.

동료 교수들과 좌충우돌하는 우여곡절을 겪으면서도 1543년 그는 의학사에 역작으로 남을 총 7권에 달하는 《인체의 구조에 관하여De humani corporis fabrica(일명 파브리카Fabrica)》를 출간했다. 이 책은 과학의 역사 중에서 가장 중요한 책 가운데 하나로 꼽힌다. 그는 자신이 의학의 선구자인 갈레노스를 추월한다고는 생각하지 않았다. 다만 갈레노스의 책 중에 인체 해부에 관한 여러 부분에서 부정확한 곳이 있으므로 이를 자신이 수정할 수 있다고 생각했다. 그러므로 베살리우스는 이 책에서 자신이 평소에 주장하던 의학분야의 혁신적인 내용을 과감하게 포함시켰다.

> '약물요법을 외과술보다 더 고상한 기술로 여겨서는 안 된다. 내가 관찰한 것을 보면 약물은 자연적 치유력을 도와 병을 낫게 하는 대신 오히려 자연치유력의 작동을 방해하여 환자 상태를 악화시키는 경우가 종종 있다. 해부학은 이제 깊은 잠에서부터 고개를 들기 시작했다.'

베살리우스의 책 내용이 현대 의학의 관점에서 볼 때 모두 옳은 것은 아니지만 1500년 동안 정설로 여겨온 갈레노스의 주장을 과감하게 반박했다는 것은 놀라운 일이다. 베살리우스가 해부도에서 시작된 목표를 차근차근 정리하여 완성한 이 책이 발간된 1543년은 그의 나이 불과 29세 때였다.

그 뒤 베살리우스는 자신의 책에 오류가 있음을 알고 1555년 개정판을 출간하는데, 개정판은 인쇄 역사에서도 획기적으로 평가받는다. 종이의 질도 좋아졌고 삽화도 선명했으며 본문 활자도 읽기에 편하게 편집되었다. 오늘날 베살리우스의 해부도로 알려진 그림이 바로 이 당시 출간된 것이다.

《인체의 구조에 관하여》 초판이 출간된 이후 베살리우스는 더 이상 대학에서 강의하지 않았다. 그가 황제를 상징하는 자주색 비단으로 장정된 기증본을 카를 5세에게 헌정하자 그의 책에 깊은 인상을 받은 황제가 1544년 베살리우스를 자신의 개인 주치의로 초빙했기 때문이다. 황실 주치의로 임명되어 더 이상 연구할 기회가 없는 중에도 개정판을 발간했다는 것은 베살리우스가 계속해서 의학 연구에 투신했다는 것을 의미한다.

여성과 남성의 치아 숫자는 다르다?

천 년 넘도록 이어진 정설에 과감하게 문제점을 지적했다는 점에서 베살리우스의 역량이 돋보인다. 사체 해부 권리를 갖고 있던 베살리우스는 나름대로 해부를 한 결과 갈레노스의 해부학에 담긴 수많은 오류들을 지적했다. 갈레노스가 저지른 가장 결정적인 잘못은 개와 고양이, 돼지와 원숭이들을 해부하고 그 결과를 그대로 사람에게 적용시켰기 때문이다.

예를 들어 갈레노스는 사람의 손 근육을 훌륭하게 묘사했는데 실제로는 북아프리카산 꼬리없는긴팔원숭이(바르바리 원숭이)를 해부하여 면밀히 관찰한 것이다. 갈레노스는 뇌의 기저부에 있는 레테 미라

빌레(rete mirabile)라고 불리는 소동정맥그물이 인간에게도 있다고 설명했는데 실상은 인간에게는 없고 양에게 있다. 사람의 생명을 다루는 의사로서 있을 수 없는 일이지만 당대 의사들로서는 갈레노스가 적은 내용을 사실로 믿는 것이 의무나 마찬가지였다.

근대 과학에서는 관찰이 기본이다. 대상이 되는 사물을 정확하게 관찰하는 것이야말로 과학 연구의 첫걸음이다. 그러나 위대한 의학자였던 갈레노스는 말(문자)을 통해 의학 지식이 전달될 수 있다고 믿었다. 3차원의 실체인 해부 구조를 설명하는 데에도 그림 한 장 없이 말로써 설명하고 이해시키려 한 것이다.

베살리우스는 남성과 여성이 갖고 있는 치아의 수가 같다고 적었다. 그런데 베살리우스 이전까지 대부분의 사람들은 남성의 이빨이 여성보다 더 많다고 믿었다. 아리스토텔레스가 그렇게 말했기 때문이다. 베살리우스의 지적은 단순했다. 여성과 남성의 이빨을 세어보기만 해도 되는데도 아리스토텔레스의 주장을 그대로 답습한 것은 어느 누구도 그런 작업을 하지 않았기 때문이라는 것이다. 그리고 자신이 직접 남녀의 이빨을 세어본 후 아리스토텔레스의 말이 틀렸음을 발견했다. 베살리우스는 자신의 해부 경험을 통해 갈레노스의 저술에서 최소한 200개 이상의 오류를 찾아냈다. 베살리우스는 흉골이 7개가 아니고 3개이며 하악골은 둘로 나뉘지 않고 하나로 통합되어 있다는 것을 바로잡았다. 또한 2중의 담관 및 뿔 모양의 자궁설도 바로잡았다.

이와 같은 사실로써 베살리우스를 '근대 의학의 혁명가' '근대의학의 창시자'로 부르게 된 이유이다. 학자들은 1500년이 넘도록 답보상태에 있던 서양 의학이 비로소 긴 잠에서 깨어나게 했다는 점에서

《인체의 구조에 관하여》에 큰 점수를 주고 있다.

특히 베살리우스는 자신의 작업이 갈레노스 등 과거의 선조들이 갖고 있는 몇몇 오류를 바로잡고 새로운 발견 몇 가지를 추가하는 데 그쳐서는 안 된다는 것을 정확히 인식하고 있었다. 그가 강조한 것은 인체를 직접 관찰하고 이 정보들을 치료에 적용해야 한다는 것이다. 지금은 너무나 당연한 일이지만 당시에 이런 주장을 한다는 것은 상당한 용기를 필요로 하는 일이었다.

베살리우스는 당대의 두 가지 금기를 깼다. 첫째는 의학의 바이블과도 같은 갈레노스의 권위에 도전했다는 것. 둘째는 의학 교수가 실제로 인체를 해부하고 해부한 인체를 가까이에서 살펴봄으로써 제자들도 같은 방식으로 연구하도록 권했다는 점이다.

그러나 그도 사람인 이상 기존 의학계의 거센 반발에 지칠 만도 했을 것이다. 베살리우스는 황제의 주치의가 된 후 연구를 포기하고 브뤼셀의 안네 판 함머와 결혼하여 연구와 의학계를 떠났다. 그는 자신이 더 이상 연구를 하지 않은 이유를 한마디로 말했다. "내 책에 쏟아진 악의에 찬 비난이 나의 영혼을 갉아먹었다."

그는 의학계의 공격에 다시 정면으로 맞서기보다는 학계와 거리가 먼 궁정에 남아 있는 것이 결코 나쁘지 않다고 생각했다. 이 대목은 시시비비를 논하기에는 좀 애매하다. 그가 갈레노스를 혁파하는 주장을 계속했더라면 언제 다칠지 모를 일이었다. 그는 당대에 가장 중요한 화두를 던진 것으로써 만족하고 이후의 일은 후학들의 몫으로 남겨두었다. 이 문제에 관한 한 베살리우스는 천재적인 처세 감각을 지녔음에 틀림없다. 그로부터 점화된 의학의 불길, 즉 해부로써 의학의 진실과 거짓을 구별해야 한다는 진리가 결코 사그라들지 않을 것임을 그는 잘 알고 있었다.

마지막 길이 된 성지순례

의학계의 거센 비난을 피해 카를 5세의 주치의로서 조용히 지내던 베살리우스는 1556년 카를 5세가 아들 펠리페 2세에게 스페인 왕위를 물려주고 제위에서 물러나자 곧바로 펠리페 2세의 궁정의사가 되어 에스파냐에 머물게 되었다.

연구를 포기했다고는 해도 베살리우스는 유럽에서 가장 뛰어난 의사였다.

1559년 프랑스의 앙리 2세(카트린 메디치의 남편)가 마상 창 시합에서 머리에 부상을 입자 베살리우스는 파리로 불려갔다. 왕을 살리기 위해 궁정 의사들이 온갖 방법을 동원해 보았지만 베살리우스는 손쓸 방법이 전혀 없다는 것을 깨닫고 왕정에서 금기의 말, "왕은 곧 죽을 것이다"라고 밝혀 사람들을 경악시켰다. 그의 말대로 앙리 2세는 열흘도 안 되어 사망했고 베살리우스는 부검에 참여했다. 앙리 2세의 뇌는 창에 의해 크게 손상을 입었는데 당대의 의사들은 이런 말조차 함부로 입 밖에 내지 못했다.

스페인의 왕세자 돈 카를로스가 계단 아래로 굴러 떨어져 머리를 크게 다쳤을 때도 베살리우스가 치료를 전담했다. 다행히도 왕자는 베살리우스의 치료를 받고 몇 달 후 완쾌되었다. 펠리페 2세는 왕자가 가까이에 두고 있던 미라(13세기 프란체스코회 수사 프라 디에고의 미라) 때문에 병이 났다고 생각했음에도 베살리우스의 명성은 높아지기만 했다.

그러나 예상치 못한 사건들이 그의 발목을 잡았다. 에스파냐의 마드리드 궁정에서 한 귀족의 시신을 해부했는데 가슴뼈를 열 때까지도 그의 심장이 뛰고 있었다고 한다. 아직 죽지 않은 사람을 실수로 해부한 것이다(이 사건은 파도바에서 해부할 때의 일이라는 설도 있다).

베살리우스와 같은 실력을 갖추지 못한 스페인 의사들이 외국인인 그에게 적대감을 갖고 있던 터에 벌떼같이 일어났다. 의사로서의 자격이 없다는 것이다. 더구나 베살리우스가 교황청에 불경한 행동을 한 것도 빌미가 되었다. '육체의 뼈대 중 한 개는 불멸성을 가지고 있고 이 뼈는 육체가 부활할 때 그 육체의 핵심을 형성한다'라는 중세 교회의 주장을 베살리우스가 정면으로 부정했기 때문이다.

교황청의 심기가 불편했음은 물론이다. 중세를 휩쓴 마녀재판에 그를 쓸어넣어 간단하게 마녀로 몰아가면 되지만 왕의 주치의인 베살리우스를 마녀로 몰아 갈 수는 없는 일이다. 그러나 교황청으로서는 교회에 불경하게 처신한 베살리우스에게 어떤 명목으로든 주의를 주어야 했다. 막강한 위치의 베살리우스와 교황청은 결국 타협점을 찾는다.

교황청은 베살리우스가 갈레노스의 진리를 훼손하고 다소 불법적이고 비정상적인 행동을 자행했음은 물론 교황청의 교리에 벗어난 잘못을 시인하고 예루살렘으로 성지순례를 하도록 명령했다.

1564년 베살리우스는 성지순례를 떠났다. 그런데 예루살렘에서 돌아오는 길에 문제가 생겼다. 베살리우스가 타고 있던 배가 거친 폭풍우를 만나 식량은 바닥나고 승객들은 큰 고통을 겪어야 했는데 이때 병을 얻은 베살리우스는 1564년 10월, 배가 좌초되었던 그리스의 자킨토스(Zakinthos) 섬에서 끝내 회복되지 못하고 죽음을 맞았다. 그의 나이 50세 때였다. 정확한 병명은 알려지지 않았지만 풍토

병이 원인일 것으로 추정된다.

물론 베살리우스가 스스로의 양심의 가책 때문에 자신의 죄를 사죄하기 위해 성지순례를 떠났다는 설도 있고, 성지순례를 핑계로 이탈리아에 들러 파도바대학에 복귀하려는 협상을 벌이려고 한 목적도 있었다는 말도 있다. 어쨌든 그를 사망케 한 직접적인 원인은 성지순례 후에 얻은 후유증 때문이다. 현대적인 관점에서 볼 때 그가 성지순례로 얻은 병은 과학적 지식을 얻기 위해 인체를 탐구한 혹독한 대가라고 볼 수 있다. 그가 비교적 젊은 나이에 죽은 것은 당대의 기득권 세력에 대한 저항 때문임은 부인할 수 없는 사실이다. 베살리우스는 열악한 중세시대에 과학을 위해 열정을 바친 데 그치지 않고 목숨까지도 바친 것이다.

20세기 영국의 과학사가 싱어(Charles Singer)는 다음과 같이 썼다.

'베살리우스는 그의 시대가 낳은 매우 전형적인 산물이다. 새 시대를 낳는 자궁은 산고(産苦)를 치르고 있었다. 베살리우스의 지식의 아버지는 이미 오래 전에 꽃피웠던 갈레노스의 학문이었다. 그의 어머니는 이제 막 싹이 돋아 꽃망울이 되려는 새로운 예술(미술)이고 기술이었다. 이 두 가지가 함께 어우러지기 전까지 베살리우스는 어디에도 있을 수 없었다. 이제 이 두 가지가 융합하게 되었을 때 베살리우스의 존재는 필연이었다. 시대(정신)의 산물이 천재라면 베살리우스가 바로 그 천재였다.'

관찰에 기반을 둔 그의 학습 태도는 당대의 정상적인 규범에서 일탈한 행동으로 여겨졌다. 그러나 바로 그의 그러한 돌출된 행동은 장인적 전통과 학자적인 전통이 접목되어 근대 과학혁명의 특징이라 할 수 있는 의학과 해부학의 새로운 융합점을 찾게 해주었다. 그때까지 과학은 철학의 한 분야로 여겨졌는데 베살리우스와 같은 선구자들에 의해 서서히 이들 분야가 분리되기 시작했다는 데 중요한 의미가 있다. 의학 분야에서 베살리우스 이후 후배들이 누리는 지식은 그와 같은 선각자의 목숨을 담보로 한 것임을 이해할 필요가 있다.

02

신념을 지킬 것인가, 목숨을 지킬 것인가

조르다노 브루노(1548–1600)

르네상스 이탈리아의 철학자. 18세에 도미니코 교단에 들어가 사제가 되었으나, 가톨릭 교리에 대한 회의를 품게 된다. 1576년 이단 혐의로 사제복을 벗게 되면서 유럽 각국을 방랑한다. 1592년 베네치아에서 이단으로 마녀재판에 회부되어 로마에서 화형당한다.

조르다노 브루노 Giordano Bruno, 1548~1600

지동설 지지, 마녀사냥으로 화형당하다

중세의 암흑기에 비이성적인 광기의 결과로 나타난 것 중의 하나가 마녀사냥(witch hunt)이다.

학자에 따라 그 숫자가 큰 차이를 보이지만, 15~17세기에 유럽에서는 적어도 30만 명에서 900만 명에 이르는 사람들이 마녀라는 죄목으로 화형을 당했다고 추정한다. 이들 중에는 남자도 포함되고 서너 살 된 아이도 상당수가 있었지만 거의 80퍼센트가 여자이고 45세 이상의 과부였다. 큰 틀에서 마녀사냥이라고 부르는 이유이다.

그들의 죄목은 다양하다. 악마와 계약을 맺은 죄, 불법적인 악마의 연회에 참석한 죄, 악마에게 예배한 죄, 악마의 꽁무니에 입 맞춘 죄, 얼음같이 차디찬 성기를 지닌 남성 악마와 성교를 한 죄, 여성 악마와 성교를 한 죄, 빗자루를 타고 하늘을 날아다닌 죄, 이웃의 암소를 죽인 죄, 우박을 불러온 죄, 농작물을 망친 죄, 아이들을 유괴하여 잡아먹은 죄 등등 죄목은 무궁무진했다.

그러나 마녀들 중 자신이 정말 마녀라고 자인한 경우는 거의 없다. 마녀들의 죄목은 화형 당한 마녀들이 자백한 것이 아니라 대부분 마녀 심문관들이 지어낸 것들이기 때문이다. 자백서에 스스로 마녀라고 서명한 뒤 화형대에 오른 마녀 피의자들도 고문에 의해 억지로 서명한 경우가 대부분이었다. 일단 마녀 피의자로 체포되면 악마와 계약을 맺고 하늘로 날아가 악마의 연회에 참석했다고 자백할 때까지 며칠씩 고문이 계속되었고, 연회에 참석한 다른 사람의 이름을 불어야만 고문이 끝이 났다.

그 중에 강인한 정신력을 가진 사람들은 지독한 고문에도 자신이 마녀가 아니라고 끝까지 자백을 거부했다. 그런 경우 좀 더 악랄한 고문이 가해졌는데, 마녀사냥에서 가장 중요한 판정의 근거로써 죄를 부인하는 것 자체가 유죄의 또 다른 증거로 간주됐기 때문이다. 침묵도 유죄의 증거였다. 일단 마녀로 지목되면 어떤 방법으로도 빠져나갈 도리가 없었다.

끝까지 자백하지 않는 마녀 피의자들에게는 자비의 선택권이 주어졌다. 고통을 덜 받고 화형을 받겠느냐, 그렇지 않으면 계속 고문을 당하겠느냐 하는 선택권이었다. 그들은 한번 마녀 피의자로 체포되면 살아나기 어렵다는 것을 잘 알기 때문에 대부분 화형을 택했다. 회개하여 협조적인 태도를 보이는 마녀들은 그 대가로 장작더미에 불이 붙기 전에 처형되는 행운을 얻을 수도 있었다.

마녀사냥의 광풍에서 특별히 눈길을 끄는 것은 그 무렵이 바로 실험과학의 기틀이 마련되고 활기를 얻어가던 시기라는 점이다. 당대의 마녀 사냥꾼들은 과학적인 방법(엄밀하게 말해 과학이라는 정의는 아니다)으로 마녀를 조사할 수 있다고 믿었다. 그들은 마녀=악마라는 믿음을 철저하게 신봉했다. 한마디로 마녀라고 자백하는 자체가 신이 존재한다는 믿음을 공고히 해준다는 것이다. 즉, 신을 믿게 하기 위해서라도 악마가 있어야 하는데 그 증거가 마녀였다. 이래저래 중세는 마녀사냥을 피할 수 없는 시대였다. 그런데 놀라운 것은 과학의 '참'을 '거짓'이라고 말하지 않았다는 것도 마녀사냥으로 몰아갔다는 점이다. 유명한 조르다노 브루노(Giordano Bruno)의 화형이 바로 그런 예이다.

태양이 지구를 돈다

유럽의 중세 사람들에게 지구가 돈다는 것과 태양이 돈다는 것이 왜 그렇게 중요한 의미를 갖는지 의아할 것이다. 일반 사람들에게는 태양이 돌든지 지구가 돌든지 일상생활에 미치는 영향이 거의 없기 때문이다.

전통적인 천동설은 그 내용이 단순하다. 우주의 중심에 위치한 것은 지구이며, 지구는 제자리에 있고 태양이 그 주위를 돈다는 것. 다시 말해 지구는 중심에 고정된 상태로 변화와 불완전에 끊임없이 시달리는 행성이라는 것이다. 천체는 완전하고 완벽하며 끊임없이 이어지는 주기를 돌고 도는, 순전히 빛으로만 이루어진 구(球)의 집합체이다. 우주는 닫혀 있는 체계로서 저쪽 너머로는 아무 것도 존재하지 않는다. 이러한 체계는 아리스토텔레스가 정리한 우주론과 같다. 더구나 아리스토텔레스의 우주론은 성서에 적혀 있는 우주에 대한 설명과 유사해서 중세 유럽인들에게 천체에 관한 교과서로 인정받고 있었다.

여기서 등장하는 사람이 고대의 가장 위대한 천문학자로 알려진 클라우디오스 프톨레마이오스(Claudios Ptolemaeos)이다. 그리스를 대표하는 천문학자인 프톨레마이오스는 이집트의 알렉산드리아를 중심으로 활약했는데, 정확하게 언제 어디서 태어나고 사망했는지 알려지지 않았지만 클라우디오스라는 이름은 그가 로마 시민권자임을 말해준다. 학자들은 그가 그리스 혈통이라고 추측하며 황제 마르쿠스 아우렐리우스 재위(161~180)에도 살았다고 전한다. 그의 천문학 관측은 127년부터 151년까지 약 25년에 이르고 있다.

당시 이집트는 로마의 지배를 받고 있었지만 그 사상과 전통은 그리스의 영향을 받았다. 프톨레마이오스의 이름을 높인 것은 천동설에 입각한 천문학을 집대성한《수학 집대성Megale syntaxis Mathematike(일명 알마게스트)》이라는 13권짜리 저서이다. 메갈레(위대한) 대신 메기스테(Megiste, 가장 위대한)로 불리기도 했는데 메기스테에 정관사 알(al)을 붙여 알마게스트(Almagest)라 불리게 된 것이다. 이 책은 16세기 덴마크의 천문학자 브라헤(Tycho Brahe, 1546~1601)가 정밀한 관측을 하고 코페르니쿠스가 지동설을 수립할 때까지 1500년 동안 천문학계에서 부동의 권위를 누렸다.

프톨레마이오스가 내놓은 해석은 지구가 우주의 중심에 정지해 있고, 그 주위를 달과 태양, 행성들과 별들이 하나로 이어져 커다란 원 궤도로 움직인다는 것이다. 이 체계의 장점은 실제 관측 결과와 잘 들어맞았다. 다시 말해 천문학자들이 천체의 움직임을 어느 정도 정확하게 예측할 수 있다는 뜻이다.

그러나 프톨레마이오스의 천문학은 두 가지의 결점을 갖고 있었다. 첫째는 지구를 행성계의 중심에 두었다는 점. 둘째는 천문학의 물리학적 측면과 수학적 측면을 분리했다는 점이다. 이러한 결점들은 코페르니쿠스와 케플러의 등장으로 대대적인 수정을 받게 된다.

행성 운동에 관한 프톨레마이오스의 업적은 사실 대단한 것이다. 그의 사망 후 1500년이 지나는 동안 인간은 책력을 조정하고 날짜에 따라 행성들의 위치를 예측해 주는 행성표를 만드는 데 아무런 문제 없이 그의 이론을 도입했다. 즉 그의 행성 예측표에 의해 뱃사공들은 바다에서 배의 방향을 곧바로 알아낼 수 있었다.

그러나 시대가 흐를수록 수많은 관측 데이터가 축적되었고, 그때마다 행성의 운동을 천동설에 끼워 맞추기 위해 복잡한 계산을 다시 해야 했다. 코페르니쿠스 시대에 이르러서는 대다수의 천문학자들이 골머리를 썩일 정도로 천동설은 극히 복잡해졌다. 고작 5개의 행성 운동을 설명하는 데도 엄청나게 복잡한 기하학을 동원해야 했기에 학자들은 새로운 천문 해석 방법을 찾지 않을 수 없었다. 코페르니쿠스(Nicolaus Copernicus, 1473~1543)가 필연적으로 등장하게 되는 계기이다.

지구가 태양을 돈다

코페르니쿠스의 아버지는 폴란드 비스툴라 강변의 옛 한자(hansa) 동맹 도시였던 토루니의 유복한 상인이며 관리였다. 그는 열 살 때에 아버지를 잃고 숙부 루카스 바첼로데 밑에서 자랐는데, 1489년 숙부가 에름란트의 주교가 되자 그의 지원으로 1496년에서 1506년까지 이탈리아의 볼로냐대학을 거쳐 파도바대학에서 법률과 그리스어, 의학을 공부했다. 폴란드로 돌아온 그는 숙부의 성당에서 빈민들에게 의술을 베풀어 좋은 평판을 얻었다. 1512년 숙부가 죽자 발트 해안의 프라우엔부르크에서 성당의 참사원이 되었다. 말하자면 공무원이자 행정관이 된 것이다.

코페르니쿠스는 성당의 평범한 행정관으로 일하면서 평소에 자신의 관심사인 천문학 자료를 조사하다가 다소 이상한 점을 발견했다.

사실 아무리 교묘한 천문학적인 해법이라도 도가 지나치면 어딘가 부자연스럽게 변하기 마련인데 프톨레마이오스의 자료를 보면서 놀라운 사실을 발견하고 나름대로 한 가지 질문을 했다.

'이렇게 많은 원을 조합해야 할 정도로 복잡하고 전혀 대칭성이나 조화를 찾아볼 수 없는 기이한 우주를 정말로 신이 만든 것일까?'

그는 당시의 천문학자들이 거론하는 우주는 추악한 괴물과 같다고 한탄했다. 그러므로 그러한 괴물을 퇴치하기 위해서는 애초에 신이 의도했을 우주의 조화와 아름다움을 찾아야 한다고 생각했다. 그는 프톨레마이오스가 행성의 정지와 역전을 명쾌하게 설명하지 못했다고 생각했다. 특히 프톨레마이오스가 **등각속도점**을 근거로 해서 운동이 일정하다고 말하는 것은 허구였다. 등각속도점을 도입한다는 자체가 행성의 운동이 일정하지 않다는 것을 인정하는 것이기 때문이다. 그러므로 신이 그러한 꼼수를 사용했으리라고는 생각할 수 없었다. 더 나은 방식, 즉 일정한 원운동과 고대의 전통에 더 적합한 방식을 찾아내야 했다.

등각속도점(equant point)
그곳에서 관찰하면 행성들이 일정한 원운동을 하는 듯이 보이게 된다는 공간 속의 가상적인 점

여기에서 코페르니쿠스는 아주 단순한 가설을 세웠다. 태양이 정지해 있고 지구가 자전축을 중심으로 하루에 한 바퀴씩 도는 동시에 1년에 한 바퀴씩 태양 주위를 돈다는 것이다. 그는 저자를 밝히지 않은 채 《논평Commentariolus》이라는 소책자에 자신의 생각을 밝혔다. 이 책은 정식으로 출판되지 않고 필사본으로 천문학자들의 손에서 손으로 전해졌다. 코페르니쿠스가 자신의 이름을 적지 않은 것은 그런 비밀스러운 지식은 드러나지 않아야 한다고 느꼈을지도 모른다는 설명도 있다.

발굴된 유해와 소장 도서에서 나온 머리카락 DNA를 검사해 컴퓨터 그래픽으로 영상 복원한 코페르니쿠스의 얼굴

코페르니쿠스가 익명으로 출간한 《논평》을 읽고 독일의 젊은 천문학자이자 수학자인 레티쿠스가 그를 찾아왔다. 레티쿠스는 코페르니쿠스의 연구노트를 토대로 《천체의 회전에 관하여De revolutionibus orbium coelestium》 출간을 추진했다. 그런데 인쇄 감독을 맡았던 성직자 안드레아 오시안더는 코페르니쿠스의 논문을 그대로 출판하면 자신의 입장이 곤란해질까봐 두려워 서문에 "지구가 태양을 돈다는 새로운 주장은 반드시 사실은 아니며, 미래의 천체 위치를 예측하기 위한 단순한 수학적 수단으로 이용할 수 있다"고 가필을 했다.

코페르니쿠스는 강력히 반발했지만 자신이 원하는 대로 수정되지 않았다. 그러나 오시안더의 의도는 어디까지나 로마 교황청의 비난으로부터 이 책을 보호하기 위해서였다. 논란의 대상이 되었던 코페르니쿠스의 책이 1616년까지 금서 목록에 등재되지 않은 것도 오시안더의 가필 덕분이었다.

코페르니쿠스에 의해 불붙은 지동설은 계속 퍼져나가 갈릴레오로 이어지며 성경에 적힌 내용일지라도 사실과 다를 수 있다는 것을 알게 된다. 성경의 한 글자 한 글자가 진실이라고 믿어 의심치 않던 유럽인들에게 이 같은 사실은 충격이었다.

중세시대 서유럽을 지배하고 있던 교회로서는 천동설과 지동설의 차이는 심각한 것이다. 성경 시편 93편의 '세계도 견고히 서서 요동치 아니하도다'라는 구절이나, 시편 19편의 '해가 신방에서 나오는 신랑인 양, 힘차게 치닫는 용사인 양, 저 하늘 끝에서 불끈 솟아올라 하늘 저 끝으로 내달리니 그 뜨거운 볕 받지 않는 이 하나 없습니다'라는 구절은 매우 중요한 사실을 시사해준다. 태양이 내달린다는 말은 바로 태양이 움직인다는 것을 단적으로 제시한 결정적인 증거라는 설명이다.

지구 중심설은 성경의 큰 줄기를 이루는 천당과 지옥의 개념을 적용하는 데에도 적합했다. 지구 중심설에서는 천체를 완전한 존재일 뿐만 아니라 불변의 존재로 간주했다. 이것은 하늘에 존재하는 모든 것은 영원하고 변하지 않지만, 퇴보와 부패는 성서에 나오는 조상들이 저지른 죄에 대한 벌 때문인데 그것도 지상에 한정된 특성이라는 뜻이다. 천당과 지옥이 변한다는 불손한 생각을 혐오하는 것은 당연했다.

더구나 지구가 멀리 떨어져 있는 태양의 주위를 돌고 있다면 우주가 엄청나게 크다는 것을 의미한다. 어느 관점에서 본다면 인간의 가치가 강등되는 것이다. 인간은 더 이상 우주의 중심인 지구에 사는 가장 중요한 피조물이 아니라 멀리 떨어진 태양을 공전하는 평범한 행성에 사는 동물에 지나지 않는다는 다소 유쾌하지 않은 결론에 도달한다. 교회의 입장에서 보면 지동설은 그야말로 불경하기 짝이 없는 논리였다.

지동설을 주장하는 마녀

하지만 일단 물꼬가 터진 지식의 올바른 확산을 교회가 되돌릴 수는 없는 일이었다. 정신세계와 물질세계가 다르다는 것을 알아차린 인간들은 성경의 말씀에 다소 위배되더라도 인간을 위한 일이라면 목숨을 걸고라도 자신의 신념을 지켜나가기 시작했다. 엄밀한 의미에서 코페르니쿠스의 지동설은 신이 의도한 세계를 찾아내자는 뜻에서 시작되었지만, 인간들을 위한 세계가 있다는 것을 간파한 뒤로는 교회에 양보하는 것을 단호히 거부했다.

코페르니쿠스가 지구를 우주의 중심으로부터 몰아내자 중세시대의 성경에 얽매여 있던 사람들은 그의 말을 믿으려 하지 않았다. 그러나 일단 코페르니쿠스의 주장이 발표되자 그 파장은 상상을 초월할 정도로 전개됐다. 교황청의 말과 달리 지구가 우주의 중심이 아니라는 사실은 성경이 절대적이 아니라는 것을 의미했다. 사람들은 천상 중심의 생각을 떨쳐 버리고 지상에서의 일에 전보다 더 힘을 쏟기 시작했다. 이를테면 프랜시스 베이컨(Francis Bacon, 1561~1626)은 과학의 혁신을 촉구하면서 경험적 연구의 중요성을 강조했다. 그렇지만 진리 수호의 최고기관인 교회는 이런 불경한 생각을 차단시켜야 했고 그러자면 희생양이 필요했다. 바로 그 희생자가 조르다노 브루노이다.

브루노는 코페르니쿠스 사망 후 5년이 지나 출생했는데 이때는 거대한 개혁과 긴장이 되풀이되던 시대였다. 나폴리 근처의 놀라에서 출생한 그는 본명이 필리포 브루노인데 조르다노 브루노는 나중에 수도사로서 받은 이름이다.

브루노는 1563~1576년 동안 나폴리의 성도미니쿠스 수도원에 들어가 스콜라 철학, 로마의 고전, 특히 범신론 사상가 쿠자누스, 카르다노, 텔레시오 등의 책을 읽었는데 그 무렵 코페르니쿠스의 저서를 접했던 것으로 보인다. 세계관의 혁신에 관심을 갖고 기존의 편협한 교회들을 불신의 눈으로 바라보기 시작한 것도 그 즈음부터라고 추정된다.

물론 어린 그가 곧바로 저항할 수 있었던 것은 아니지만 수도원의 수도사로서 동료 수사들과 계속 갈등을 키운 것만은 사실인 듯하다. 어느 철학 논쟁에서 브루노는 신의 삼위일체 교리에 대해 부정적인 생각을 드러내는 등 비정통적인 태도를 취하자 1576년 수도원은 그를 이단자로 고발했다. 이단자로 고발되었다는 의미를 잘 아는 그는 가장 현명한 판단을 한다. 곧장 줄행랑을 친 것이다.

지오다노 브루노는 '마녀'라는 죄목으로 화형당했다.

브루노는 도피생활 초기 북부 이탈리아 각지를 여행했는데 그의 학식을 높이 산 프랑스 툴루즈대학에서 그를 초빙해 1581년 파리로 갔다. 파리에서도 그의 학식이 높이 평가되어 국왕 앙리 3세의 보호 아래 기억술에 관한 3권의 책과 이탈리아어로 쓴 희극《양초 제조공》을 출판했다. 1583년 당시 영국 주재 프랑스 대사 미셸 드 카스텔로를 따라 영국으로 건너가 옥스퍼드대학은 물론 유럽의 여러 나라에서 철학 강의를 하며《성회 수요일 만찬》등을 포함한 여러 권의 책을 집필하면서 당대의 슈퍼스타 지식인으로 떠올랐다.

그런데 문제는 그가 유럽의 지식인으로 성장하는 동안 신학, 철학의 의문점에 대한 의구심이 작아지기는커녕 오히려 더욱 커져만 갔다는 점이다. 브루노에겐 무한한 우주야말로 유일하면서도 참다운 현실이었다. 마침내 그의 머릿속에는 더 이상 신이나 창조자를 위한 자리가 남아 있지 않았다. 브루노는 또 코페르니쿠스의 우주론을 파고들어 이를 우주의 무한한 다양성을 설명하는 포괄적인 이론으로 확장시켰다. 그는 무한히 많은 항성이 있고, 그 주변에서 각기 나름의 규칙대로 움직이는 다른 행성들의 중심을 이루는 것이 틀림없다는 놀라운 주장을 했다. 그가 보기에 사람들이 이 무한한 세상을 줄여놓은 것이다.

그러나 브루노에게는 남다른 아픔이 있었는데 자신의 고국에서는 인정 받지 못하고 있다는 점이다. 마침 베네치아의 귀족 모체니고(mocenigo)가 고향으로 돌아오라고 그를 초청했다. 모체니고는 브루노에게 씌워졌던 이단이라는 죄목은 자신이 충분히 중재할 수 있으므로 아무런 불안감을 갖지 말고 귀국하라고 그를 안심시켰다.

그러나 1591년 브루노가 베니치아로 돌아가자 모체니고는 그를 이단자로 밀고했다. 브루노는 곧바로 체포, 투옥되었고 1593년 로마로 이송되었다. 그 이후에 일어난 일은 그야말로 비극이 아닐 수 없다. 로마에서 벌어진 그에 대한 종교재판은 무려 7년이나 소요되었다.

심문과정에서 브루노는 삼위일체와 인격신을 반대하는 자신의 입장을 당당히 설명하면서 이 세계가 무한하다는 주장을 굽히지 않았다. 그의 주장은 코페르니쿠스의 지동설과 결합한 것으로, 그는 무한한 우주 속에 무한히 많은 세계, 즉 태양계가 분포되어 있고, 그것은 끊임없이 생장 소멸한다고 생각했다. 그는 이와 같은 우주의 생명 그 자체가 신에 의해 만들어진 **능산적 자연**이라고 보았으므로 자신이 신을 부정하는 이단자가 아니라고 강조했다.

능산적 자연
능산적 자연(Natura naturus)은 만물의 생산의 근원이 되는 자연. 즉 범신론적인 의미의 신을 말한다. 소산적 자연(natura naturata)은 협소한 의미의 자연. 신의 피조물로서 자연을 말한다.

특히 우주의 물질은 극소 단위인 '단자(monade)'의 합성으로 되어 있으며, 모든 물체는 운동하고 변화하지만 단자 자체는 불멸이라고 보았다. 내세를 바라보고 사는 세속에서의 금욕적 도덕은 위선에 불과하며, 현세의 사회적 목적에 이바지하는 것이 선이기는 하지만, 궁극적인 선은 우주적 생명과의 신비적 합일에 있다고 보았다.

브루노가 계속해서 자신의 뜻을 굽히지 않자, 교황 클레멘스 8세는 그를 회개할 줄 모르는 철저한 이단자로 낙인 찍었다. 예수의 신성을 기본으로 하는 교황청으로 볼 때 그의 주장은 불경스럽기 짝이 없는 일이었다. 교황은 그의 생각 자체가 위험한 것이므로 그를 응징하지 않으면 추종자들이 또 다시 나올 수 있다고 극형을 주장했다.

1600년 2월 8일, 그에 대한 마지막 종교재판이 열렸다. 그에게 '회개하는 기색이 없고 지독하고 고집스러운 이교도'라는 판정, 즉 마녀라는 죄목으로 화형이 언도되었다. 화형은 당시의 기본 수순이었다. 브루노보다 70여 년 전 사람인 코페르니쿠스가 자신의 주장이 옳다고 믿으면서도 책을 발간하지 않으려고 한 것도 이유가 있었다.

열흘 후인 2월 17일 캄포데피오리(Campo de' Fiori) 광장에서 브루노의 화형이 집행되었다. 옷이 모두 벗겨진 그는 기둥에 묶여 살아 있는 채로 불에 태워졌다. 판결문에는 이단자의 책과 원고를 모두 공개적으로 불태우라는 명령도 함께 들어 있었다.

종교적 신념이 다르다

브루노가 화형을 당한 것은 엄밀한 의미에서 자신의 종교적 신념 때문이지 코페르니쿠스의 지동설을 주장했기 때문만은 아님을 이해해야 한다. 브루노의 죄목인 '회개의 기색이 없고 지독하고 고집스러운 이교도'는 이단자 즉 '마녀'라는 것을 의미

브루노 동상. 캄포데피오리 광장, 로마

한다. 지동설은 브루노 이단의 전체 중의 일부분인데 이것이 외형적으로 과학과 연계되어 크게 부각된 것이라 볼 수 있다.

브루노가 교회와 갈등을 겪게 된 주된 이유는 그가 아리우스(Arius, 250?~336?)의 주장을 지지했기 때문이다. 이집트 알렉산드리아 교회의 사제 아리우스는 다음과 같이 주장했다.

"성부, 성자, 성신(성령)의 세 위격(位格)은 대등하며, 오직 성부만이 영원하다. 성자는 모든 피조물과 같이 창조되었을 뿐, 신이되 피조물과 신의 중개 역할을 하고, 신이 그에게 세상을 구원하도록 선택한 것이다."

즉 예수는 신의 은총을 입어 신의 양자로 선택받은 것이지 신은 아니라는 뜻이다. 이에 대해 아타나시우스(Athansius, 275~373)는 아리우스가 성자를 반신(半神)으로 전락시켰으며, 성자만이 인간과 하나님을 화해시킬 수 있다는 **구속(救贖)개념**을 훼손했다고 반박했다. 즉 아타나시우스는 예수 그 자체를 신으로 본 삼위일체를 주장한 데 반해 아리우스는 예수는 신에 의해 창조된 으뜸 피조물이면서 신과 인간의 중간인 신격을 입은 존재로 보았다는 데 차이가 있다. 이 문제는 워낙 민감하고 중요한 사안이라 큰 반향을 일으켰는데 결국 니케아 공의회(325)에서 아리우스의 주장을 이단으로 규정하고 배척했다.

구속개념
성서적인 의미의 용어로, 그리스도를 통해 인류를 죄악으로부터 건져내어 하느님의 은총 속에 있게 하려는 섭리적(攝理的)인 행위

그러나 아리우스의 주장은 서유럽에서는 발판을 잃어버렸지만 동

로마권에서는 동방정교회의 여러 분파 중 하나로 끈끈한 맥을 이어가고 있었다. 교리상 전혀 다른 길을 걸었음에도 서로마와 동로마로 구분되어 각자의 길을 걸어가, 서로마의 교황청과 동로마의 교회가 큰 틀에서 서로 부딪칠 일은 거의 없었다. 그런데 십자군전쟁이 일어나자 상황이 달라졌다. 동방으로 향하는 동안 십자군들은 같은 예수를 믿는데도 믿음이 다른 사람들이 있다는 것을 알아차렸다. 더구나 십자군이 동로마권의 콘스탄티노플을 공격하는 등 규범에서 벗어나는 행동을 하자, 어느 부분에서는 아리우스파의 믿음이 교황청의 믿음보다 더 순수하다는 것이 알려지게 되었다. 그러자 교황청 안에 잠복되어 있던 문제점들이 터져나오면서 아리우스파를 신봉하는 신자들이 급격히 증가하기 시작했다.

지중해 서남부인 프랑스 랑그도크(Languedoc) 지역에서 이들의 교세는 급격히 커져 카타리파(Cathari派, 다빈치도 신자라는 말이 있음)로 불리면서 지역에 따라 교황청을 위협할 정도로 세력이 확장되었다. 그러자 교황 이노센트 3세는 3차 십자군전쟁(1189~1192) 때 예루살렘보다 카타리파를 궤멸시키는 것이 더 중요하다며 이들을 격멸하는 데 총력을 기울였다. 그 결과 서유럽에서 이들 세력이 완전히 사라졌다고 해도 과언이 아니었고 비로소 교황청의 권위도 확고해졌다. 그런 상황에서 브루노가 등장해 아리우스파의 교리가 참된 신앙이며, 가톨릭 교회는 과거의 죄를 회개하고 예수의 가르침을 보다 앞세워야 한다는 극단적 자세를 취한 것이다.

십자군전쟁 때 카타리파의 득세로 한바탕 곤욕을 치른 교황청으로서는 어떤 방법을 동원해서라도 아리우스파가 다시 득세하는 것을 막아야 했다. 그런데 아리우스파는 마침 그들의 주장을 설명하는

데 천동설보다 지동설이 유리하다는 것을 알고 지동설을 반대하지 않았다.

브루노는 가톨릭 사제였으므로 신 자체를 부정한 것도 아니고 지동설이란 것도 전혀 새로운 개념도 아니며 더구나 그가 맨 처음 주장한 것도 아니다. 코페르니쿠스주의에 대한 그의 지지가 재판에서 쟁점이 되었는지에 대한 증거는 없지만, 브루노가 태양 중심 우주 체계의 열렬한 지지자였으며(이집트의 세계관과 잘 들어맞는다), 또한 우주가 무수히 많은 별들(그 모두 태양과 같다)로 가득 차 있다는 주장도 지지했고, 우주 어딘가에는 분명 생명이 있다는 주장을 펼친 것은 틀림없는 사실이다. 이런 면만 본다면 그의 잘못은 시대를 잘못 태어난 죄밖에는 없다. 브루노는 과학의 순교자라기보다는 신념의 순교자라고 볼 수 있는데 이것이 결과적으로 브루노로 하여금 과학에 큰 기여를 하게 만드는 계기가 된다.

사실 교황청으로서도 이탈리아를 제외한 유럽 전역에서 슈퍼스타급인 브루노를 처형한다는 것은 부담이었고 상당한 파장을 불러오리란 것도 잘 알고 있었다. 그의 처형으로 아리우스파의 주장은 물론 지동설이 오히려 확산될 가능성이 높기 때문이다. 그러므로 교회측은 브루노에게 타협안을 제시했다. 그가 자신의 신념만 철회해주면 마녀 혐의를 벗겨주겠다는 것이다. 마녀로 고발되면 기본적으로 속전속결로 처리되는데 브루노가 7년 동안이나 감옥에 갇혀 있었다는 것은 그에게 '회개'의 기회를 주려고 했다고도 볼 수 있다.

사실 그는 과학자도 아니고 지동설을 그 자신이 제창한 것도 아니므로 "잘못 알았다"고 해도 무방한 일이었다. 그러나 그는 끝까지 타협을 거부했다. 브루노는 종교재판에 의해 죽임을 당했지만 신념을 굽히지 않은 터라 그와 관련된 모든 사상, 즉 지동설과 관련한 부분도 한통속으로 취급받았다. 브루노가 자신의 신념을 굽히지 않고 화형을 당했으므로 결국 교황청이 견지한 천동설이 진실이 아니고 브루노가 주장한 지동설이 진실이 된 것이다.

그러나 지동설에 관한 한 브루노는 억울한 점이 많다. 그는 코페르니쿠스를 직접 대면하거나 서신조차 교환한 적이 없다. 브루노가 코페르니쿠스의 책을 읽고 공감한 것은 사실이다. 그렇다고 브루노가 처음부터 교황청을 공격한 것은 아니다. 막강한 교회를 정면으로 공격한다는 것은 쉬운 일이 아니므로 브루노는 다소 해학적으로 코페르니쿠스의 주장에 대해 다음과 같이 말했다. "코페르니쿠스의 책은 어느 바보가 자신과 똑같은 바보들만을 위해 쓸 수 있는 글이다."

브루노의 이 말을 종교계에서는 고도의 정치성이 들어 있다고 생각했다. 다소 헷갈리는 해석이지만 교황청은 이 말이야말로 지동설을 지지하는 증거라며 그의 신념을 철회하거나 변경하라고 명령했다. 그런데 브루노는 이와 같은 명령을 거부하며 "선고를 받고 있는 나보다도 나에게 선고를 내린 당신이 진리 앞에 두려워하고 있는 것은 아닌가"라고 말하여 더욱 더 교황청을 화나게 만들었다.

브루노가 화형을 당하기 직전 신부가 그에게 회개를 권유했다. 마녀로 언도받았지만 브루노 역시 신부이므로 기독교인으로 가장 중요한 천국의 길을 열어주겠다는 배려인데 브루

브루너의 마녀재판 장면을 새긴 동판. 캄포데피오리 광장, 로마

노는 마지막 순간에도 자신의 주장이 옳다는 것을 견지하며 회개를 거부했다. 그리고 입에 재갈을 문 채 불구덩이 속에서 비극적인 생을 마쳤다.

브루노의 종교적인 신념이 어떠하든 일단 코페르니쿠스의 지동설이 브루노의 처형과 접목되자 그들의 사상은 17세기의 과학, 철학 사상에 영향을 미쳤고 더 이상 배척의 대상이 아니었다. 특히 18세기 이후에는 브루노의 사상이 많은 현대 철학자에게 받아들여져 새로운 문명세계로의 길을 놓아주기 시작했다.

엄밀한 의미에서 그가 화형을 당한 것은 과학자로서 과학을 연구했기 때문이 아니라 자유로운 사상, 즉 종교적인 믿음 때문이다. 그러나 브루노의 죽음이 지동설을 박해한 것으로 부각되자 교황청이 당초에 우려했던 대로 급속히 지동설이 확산되어갔다. 한마디로 교황청으로서는 혹을 떼려다 혹을 붙인 셈이다. 그런 의미에서 과학철학자 화이트헤드는 그의 저서《과학과 근대세계》에서 브루노가 화형당한 1600년이야말로 엄밀한 의미에서 근대 과학의 첫 세기를 열어놓은 해라고 적었다. 엥겔스는 역사상 최대의 사상 혁신이라 평가했고 칸트는 코페르니쿠스적 사고의 전환으로 지구가 우주의 중심이라는 지위를 빼앗은 것이야말로 가장 중요한 사건이라고 평가했다. 신이 창조한 단 하나의 지구라는 당시의 가치관에 도전했다는 것이야말로 과학혁명의 중요한 계기가 되었다는 데 의견을 같이 한 것이다.

03

지식은 힘이 세다

프랜시스 베이컨(1561–1626)

르네상스 후의 근대철학, 특히 영국 고전경험론의 창시자. 인간의 정신능력 구분에 따라서 학문을 역사, 시학, 철학으로 구분했다. 다시 철학을 신학과 자연철학으로 나누었는데, 그의 최대 공헌은 과학방법론·귀납법 등의 논리 제창이다. 과학자가 아니면서도 과학의 새로운 방법을 제시했다.

프랜시스 베이컨 Francis Bacon, 1561~1626

고전 경험론의 창시자, 부패실험 도중 폐렴으로 사망

영국의 유명한 자연철학자 프랜시스 베이컨의 직업을 묻는다면 한마디로 꼭 집어 말할 수가 없다. 그는 현대의 '학문'이라 부르는 거의 모든 분야에서 두각을 나타냈기 때문이다.

귀족 집안에서 태어나 버킹엄 공작(Duke of Buckingham)이기도 한 베이컨은 철학자, 법률가, 행정가, 정치가, 문학가로도 잘 알려져 있지만 과학자로 불러도 손색이 없다. 과학 분야로 국한해보면 그는 과학의 신시대를 연 인물이며 과학과 기술에 의해서만 이 세계를 변혁시킬 수 있다며 최초로 과학적 연구의 중요성을 제창한 인물이다. 그러므로 그에게 붙여진 '근대 자연과학의 위대한 개척자'라는 별칭은 아무에게나 주어지지 않는 크나큰 명예이다.

베이컨은 철학사에서 '영국 경험주의의 시조'로 데카르트와 함께 근세 철학의 개척자로 불린다. 종래의 스콜라적 편견인 '우상'을 배척하고 새로운 과학과 기술의 진보에 걸맞는 인식론을 수립하여, 실험에 기초한 귀납적 연구법을 주장했기 때문이다.

여기서 그가 끌어낸 개념이 '진보'라는 말이다. 진보의 가능성은 그가 맨 처음 세상에 창조한 완전히 새로운 생각이다. 진보란 자연에 대해 더 많은 힘을 소유하거나 미래의 발전에 대해 더 잘 예측하는 것을 의미한다. 베이컨은 이 두 가지가 지식을 통해서 얻어진다고 보았다. '지식이 곧 힘'이라는 주장이다. 지식이 많으면 그만큼 힘도 많아진다는 뜻인데 지식을 얻기 위해서는 과학의 기본인 과학적인 연구를 해야 한다는 것이 그의 지론이다.

명문가의 자제로 태어나다

역사적으로 시민계급의 등장이 가장 빨랐던 곳은 영국이다. 13~14세기 봉건제도가 붕괴되기 시작하면서 튜더 절대왕정의 길을 열었다. 독립적으로 자영화한 농민층들이 농업경영에서 목축과 모직물공업으로 진출하고 농촌 수공업을 통해 생산적 중간계층들이 영국의 자본주의의 틀을 구성해 나갔다. 그들은 곧 근대적인 산업시민으로 성장하여 절대왕정제의 대항세력이 된다.

전제국가에서 시민들의 세력이 커질 경우 골치 아픈 일들이 생기게 마련인데 15~16세기 영국의 경우는 조금 달랐다. 헨리 7세(재위 1485~1509) 때부터 엘리자베스 1세(재위 1558~1603)에 이르는 튜더 왕조 시기에는 절대왕정이 오히려 국민적 지지를 받았다는 점이다. 이는 중산층을 기반으로 하는 수공업이 절대왕정 및 이와 결탁한 상업자본의 비호 아래 비약적인 발전을 해나갔다는 것만 봐도 알 수 있다.

튜더왕조의 마지막인 엘리자베스 1세 시기는 커다란 전환기였다. 대외적으로는 북아메리카의 식민지 개발, 스페인 무적함대의 격파, 동인도회사의 설립 등 대해상국으로서 기반을 다졌고, 국내적으로는 산업 시민층이 하원으로 진출했다. 베이컨은 바로 이 전환기 때의 사람이다.

프랜시스 베이컨(Francis Bacon)은 1561년 1월 22일 국왕의 옥새를 관리하는 옥새상서(Lord Keeper of the Great Seal)를 지낸 니콜라스 베이컨 경(Sir Nicholas Bacon)의 다섯째 아들로 런던의 요크하우스 관저에서 태어났다. 12살이 되던 1573년부터 2년 동안 케임브리지대학의 트리니티 칼리지에서 공부했지만 중도에 그만두었다. 그곳에서도 대부분의 대학들처럼 아리스토텔레스의 원전을 중심으로 스콜라적 논쟁을 벌이고 있었는데, 베이컨은 인간의 행복을 찾아내고 증진시키는 데 그러한 교육방법이 부적절하다고 느꼈다. 16살인 1576년에는 그레이즈 인(Gray's Inn) 법학원에서 법학을 배우기 시작했고 그해 영국 대사의 수행원 자격으로 파리로 갔다. 영국의 상류층 자제로서 유럽 대륙의 지식인들과 교류하면서 그 무렵 파리에서 나타나기 시작한 다양한 실용적 학문의 중요성을 깊이 인식하게 되었다.

1579년 아버지의 갑작스런 사망으로 영국으로 귀국하여 다시 그레이즈 인 법학원에서 공부한 뒤 21살에 변호사 자격을 취득했다. 23세가 되던 1584년부터 하원의원으로 활동하면서 다방면으로 저술 활동을 했는데 그가 특별히 관심을 기울인 것은 현대 개념의 과학이다.

그런데 베이컨의 재정적 후원자를 자처하며 가깝게 지내던 젊은 야심가 에식스 백작이 엘리자베스 여왕을 폐위하려는 음모를 꾀하다 발각되는 사건이 일어났다. 여왕은 베이컨으로 하여금 에식스 백작을 기소토록 했고, 에식스 백작은 참형에 처해졌다. 이런저런 사건으로 궁정에는 베이컨에게 반감을 가진 사람들이 많아 엘리자베스 여왕 때는 중용되지 못했다.

베이컨은 사물을 일일이 확인하는 그 자신의 방법론에 충실해 추운 겨울 부패실험을 하다가 폐렴으로 사망하게 된다.

그러나 1603년 제임스 1세가 왕위를 계승한 뒤 베이컨의 정치적 지위는 급속히 상승한다. 1606년 법무차관, 1613년에 검찰총장이 되었으며 1617년 그의 부친이 역임했던 옥새상서가 되었고 1618년부터는 옥새상서로 당연 겸직인 대법관까지 올랐다. 1603년에 기사작위, 1618년에 남작, 1621년에 자작 작위를 받았고 그의 마지막 호칭은 세인트 엘번스 자작이다.

그러나 베이컨은 상식적인 인물은 아니었다. 명문가에서 태어나 어려서부터 천재성을 보여준 야심만만하고 패기 넘치는 청년이었지만 지나치게 씀씀이가 헤프고 양심의 가책이나 주저함을 모르는 다소 뻔뻔한 성격의 소유자로 알려졌다. 그의 방만한 생활은 항상 돈을 필요로해서 소송 당사자로부터 많은 뇌물을 받았다. 이는 법관으로서 있을 수 없는 일이었다. 1621년 부패행위로 기소되어 4만 파운드의 벌금과 금고형을 선고 받았는데 다음과 같은 판결문이 덧붙여졌다.

'국가나 공직에서 어떤 직책과 지위를 맡거나 업무를 수행하는 것을 영구히 금지하며 왕의 마음이 변할 때까지 탑에 갇혀 있어야 한다.'

런던탑에 투옥되어 있던 그는 얼마 지나지 않아 사면을 받고 벌금도 경감되었지만 그의 정치생명은 갑작스럽게 끝나버렸다. 그런데 베이컨도 만만한 사람은 아니었다. 원래 뇌물 건으로 기소되면 보통 변명하기에 급급한데 그는 다음과 같이 당당히 말했다.

"나는 지난 50년 동안의 판결 가운데 가장 올바른 판결을 받았고 200년의 역사를 가진 의회에서 가장 올바른 문책을 당했다."

음모와 중상모략이 판치는 왕궁에서 이처럼 당당하게 말할 정도이므로 그가 이룬 업적 또한 만만치 않았다. 공직에서 물러난 이후 베이컨은 연구와 저술에만 몰두했다.

베이컨이 보는 미래

베이컨을 평가할 때 그가 도덕적으로 고귀한 인품의 소유자는 아니지만 그렇다고 질이 나쁜 사람도 아니라는 데는 견해가 일치한다. 과학사의 측면에서 보면 베이컨은 현대과학 시대를 여는 데 남다른 공헌을 했다

베이컨이 자연에 관심을 기울인 것은 당시 많은 사람들이 식량 문제와 전염병으로 고통받는 것을 숱하게 목격한 때문이었다. 그래서 그는 인간이 자연의 힘 앞에 무릎 꿇지 않고 인간이 자연을 지배하는 것이 중요하다고 생각했다. 엄밀한 의미에서 베이컨은 전문 과학자도 아니고 뚜렷한 과학적 업적을 남기지도 않았다. 그러나 과학적 방법론을 체계화하여 새로운 과학의 길로 이끄는 견인차 역할을 한 것은 사실이다.

그는 새로운 학문 체계를 세우기 위한 전체적인 스케줄을 처음부터 단계적으로 구상하고 이를 제시했다. '대혁신(Great Instauration

또는 Renewal)'이라고 부르는 그의 구상은 다음 같은 6부로 되어 있다.

제1부: 학문의 분류(지식의 현재의 상태에 대해 일반적인 전망)

제2부: 새로운 기관 또는 자연의 해석에 관한 증명(자연의 연구를 위한 지성의 올바른 사용법)

제3부: 우주의 현상 또는 철학 건설을 위한 자연지(誌) 및 실험지(誌)(새로운 방법 적용을 위한 자료의 수집)

제4부: 지성의 계단(새로운 방법의 단계적 적용의 실례)

제5부: 선구자 또는 제2철학의 예비자료(새로운 방법에 의하지 않고 얻어진 여러 가지 발견을 제시)

제6부: 제2철학 또는 적극적 학문(새로운 방법을 우주의 전 현상에 적용해서 얻어지는 성과로서의 새로운 학문)

베이컨은 이를 《대혁신 또는 위대한 부활》라는 책으로 집대성할 구상을 했는데 이 중 제1부에 해당하는 '학문의 진보(Advancement of learning)'는 1605년에, 제2부 '새로운 기관(Novum organum)'은 1620년에 발표했지만 나머지는 완성하지 못했다. 제1부에서 베이컨은 학문을 신(神)적인 것과 인간적인 것으로 나누었다. 인

프랜시스 베이컨은 과학적 방법론을 체계화하여 새로운 과학의 길로 이끄는 견인차 역할을 했다.

우상론
학문을 하는 데 있어서 올바른 판단을 막는 선입관과 편견을 우상이라고 정의했다.

귀납법
어떤 명제를 제시해 놓고 일반적인 사실이나 원리로서의 결론을 이끌어 내는 연구법.

간적 학문은 인간정신의 세 가지 능력인 기억, 상상력, 이성(理性)에 따라 각각 역사학, 시학, 철학의 셋으로 분류된다. 철학은 신적인 것과 자연적인 것으로 나뉘는데 그는 이런 분류를 통해 새로운 자연연구의 방향을 알 수 있다고 설명했다. 여기서 베이컨의 중요한 사상인 **우상론**과 **귀납법**이 제시된다.

이런 그의 주장은 당시로서는 매우 파격적이었다. 그는 학문의 목적은 진리 탐구, 즉 인간의 생활을 풍요롭게 할 새로운 방법을 발견하는 것이라고 강조했다. 그리고 인식의 대상은 자연이며, 인식의 임무는 자연의 연구, 인식의 목적은 인간이 자연을 지배하는 것이라고 지적했다. 그러나 전통적인 삼단논법은 항상 세계를 인간의 사고에 종속시키고, 인간의 사고를 언어에 종속시키므로 이럴 경우 일반적인 개념이 관찰과 실험에서 찾아지지 않는다는 것을 강조했다. 한마디로 관찰과 실험을 선행해야 한다는 것이다.

베이컨은 인류의 과학적, 기술적 발전을 믿었고 인쇄술과 화약의 발명이 인류가 발전해 가고 있다는 것을 보여주는 명백한 증거라고 생각했다. 그는 고대와 중세의 권위로부터 벗어날 것을 촉구하면서 경험적 지식과 과학적 지식의 의미를 강조했다. 베이컨은 순수한 과학, 즉 이론뿐만 아니라 그 활용 역시 중요하게 여겼다. 자연을 관찰하고 설명하는 데 그칠 것이 아니라 적극적으로 지배해야 한다는 것이다.

베이컨이 가장 중요시한 개념은 '지식의 토대'이다. 따라서 개념이 우연히 찾아진 것이라면 이와 같은 토대 위에 세워진 것은 절대 견고할 수 없다고 주장했다. 어떤 개념을 확실히 얻기 위해서는 경험에 기초해야 하지만 맹목적으로 사물을 모으는 경험만으로는 불충분하다는 것이다. 이런 관점에서 베이컨은 학문을 하는 데 있어서 사람들이 올바른 판단을 방해하는 요인으로 선입관과 편견을 들었는데, 이를 네 가지 우상(偶像, idola)이라고 정의했다.

1. 종족의 우상: 인류라는 모든 종족에 공통된 편견
2. 동굴의 우상: 개인의 편견으로 자연을 통찰케 만드는 경험과 양심의 결함
3. 시장의 우상: 사람들의 부적당한 언어의 사용에 근거한 폐단
4. 극장의 우상: 전설이나 꾸며진 이야기를 그대로 받아들이는 폐단

베이컨은 이들 우상들을 배제하는 것이 필요하지만 사실 그 자체에서 법칙과 원리를 이끌어내는 것도 중요하다고 강조했다. 그는 모든 사물은 단순하고 보편적인 '단순성질' 즉 밀도, 무게, 온도, 가동성(mobility)을 기본으로 한다고 설정했다. 그리고 이들 성질의 여러 가지 복잡한 연결을 통해 복잡한 실체가 나온다고 주장했다. 그는 이 단순성질을 '형상'이라고 부르고 각 형상을 인식하는 방법으로 귀납법을 제시했다.

예컨대 열(熱)의 본질, 즉 형상을 구하기 위해 다음 같은 연구 방법을 제시한 것을 보면 베이컨이 현대적인 관점으로 보아도 얼마나 과학적 사고를 갖고 있었는지 알 수 있다.

1. 열이 나타나는 모든 경우의 일람표를 만든다.
2. 열이 나타나지 않는 모든 경우의 일람표를 만든다.

3. 열 현상을 수반한 각종의 조건에 따른 열의 정도를 나타내는 일람표를 만든다.
4. 열과 관계없는 여러 가지 성질을 배제시킨다.
5. 열이 비교적 순수하게 나타나는 특수한 경우 고려한다.

베이컨은 이러한 일람표와 사례들을 비교, 검토, 판단한 뒤 열에 대해 귀납법으로 설명하면서 열의 본질은 '입자의 운동'이라는 결론을 도출했다. 열이 발견되는 곳에서는 어떤 형태로든 운동이 있으며 운동의 주체는 물체를 구성하고 있는 미세한 입자라는 것을 간파한 것이다.

이런 과정을 통해 수집된 사실로부터 도출된 가설은 각 단계마다 반드시 실험적으로 검증되어야 하며 그 결과가 적합한 것이라면 인류의 필요를 위해 제공되어야 한다는 점을 강조했다. 베이컨의 사고의 핵심은 귀납적 방법에 의해 얻어진 결과는 그것을 얻게 해준 경험적 사실들을 단순히 합친 것보다 더 광범위하며, 애초에 포함되지 않았던 새로운 사실들을 예측할 수 있게 해준다는 데 그 중요성이 있다.

이런 설명은 큰 틀에서 보면 아리스토텔레스와 스콜라의 자연관을 완전하게 벗어난 것은 아니다. 하지만 그가 학문을 진보시키는 방법에서 최우선으로 필요한 것은 새로운 사실을 수집하고 밝혀내는 것이라고 주장한 점은 주목할 만하다. 그는 자료를 수집하여 정리된 경험적 지식을 '자연사(自然史)' 혹은 '실험사(實驗史)'라 불렀다. 이 면만 보아도 베이컨의 방식은 과거의 연금술적 사고와 다르다는 것을 알 수 있다.

베이컨의 유작인《신아틀란티스》는 태평양의 가공의 섬에 있는 이상국을 묘사했는데 이 역시 과학과 관련이 있다. 그 배경은 토머스 모어의《유토피아》를 연상케 하지만 구성은 크게 다르다. 베이컨은 이 책에서 이상국의 번영이나 복지는 직접적으로 과학 연구를 집중해야 이루어진다고 적었다. 물론 베이컨은 과학 연구의 성과를 지식으로써 응용하면 유럽인들에게도 번영과 행복을 갖게 만들 수 있다고 말했다.

한편 베이컨이 완성하지 못한《대혁신 또는 위대한 부활》은 18세기 프랑스 계몽사상(Enlightenment)의 가장 중요한 지적 작업에 해당하는《백과전서 Encyclopedie》로 구현된다.

아는 것이 힘이다

베이컨은 당시에 유행했던 연금술의 실체를 정확하게 간파하고 있었다. 한마디로 값싼 금속으로 금을 만든다는 것은 불가능하다는 것이다. 그러면서도 연금술이 과학의 역사에서 담당한 역할을 우화로 빗대어 설명했다.

'어느 농부가 아들들에게 자신의 과수원 어딘가에 금을 묻어두었다는 유언을 한다. 아들들은 포도밭을 정신없이 파헤쳤지만 금은 나오지 않았다. 대신 그해 가을의 포도 수확은 매우 풍성했다. 금을 만들려고 노력했던 사람들의 여러 가지 실험과 유용한 발명이 인간에게 뜻하지 않은 혜택을 가져왔다.'

이와 동시에 베이컨은 협동 연구의 필요성을 강조하며 연금술을 신랄하게 비판하기도 했다. 연금술이나 마술은 비밀스럽고 사리사욕을 탐하기 때문에 지속적으로 발전하기도 힘들고 인류의 행복에도 도움이 되지 않는다는 것이다. 그의 날카로운 통찰력을 기반으로 한 이런 지적은 당대의 '연금술적 자연관'으로부터 탈출하는 계기가 되었다. 즉 당대의 주류라고도 볼 수 있는 '미신적 마술'로부터 '자연적 마술'이라고 설명되는 기계공학적인 기술로의 전환을 시도한 것이다.

베이컨이 가장 높게 평가한 것은 장인(匠人)의 기술이었다. 당시 유럽은 경제활동이 증가함에 따라 장인들의 사회적 지위가 높아졌는데 그들은 자신의 분야에 대한 학문적 탐구를 통해 지적 지위를 향상시키려고 했다. 또한 몇몇 과학자들도 비생산적인 논쟁 대신 경험적인 연구의 중요성을 인식하면서 기술적 지식을 본받을 것을 강조했다. 그런 단계로 가기 위해서 장인의 기술이 필요하다는 것이다.

베이컨의 말 중에 가장 유명한 것이 "아는 것이 힘이다"라는 말이다. 이 말은 근대 과학이 갖는 근본적인 의미의 핵심이라고도 볼 수 있다. 그는 인간의 능력이 지식과 정확히 일치한다고 주장했다. 그가 이와 같이 주장한 것은 학문의 목적을 자연에 대한 인간의 지배력 증대라고 보았기 때문이다. 따라서 어떤 독단적인 신념에 빠져 사변(思辨) 속을 헤매거나, 일정한 원칙 없이 임의의 경험으로부터 결론을 이끌어내어서는 안 된다고 주장했다. 그러므로 베이컨이 말하는 지식의 힘은 학자들의 자기만족이 아니라 '지식을 활용해 세상을 변화시킬 수 있어야 한다'는 것이다. 지식이 인류의 이익에 기여할 때 비로소 지식으로서의 진정한 의미를 가질 수 있다는 뜻이다.

엄밀한 의미에서 그의 시도는 과학의 기본 해법인 수학적 결합이 결여되어 있어 생각의 의도 단계에 머무를 수밖에 없는 한계가 있는 것도 사실이다. 그러나 그의 새로운 연구 방법론은 이후에 폭발적으로 일어나는 발명과 발견을 통해, 인류를 보다 편하게 하는 과학기술의 세계로 인도하는 계기가 된다. 그래서 베이컨을 현대 문명의 기본인 현대과학 시대를 열게 한 장본인 중 한 명으로 거론하는 이유이다.

실험 도중 사망하다

베이컨은 획기적 아이디어를 생각해낸 다음 그것을 뒷받침해줄 사실들을 찾는 방식이 아니라, 되도록 많은 자료를 수집하고 관찰한 결과들을 설명하는 단계를 거쳐야 한다고 강조했다. 베이컨의 지식 체계를 한 문장으로 요약하면 "과학은 반드시 사실을 제공해준 토대 위에 세워져야 한다"는 것이다. 그 말을 정확하게 이해한 사람이 로버트 보일(Robert Boyle, 1627~1691)이었다. 보일은 갈릴레오(Galileo Galilei, 1564~1642)가 낙하하는 물체를 연구하면서 비록 무게는 달라도 같은 속도로 떨어진다는 발견에 대해 다음과 같이 적었다. '정보가 추론에 어긋나는 것처럼 보이는 경우에도 과학자들은 경험을 따라야 한다.'

베이컨의 방법론은 지식의 원천인 경험과 실험을 중시함으로써 자연과학이 발전해 나아갈 새로운 길을 보여주었다는 데 그 중요성이 있다. 더구나 그는 다방면에 재주가 있어 1597년에 출판된 《수필집》과 그의 사망 이후 출판된 《뉴아틀란티스》 등으로 자신의 생각을 정확하게 제시하는 능력을 발휘하면서 현대 과학의 기본을 제시한다.

"완전한 경험밖에 남는 것은 아무것도 없다. 그것이 우리에게 다가오면 우연이라고 하고 우리 스스로 그것을 찾아내면 실험이라고 한다."

당시 귀족들은 실험이라는 것에 생소했다. 실험이 필요할 경우 자신들이 직접 하지 않고 대신 하인들에게 지시해 실험하게 했다. 하인들이 결과를 보고하면 귀족들이 논문으로 제출하는 것이 관행이었다. 반면 당대 최고 귀족인 베이컨은 실험에 매우 서툴렀음에도 불구하고 자신이 직접 실험하는 것을 주저하지 않았다. 그런데 이러한 실험정신이 베이컨에게 치명적인 결과를 가져다주었다.

베이컨은 자신의 목적을 위해 자연을 사용(지배)하려는 사람은 먼저 자연에 복종할 줄 알아야 한다고 다소 역설적인 말을 했다. 즉 자연에 대한 지식을 충분히 쌓았을 때 비로소 인간은 자연을 지배할 수 있다는 것이다.

지식을 습득해야 한다는 베이컨의 말은 극도로 열악했던 당시 사람들의 생활환경을 개선시키려는 데 그 목적이 있었다. 그는 지식의 습득을 위한 도구가 사람들에게 이미 주어졌다고 믿었다. 바로 이성(理性)과 실험이다. 그는 이 두 가지 도구를 이용해 식료품을 더 오래 보관하는 방법을 찾아낼 수 있다고 믿었고 그 자신이 직접 실험에 뛰어들었다.

65세의 베이컨은 1626년 4월 초, 자신이 태어난 런던의 요크하우스에 잠시 머문 다음, 그동안 계획했던 과학 실험을 하면서 런던 근교의 시골집으로 갈 예정이었다. 그가 도전한 실험은 온도와 부패에 관한 것으로, 닭 속에 차가운 눈(snow)을 채워 넣고 부패의 진행을 관찰하는 것이다. 온도가 낮아지면 부패가 늦춰진다는 것은 경험으로 알 수 있으므로 이런 실험은 추울수록 더 효과를 볼 수 있다.

당연히 그는 바깥에서 많은 시간을 보낼 수밖에 없었는데 영국의 축축하고 차가운 날씨로 인해 폐렴에 걸렸다. 그런데 병세가 순식간에 악화되어 시골집에 도착하기도 전인 4월 9일 사망했다. 그는 자신이 치명적인 상황이라는 것을 알았지만 '실험은 매우 성공적이었다'라고 종이에 썼다. 그것이 베이컨의 마지막 기록이었다. 의사들은 폐렴이 그토록 빠르게 치명적인 상황이 된 경우는 흔치 않다고 말한다.

그의 실험은 오늘날의 시각으로 볼 때 어이없는 일이지만 실험의 부작용이 그를 죽음으로 몰아간 것만은 사실이다. 그는 칼 마르크스와 같은 저명인사들과 함께 런던 북부 하이게이트 묘지에 묻혔다.

베이컨은 과학의 창시자도 아니고 그 자신이 과학자도 아니다. 또 동시대의 진보 성향의 사람들을 적극 지지하지도 않았다. 그러므로 케플러, 코페르니쿠스, 그의 친구로 혈액순환을 제창한 하비(William Harvey, 1578~1657)도 그의 관심 밖이었다. 더구나 베이컨이 최초로 귀납적 추리의 효용성을 인정한 사람도 아니고 과학이 사회에 이익을 가져다준다는 가능성을 처음으로 이해한 사람도 아니다.

그럼에도 베이컨이 과학사에 미친 영향은 지대하다. 그처럼 광범위하고 열렬하게 과학의 중요성을 주장한 사람은 그때까지 아무도 없었다. 더구나 베이컨은 탁월한 저술가로 과학을 대중에게 이해시킬 수 있는 능력이 있었다. 베이컨을 현대인들이 알 수 있는 것도 그의 탁월한 문장력 때문임은 두말할 필요가 없다.

04

연금술에서 화학을 발견하다

요한 뵈트거(1682~1719)

독일의 연금술사. 1708년에 독특하고 아름다운 백색 자기인 '뵈트거 도기'를 만들었다. 그후 마이센 자기공장을 설립하여, 카올린을 원료로 하는 경질자기를 제조하였는데, 그 제작 방법은 극비에 부쳐졌다.

요한 프리드리히 뵈트거 Johann Friedrich Böttger, 1682~1719

드레스덴 도자기 개발자, 수은 중독으로 사망

존 카터 코벨 박사는 막사발에 대한 일본인들의 집착에 대해 놀라운 이야기를 전했다.

임진왜란 때 제3사령관인 구로다 요시다케는 다도를 익힌 무인으로, 조선에 상륙하여 전라도를 포함한 서남부지역을 거쳐 북상했다. 그런데 그가 제2사령관인 가토 기요마사(加藤淸正)보다 늦게 한양에 입성했는데 그 이유가 도자기 때문이라는 것이다. 조선에서는 단지 분청그릇 정도로만 알고 있지만 일본에서는 이도차완으로 불리는 조선 막사발을 긁어모으기 위해 구로다 요시다케가 행군을 다소 지체했다는 것이다.

코벨은 그 이유로 다이토쿠지(大德寺)에 있는 그의 원찰에 조선의 석등은 물론 조선 막사발인 이도차완이 무려 20여 개나 소장되어 있다는 점을 들었다. 사실 일본군이 조선에 침략했을 때 이들 막사발은 당시 가치로 불과 몇 푼밖에 되지 않았다. 그러나 일본의 다도가들에게 그 수수한 막사발이 최고의 순수미학으로 여겨지면서 값은 천정부지로 뛰었다. 조선의 도공들이 볼 때는 이가 빠지고 금이 가고 가마에서 열을 너무 많이 받았거나 덜 구워진 일종의 불량품 도자기였다. 그런데 이 도자기가 일본 다도가 추구하는 순수 미학에 딱 맞아 떨어져 일본에서는 상상할 수 없는 초특급 대우를 받은 것이다. 임진왜란 때 일본으로 건너간 조선의 막사발 한 점이 1982년에 400만 달러를 호가할 정도였다고 한다.

연금술사와 현자의 돌

연금술이란 1세기경 알렉산드리아에서 시작되어 아라비아를 거쳐 중세 유럽에 퍼진 주술적이고 신비주의적인 화학기술을 말한다.

연금술의 기본 원리는 아리스토텔레스의 4원소설에 근거하는데, 모든 물질은 궁극적으로 물, 불, 흙, 공기로 이루어져 있으며 이 원소들이 적절히 조합되어 물질을 이루고 있다고 보았다. 이러한 4원소설을 토대로 연금술사들은 액체 성분을 물과 동등한 것으로 보았고 기체는 공기, 연소물은 불, 나머지 재는 흙과 동등한 것으로 보았다. 각각의 4원소가 가진 성질을 교체하면 4원소도 상호 변환될 수 있다고 생각했다. 즉 4원소의 구성비만 알면 일반 금속을 황금으로 바꿀 수 있다고 믿었던 것이다.

14세기의 연금술서인 《완성대전Summa perfectionis》에는 '자연이 아주 오랜 시간에 걸쳐서야 완성할 수 있는 것을 우리는 기술로써 단기간에 완성할 수 있다'라고 적혀 있다. 당시 연금술사들은 금속의 성장을 동물의 태생학에 비교하여 알에서 부화하는 병아리처럼 어떤 금속이라도 땅의 태내에서 이루어지는 일련의 자연 현상에 의해 결국 금이 될 것이라고 생각했다.

그들은 자연계의 금속을 7가지(금, 은, 구리, 수은, 주석, 철, 납)로 구분하고 이 중에서 금을 가장 완벽한 금속으로 보았다. 또 금을 제외한 나머지 금속은 금처럼 완벽에 도달하고자 애쓰는 물질이라고 보았다. 즉 다른 모든 금속들은 금으로 변화하려는 성향을 갖고 있다는 것이다. 연금술사들은 그런 과정을 촉진시켜주는 기술자라는 자부심을 갖고 있었다.

금은 비중이 19.3으로 매우 무겁다. 황색의 광택이 나며 공기 중이나 물 속에서 잘 산화되지 않고 황과도 작용하지 않는다. 보통의 산에는 녹지 않고 셀렌산에는 녹는다. 이 밖에 금을 녹일 수 있는 것은 진한 염산 3과 진한 질산 1의 혼합물인 왕수(王水)뿐이다. 녹는점은 1063℃, 끓는점은 2970℃로 높다. 금속 중에서는 은 구리 다음으로 전기와 열의 전도율이 높고 **전성**(malleability, 展性)과 **연성**(ductility, 延性)이 커서 두께 1만 분의 1밀리미터의 얇은 금박도 만들 수 있다. 원자의 지름을 1억 분의 1센티미터라고 할 때 이것은 원자 천개 분에 해당한다.

전성과 연성
전성은 압력을 가하거나 두드려서 넓게 펴지는 성질. 연성은 물체를 늘였을 때 파괴되지 않고 늘어나는 성질을 말한다.

고대인들이 땅 속에서 수천 년 전의 유물을 발견했을 때 다른 모든 것들은 부식되거나 사라졌어도 황금은 예전의 아름다운 모습 그대로를 보여주고 있어 모두들 경탄의 눈으로 금을 보는 것은 당연한 일이었다. 금에 대한 이런 경외심은 곧 재산으로서의 가치로 이어졌고, 금이야말로 고대인들이 가장 선호하는 귀금속이 되었다. 세계를 놀라게 한 투탕카멘 파라오의 황금 마스크, 미케네에서 발굴된 아가멤논의 황금 마스크, 스키타이의 황금 장식물, 신라시대의 금관, 잉카제국이나 마야문명의 황금 전설 등은 인간들의 금에 대한 집념을 단적으로 보여주고 있다.

장식품과 재산 가치로만 금이 활용되는 것은 아니다. 현대에는 공업 분야에서 금의 가치가 더욱 높아지고 있다. 금은 적외선이나 자외선을 거의 대부분 반사하기 때문에 우주 비행사의 헬멧이나 정밀하게 공기 조절이 필요한 건물의 창유리에 붙이기도 한다. 전기 전도율이 높고 부식성이 없어 전기 접점, 프린터 회로, 반도체 부품 등을 만드는 데 사용되고 의치를 만드는 데도 사용된다.

고대부터 금은 인간에게 깊은 인상을 심어주었지만 유럽에서는 금 생산이 많지 않았다. 독일, 오스트리아, 스페인 등에서 금이 나오지만 많은 양이 아니었다. 이것이 금 자원이 빈약한 유럽인들로 하여금 비금속을 금으로 만들려는 시도를 하게 되는 근본 요인이 되었다.

연금술사(鍊金術師)들은 자연계의 모든 물체(생명체는 물론이고 광물에도)에는 완전하고 본질적인 정령이 존재한다고 생각했다. 이 정령을 시금석, 투사 분말 또는 '현자의 돌'(Philosopher's Stone)이라고 불렀는데, 정령은 다른 물질을 자신의 성질로 변화시키는 힘을 갖고 있다고 여겼다.

예를 들면 어떤 연금술사가 장미꽃 속에 숨어 있는 정령을 얻는다면 들꽃이나 나무, 개나 말 심지어 사람까지도 정령을 사용하여 장미로 변하도록 만들 수 있다고 믿었다. 따라서 금의 정령을 가진 '현자의 돌'을 발견한다면 이 세상의 모든 사물을 금으로 바꿀 수 있는 것이다. 그리스 신화에서 미다스의 손에 닿는 것은 모두 금으로 변하는데, 바로 이 미다스의 손을 찾는 것이 연금술사들의 궁극적인 목적이었다. 현자의 돌은 반짝이는 루비 색이며 단단하면서도 유리처럼 부숴지기도 쉽고 가루로 만들 수도 있다고 믿었다.

연금술사들은 금의 정령을 가진 '현자의 돌'을 발견한다면 이 세상의 모든 사물을 금으로 바꿀 수 있다고 믿었다.

연금술사들이 금을 만드는 일반적인 순서는 다음과 같다.

우선 구리, 주석, 납, 철의 네 가지 비금속의 합금을 만든 후 여기에 비소나 수은의 증기를 씌워 백색을 띤 '은의 형상'을 만든다. 그런 다음 황금으로 변환시키는 씨의 역할을 하도록 소량의 황금을 촉매제로 첨가한다. 마지막으로 변성을 마무리하기 위해 다시 한번 표면 처리를 하면 황금색으로 보이는데 이것을 '황금이 되었다'고 했다.

이와 같은 변성의 순서에 따라 비금속이 합금으로 되어 각자의 개성을 잃었을 때, 즉 다시 말해 그 특수한 형상 또는 넋을 잃었을 때 비금속은 죽은 것이라 여겼다. 표면의 착색에 따라 처음에는 은으로, 다음에는 황금색으로 새로운 형상을 갖게 되는 것을 부활의 과정이라고 생각한 것이다.

금을 만들지 말라

3세기 경 로마황제 디오클레티아누스는 이집트에서 금은제조법에 관한 모든 책을 불태우도록 명령을 내렸다. 이 포고령은 로마 정부가 금속변환법을 믿었다는 것을 말해준다. 금을 만드는 것이 불가능하다고 생각했다면 연금술을 금지하는 명령도 내릴 필요가 없었을 터였다.

이런 명령을 내린 이유는 간단하다. 그는 황금이 곧 힘이라는 것을 잘 알고 있었다. 그런데 황금을 값싸게 만들 수 있다면 연금술사야말로 로마에게 가장 위협적인 존재가 된다. 실제로 로마의 대부호였던 디디우스 율리아누스(Didius Marcus Julianus)는 1970년대 기준으로 3,500만 달러에 로마제국을 사서 황제가 되었다. 하지만 재위 66일 만에 쫓겨났고, 그를 권좌에서 밀어낸 셉티미우스 세베루스는 근위대를 더욱 막강하게 키워 근위대 전횡시대를 열었다. 《로마제국 쇠망사》를 쓴 에드워드 기번은 세베루스를 가리켜 '로마제국의 멸망을 제공한 장본인'이라고 지목한 바 있다.

중국에서도 기원전 175년 금을 위조해서는 안 된다는 법이 공표되었다. 이 역시 국가에서 문제 삼기 몇 세기 전부터 연금술이 중국에서 성행했다는 것을 의미한다. 즉 연금술사에 의해 금의 생산량이 많아지는 것을 국가 차원에서 경계했다는 것이다.

1세기부터 16세기까지 수천 년 동안 연금술사가 그 지위를 유지하는 데 성공한 비결은 무엇이었을까? 첫 번째는 그럴싸한 방법을 동원해 사람들을 속이는 것이고, 둘째는 금을 만드는 것이 아니라 합금을 만드는 것이다.

연금술사들이 사람들을 속이는 데는 갖가지 방법이 동원되었다. 가장 많이 사용한 방법은 도가니 바닥을 이중으로 만든 다음 그 사이에 금을 조금씩 숨겨두는 것이다. 또 다른 방법은 용액을 휘저을 때 속이 빈 막대를 이용하는 방법이다. 속이 빈 막대기 속에 금을 넣고 그 끝을 밀랍으로 막아놓으면 밀랍이 녹으면서 막대기 안의 금이 흘러나왔다.

열을 보존해야 한다는 구실로 도가니를 석탄으로 감싸놓는 경우도 있었다. 이때도 석탄을 두 층으로 만들어 그 사이에 금을 채운 다음 검은색 밀랍으로 구멍을 막아두는 식이다.

때로는 은을 이용해 금을 만들 수 있다고 주장하기도 했다. 금의 표면에 수은을 입혀 은처럼 보이도록 한다. 열을 가하면 수은이 증발하고 당연히 순금이 드러난다. 아무리 연금술사의 속임수를 잡아내려는 전문가들이라 하더라도 눈앞에 드러난 순금을 보고 놀라지 않을 수 없었다. 이런 식으로 연금술사들은 의기양양하게 많은 사람들로부터 자금을 모을 수 있었다. 이제 그들에게 남은 것은 어떤 핑계를 대서라도 순금을 만드는 작업을 질질 끌다가 결정적인 순간에 줄행랑치는 것이었다.

영화 〈해리포터〉에 등장하는 연금술사의 실존 인물인 프랑스의 니콜라 플라멜(Nicolas Flamel, 1330~1418)은 파리의 가난한 집안 출신이었다. 그는 점원과 서적상 일을 했는데 어느 날 꿈속에 천사가 나타나 비법에 관한 책을 건네주었다. 그후 한 낯선 사람이 가게로 찾아왔고 돈이 필요해 팔겠다며 낡은 책 한 권을 내놓았다. 플라멜은 자신이 꿈에서 본 책과 같다는 것을 알아보고 곧바로 구입했다.

그 책은 고대 히브리어로 씌어진 아브라함의 책이었다. 책의 내용이 궁금해진 그는 카발라(Kabbalah, 중세 유대교의 신비주의)를 공부한 유대교 랍비를 찾아가기 위해 성 야고보의 성지까지 가는 순례자 무리에 섞여 스페인의 산티아고 데 콤포스텔라로 여행을 떠났다. 여행 도중 유대인 현자를 만나게 될 것이라고 확신한 것인데 그의 예상대로 돌아오는 길에 마스터 칸체스라는 유대인을 만났고 그는 플라멜에게 수수께끼의 책을 해독할 열쇠를 주었다.

결론은 해피엔딩이다. 플라멜은 책에 적혀 있는 비법을 해독해냈고 붉은 돌과 수은을 사용하는 연금술을 익혀 52세 때인 1382년 1

월 17일, 1.5파운드의 수은을 순은으로 처음 변환시켰다. 그후 4월 25일에는 금을 만드는데 성공했다. 이후 대량의 순금을 제조해서 그 황금으로 파리에 14개의 병원과 3개의 예배당, 7개의 교회를 세워 기부했고 더욱이 고아들을 위해 30년 동안이나 황금을 제공했다고 전해진다.

〈해리포터와 마법사의 돌〉에 등장하는 연금술사의 실존 인물인 니콜라 플라멜

하지만 그가 연금술로 재산을 모은 것이 아니라 아내의 지참금과 부동산에 투자해서 번 돈의 일부라는 주장이 설득력이 있지만, 당시의 대다수 사람들은 그가 연금술로 막대한 재산을 모았다는 것을 사실로 받아들였다.

플라멜의 연구는 현대과학의 기초를 놓은 아이작 뉴턴과 로버트 보일에게 큰 영향을 주었다. 뉴턴은 플라멜의 저서를 갖고 있었고 《니콜라 플라멜의 불가해한 형상 주해 1399》라는 요약본을 쓰기도 했다. 뉴턴이 이 같은 책을 썼다는 것은 그만큼 연금술에 대한 기대가 높다는 방증이다.

연금술사로 성공하여 명성을 얻은 또 한명의 사람이 있다. 의화학(醫化學)의 시조로 알려진 파라켈수스(Paracelsus, 1493~1541)인데, 그는 아연을 발견하고 수소를 확인한 최초의 인물로 잘 알려져 있다. 그의 사망 이후 잘츠부르크에 있는 그의 묘가 파헤쳐졌는데, 연금술의 비밀과 많은 재물을 함께 매장했다는 소문 때문이었다. 그러나 관 속에는 아무 것도 없었다. 그가 항상 지니고 다니던 '현자의 돌'이 붙어 있다는 검도 발견되지 않았다. 하지만 실제로 금을 만들었는지 여부와는 상관없이 파라켈수스가 연금술로 상당한 부를 얻었다는 것만은 사실로 인정되었다.

오스트리아 빈의 역사박물관에는 크기 40센티, 무게 7킬로그램의 독특한 메달이 있다. 메달의 윗부분 3분의 1은 은이며 그 아랫부분은 황금으로 되어 있는데 1677년에 수도사 웬체르가 연금술로써 은을 금으로 변화시켜 만든 것이라고 한다.

연금술사들은 금속과 광석이 식물처럼 아주 천천히 땅 속에서 자란다고 믿었다. 프랑스의 리슐리외(Richelieu) 추기경은 한 연금술사에게 30년전쟁의 비용 지불을 위해 금을 생산해 달라고 촉구했고, 루이 14세 때의 한 관리는 금광이 스스로 다시 소생할 수 있도록 고갈된 금광이 입구를 봉하도록 한 명령서가 지금도 남아 있다.

연금술사들의 성공담이나 금속이 자란다고 믿었다는 점에서 충격적일지 모르지만 연금술사들이 단기간 동안이나마 성공할 수 있었던 것은 그들의 목적이 순수한 금을 만드는 것만은 아니었기 때문이다. 연금술이 성공했다고 여겨지는 또 다른 경우인데 연금술사들의 목적은 빛깔이 금과 비슷한 물질 즉 합금을 찾는 것이지 자연산 금과 똑같은 성질의 금을 만드는 것이 목적이 아니었다.

그들은 귀금속 시장에 영합할 필요가 없었기 때문에, 자신들이 만든 인조 금이 자연산 금보다 가치가 더 뛰어나다고 생각했다. 변성으로 만들어진 금, 즉 합금은 여러 가지 다양한 화학적 성분들의 정령을 갖고 있기 때문에 자연의 금보다 뛰어나다는 것이다.

엄밀한 의미에서 연금술사들이 순수한 금을 만드는 데 모두 실패했다는 것이 사실이다. 원자의 분해에 대한 개념조차 없는 상태에서 비금속을 금으로 만들려는 연금술사들은 결국 과학기술 정보의 부족과 무지에 의해서 과장과 실패로 점철되었고 그에 따른 피해와 부작용이 겹쳐 나타나기 시작했다.

가장 큰 폐해는 수은 남용으로 인한 중독 현상에 늘상 시달렸다는 점이다. 연금술사들은 여러 금속 중에서 수은만이 증류하여 유리되는 특성, 즉 '정령'을 가지고 있음에 주목했다. 그들은 수은이 비금속의 표면을 은빛으로 만드는 신비한 성질을 갖고 있다는 점을 중시했고 수은을 가열하는 데 많은 시간을 할애했다. 그러는 동안 자신이 수은 중독에 걸리는 것도 몰랐다. 심지어 중국에서는 한때 수은을 불로장생약으로 생각해 황제들에게 규칙적으로 조금씩 복용하게 했다. 황제들의 수명이 턱없이 짧은 이유 중의 하나가 바로 수은 중독 때문이라는 것은 잘 알려져 있는 사실이다.

금 대신 도자기를 만들다

금을 만들겠다는 연금술사들의 환상은 인간의 의지에 따라 자연을 무한히 이로운 방식으로 변성시킬 수 있다는 노력을 의미한다. 거의 대부분의 연금술사들은 수천 번에 걸쳐 액체를 끓이고 증류하고 침전하는 모든 과정을 정확하게 관찰하고 기록했다. 바로 그 과정에서 새로운 물질을 발견하기도 하고 직접 만들어내기도 했다.

수은이나 철은 물론 주석, 아연, 비소, 유황, 인 그리고 다양한 염화물질과 황산동 같은 물질들이 이렇게 해서 발견되었다. 강한 산성을 지닌 것으로 알려진 염산, 황산, 질산이나 약산성의 개미산, 초산 등도 이런 과정에서 발견된 것들이다. 결국 그들의 믿음은 무궁무진한 기술 개발의 가능성을 열어주었다. 이러한 행운을 잡은 연금술사들이 많지는 않지만, 역사에 기록될 대단한 발견이 이들로부터 이루어졌다. 뵈트거(Johann Friedrich Böttger)도 그 중 한 명으로, 그는 현재 세계 도자기 중에서 가장 성공한 드레스덴의 마이센 도자기를 탄생시킨 장본인이다.

연금술의 가장 큰 매력은 저질 금속을 금으로 탈바꿈시킬 수 있다는 점인데 이것이 원천적으로 불가능하다는 것을 당사자인 연금술사나 그들을 지원한 귀족들도 사실 알지 못했다. 당시 왕이나 귀족들이 연금술사에게 큰 기대를 건 것은 실제로 연금술로 성공한 사람들이 있었기 때문인데, 그 비밀은 금과 유사한 합금을 만드는 것이다. 그들은 진짜 금보다 금처럼 보이는 합금이 더 우수하다고 믿었고 이 비결을 철저하게 비밀에 부쳤다. 어느 연금술사들도 자신의 비밀을 알려주지 않았다.

일부 연금술사가 성공했다는 것은 성공하지 못한 연금술사에게는 불행한 소식이었다. 전폭적인 지원을 아끼지 않았던 귀족들에게 다른 연금술사들은 성공했는데 자신이 지원한 연금술사는 성공하지 못했다는 것은 무능하거나 반역이나 마찬가지로 간주되었다. 연금술사가 최종적으로 금을 만들 수 없다는 것이 밝혀질 경우 교수형 당하기 십상이었다.

1682년 슈라이츠에서 태어난 뵈트거는 13살도 채 안 된 나이에 베를린에서 약사 수업을 받았다. 남다른 화술과 처세술이 뛰어난 뵈트거가 약사 입문 3년 만인 16살에 수은과 납, 은으로 금을 만드는데 성공했다는 소문이 나돌았다. 누구보다 이 소식을 반긴 사람은 프로이센 궁정의 프리드리히 1세(1657~1713)였다. 고갈된 프로이센의 국고를 채울 수 있는 기회라고 생각한 것이다. 프리드리히 1세는 통이 큰 사람으로 16살의 뵈트거를 초청하는 대가로 천 탈러라는 어마어마한 액수를 제시했다.

프리드리히 1세의 제안을 듣고 강성왕 아우구스트 2세(August der Starke, 1670~1733)는 뵈트거를 작센의 수도 드레스덴으로 데려왔다. 드레스덴에 도착하자 뵈트거에게 궁정 안에 훌륭한 거처를 제공하는 것은 물론 궁정의 뜰을 산책해도 좋다는 허가까지 내렸다. 명분은 왕궁에서 마음껏 금을 만들어 달라는 설명이지만 뒤집어 말하면 감옥 아닌 감옥에 유폐된 유능한 포로와 다름없었다.

그런데 문제는 뵈트거가 금을 만들 수 있다는 명성 때문에 초청되었지만 그것은 소문일 뿐 실제로는 금을 만들 능력이 없다는 점이다. 당연히 금의 제조가 기대한 바대로 이루어질 수 없었다. 그를 초청하기 위해 거금을 투자한 궁정으로서는 뵈트거에게 결과를 내놓으라고 다그쳤다. 궁정으로부터 VIP 손님으로 와 있는 그로서는 자칫하면 사기꾼으로 몰릴 처지였고 그것은 죽음이나 마찬가지였다. 그로서는 금을 만드는 데 시간이 걸린다며 최대한 시간을 끌면서 탈출의 기회 등 다른 방법을 찾는 것이 최선이었다.

연금술사였던 요한 프리드리히 뵈트거는 무궁무진한 기술 개발로 세계 도자기 사상 가장 성공한 드레스덴의 마이센 도자기를 탄생시켰다.

그가 갖가지 핑계를 대며 금을 만드는 시간을 질질 끌고 있는데 때마침 전쟁이 일어났다. 1706년 스웨덴이 작센을 침공한 것이다. 작센에서는 전쟁의 와중임에도 최우대 손님이자 포로인 뵈트거를 이곳저곳으로 피신시키면서 보호했다. 그가 금을 만들기만 하면 작센은 그 어느 국가보다 유리한 위치를 확보할 수 있기 때문이다. 아무리 열악한 환경임에도 뵈트거에게는 금을 만드는 데 필요한 모든 재료들을 공급해 주었다.

작센 궁정의 지원에도 불구하고 금을 만들어내지 못해 전전긍긍하던 뵈트거에게 솔깃한 제안이 들어왔다. 머리 회전이 빠른 드레스덴의 한 귀족이 뵈트거의 재능을 알아보고 황금을 만들지 않아도 그에 버금가는 재능을 보여주면 된다고 그에게 귀띔했다. 아우구스트 2세가 중국 도자기 수집에 열중하고 있는데 중국의 도자기와 같은 도자기를 만들 수만 있다면 금을 만들지 않아도 충분한 보상을 받을 수 있다는 것이다.

유럽에 도자기 광풍을 일으키다

작센 왕궁이 화학에 재능이 있는 뵈트거에게 도자기 제작을 요청한 것은 상당한 이유가 있었다. 당시 유럽에서는 중국 도자기가 선풍적인 인기를 끌고 있었지만 아직 유럽에서는 제대로 된 도자기를 생산해내지 못하고 있었다. 그런데 유럽에 중국 도자기가 유입된 경로가 다소 흥미롭다.

도요토미 히데요시(豊臣秀吉, 1536~1598)가 일본을 평정하기 전의 일이다. 당시 태평양을 항해하던 포르투갈의 한 해적선이 중국 상선을 나포하였는데 배 안에는 20만여 점의 도자기가 가득했다. 유럽에서는 식기라야 금속제나 나무 그릇뿐이었는데 반질반질한 도자기를 본 서양인들이 반하지 않을 수 없었다. 이 도자기들이 유럽 각지로 퍼져갔고 곧 선풍적인 인기를 끌었다. 근래 들어 소더비나 크리스티의 경매에서 고가로 판매되는 고대 중국의 도자기는 대부분 이 무렵에 유럽으로 건너간 도자기들이다.

이도차완(국립진주박물관 소장). 조선의 수수한 막사발이 일본으로 건너가 일본의 다도가들에게 최고의 순수미학으로 여겨지며 초특급 대우를 받았다.

곧바로 유럽에서 도자기 열풍이 불었지만 포르투갈은 중국과의 직접 교역이 어렵다는 것을 알고 일본을 통해 도자기를 수입하고자 했다. 그러나 일본인들은 중국 도자기를 구입해 주겠다고 약속한 후 자신들이 제작한 것을 중국제라고 속여 팔았다. 일본인들이 만든 모조 도자기는 품질이 조악하여 당연히 중국 도자기 근처도 가지 못했다.

일본인들이 조잡하게 만든 짝퉁 도자기를 중국제로 속여서 자신들에게 판매한 것을 알아차린 포르투갈 상인들이 질 나쁜 일본 도자기 수입을 거절하자 일본인들은 한 가지 계교를 생각해낸다. 그때까지는 조선에서 도자기를 수입했지만 아예 조선의 도예공들을 데려다가 도자기를 만들어 그들에게 수출하겠다는 계획이었다.

당시 일본의 도자기 기술은 조선이나 중국에 비해 매우 낙후되어 있었다. 기록에 의하면 일본의 도자기는 1127년 고려에서 초빙되어 간 도예공에 의해 질이 좋은 토기인 '스헤기'를 구워냈다. 그후 일본은 도자기 수요의 대부분을 고려에서 들여왔는데, 일본의 고문헌에 "도자기의 대부분을 고려에서 수입하고 당나라의 도자기는 드물게 수입하였다"라고 기록되어 있는 것을 보면 고려자기가 얼마나 많이 수출되었는지 알 수 있다. 고려 시대에 수출된 이도차완(井戶茶碗)은 당시 1개에 쌀 1만 석에 팔렸다는 기록이 있을 정도다. 일본인들이 한국의 도예공들에게 눈독을 들인 것도 당연했다.

1587년 일본을 통일한 히데요시는 명나라 정벌을 위한 협조를 요청한다는 빌미로 1592년 임진왜란을 일으킨다. 그런데 일본은 임진왜란 동안 조선 점령에 집중하기보다 조선의 유명한 도예공들을 철저하게 파악하여 잡아가는 데 주력했다. 그래서 임진왜란을 도자기 전쟁이라고 부르는 연유이다.

명품 마이센 도자기의 탄생

당시 유럽을 휩쓴 도자기 열풍을 생각하면 작센 왕궁에서 뵈트거에게 금 대신 도자기를 만들어달라고 주문한 것은 충분히 이해되는 일이다. 그 즈음에는 연금술사들에 의해 황산, 왕수, 인, 질산 등과 같은 물질이 발견되었을 뿐만 아니라 도가니, 플라스크, 증류기 등 현대에 사용하는 많은 화학 기구들이 사용되고 있었다. 이를 활용하여 유럽이 원하는 도자기를 개발하면 금과 같은 가치가 당연히 보장될 것이다. 사기꾼이라는 오명과 죽음의 궁지에서 벗어날 기회를 만나자 뵈트거는 곧 재능을 발휘했다. 1709년 뵈트거는 왕에게 다음과 같은 보고를 올린다.

'정교한 그림들이 그려진 광택이 아름다운 붉은색 자기와 양질의 백색 자기를 만드는 법을 발견했습니다.'

뵈트거의 나이 27살 때이다. 이것이 지금도 도자기의 대명사로 불리는 마이센(meissen) 도자기의 탄생이다. 이듬해인 1710년 아우구스트 2세는 엘베강 연안 소도시 마이센의 알브레히츠부르크 성에 왕립자기제작소를 만든다. 뵈트거가 순백색의 경질자기 생산에 성공한 지 2년여 만이었다. 당시 전적으로 중국에서 수입한 경질자기는 화이트 골드(White Gold)라고 불릴 정도로 엄청난 고가에 유통되었다. 그로부터 300년이 지난 현재도 마이센은 여전히 명품 도자기 브랜드로 명성을 날리고 있다.

뵈트거가 질 좋은 도자기를 개발할 수 있었던 것은 도자기의 주원료인 카올린(kaolin, 白陶土)을 근처 광산에서 채굴할 수 있었기에 가능했다. 카올린은 당시 흰 가발에 사용되던 가루인데 뵈트거가 카올린에 석회가루(나중에는 장석)를 섞어 단단한 자기를 구울 수 있었던 것이다. 물론 뵈트거가 찾아낸 최상의 유약 제조법은 지금까지도 마이센의 기업 비밀이다.

그런데 문제는 뵈트거가 자신의 성공을 만끽할 시간이 너무나 짧았다는 점이다. 1714년 비로소 자유가 주어졌지만 그는 겨우 5년 후에 사망했다.

그가 단명한 것은 당시의 연금술사들에게는 거부할 수 없는 운명이었다. 연금술사들이 금을 만들기 위해서는 수은을 가열하는 일이 기본인데 이것이 수은 중독으로 이어진 것이다. 그는 젊은 나이에도 불구하고 심부전증과 기침, 잦은 고열에 시달렸고 나중에는 우울증과 불면증까지 겹쳤다. 더구나 그는 고통을 잊기 위해 줄창 브랜디를 마셔댔고 건강은 더욱 나빠졌다.

마이센 도자기는 300년이 넘도록 명품 도자기 브랜드로 아직도 그 명성을 남기고 있다.

현재 세계에서 가장 유명한 도자기 중의 하나인 드레스덴의 마이센 도자기의 발명자로서 부와 명성을 한껏 누릴 수 있었음에도 5년은 너무나 짧았다. 세계 도자기 역사에서 한 장을 차지한 성공한 과학자인 동시에 과학의 희생자로서 그처럼 아쉬운 사람도 없지만 그래도 그는 과학의 희생자로서는 행복한 사람이라고 할 수 있다. 가짜 연금술사로서 처형된 것이 아니라 도자기의 발명가로 지금까지도 뭇여성들의 선망을 받으며 세계인의 식탁 위에서 아직도 이름을 남기고 있기 때문이다.

05

번개 실험에 '산 제물'이 되다

게오르크 리히만(1711–1753)

발트 해 리보니아 지역의 페르나우(Pernau) 출생. 1735년 상트페테르부르크 학술아카데미의 조교를 거쳐 6년 뒤 물리담당 교수가 되었다. 전기와 대기전기(大氣電氣) 연구의 선구자이며 열량측정법에 관해서도 연구를 했다. 번개의 전기 현상에 대한 연구를 위해 자신이 개발한 전기의 세기를 측정하는 장비를 시험하다가 번개에 맞아 즉사했다.

게오르크 빌헬름 리히만 Georg Wilhelm Richmann, 1711~1753

전기 연구의 개척자, 번개에 맞아 즉사

20세기의 놀라운 발명 중 하나가 레이저인데, 레이저 프린터, 바코드, 광통신, 의료용 레이저, 레이저 가공기 등 다양한 분야에서 널리 활용되고 있다. 1977년 처음 개봉된 영화 〈스타워즈〉에서는 주인공들이 레이저검을 사용하여 관객들을 깜짝 놀라게 하기도 했다. 레이저를 이용한 재미있는 아이디어 중의 하나가 벼락을 유도하여 안전한 장소에 떨어지게 해서 전력을 모으는 기술이다.

번개는 시속 43만 킬로미터로 움직이는데 주변 공기들을 태양의 표면온도보다도 몇 배나 더 뜨거운 섭씨 3만℃ 정도로 가열할 수 있다. 지구에서는 하루에 약 4만 번 정도의 번개가 치며 밤낮을 가리지 않고 매초 100번 정도의 벼락이 떨어진다.

그런데 벼락이 떨어지는 모양을 주의 깊게 관찰하면 처음부터 낙뢰 지점을 향해 일직선으로 겨냥하는 것이 아니라 지그재그로 진행하고 있다는 것을 알 수 있다. 벼락의 방전이 일어날 때에는 '리더'라 불리는 앞쪽 끝부분이 먼저 진행해온다. 대기 중에는 비와 눈, 미립자의 분포로 전하량이 많은 곳이 있는데 리더는 가장 편하게 그 부분을 지나는 것이다.

겨울철 벼락은 뇌운(雷雲)이 낮고, 철탑의 위쪽 끝 등에 강한 자기장이 집중하기 때문에 플라스마를 만들면 방전하기 쉽다. 이것을 이용해 레이저로 벼락을 유도할 때 먼저 지상에서 구름을 향해 벼락을 발생시켜 유도탑 위쪽 끝부터 방전토록 하는 것이다. 이론적으로는 반경 약 5킬로미터 안의 벼락을 모을 수 있는데, 레이저 출력 장치는 순간적으로 2000만 킬로와트를 출력한다. 이것은 100만 킬로와트급 원자력 발전소의 20기분의 출력과 맞먹는 것이다. 벼락을 레이저로 유도하여 한 곳으로 저장할 수 있는 방법만 찾아낸다면 골치아픈 에너지 문제를 의외로 수월하게 해결할 수 있을지도 모른다.

벼락은 어떻게 만들어지는가

고대인들은 비와 바람 같은 기상현상을 신의 조화라고 생각했다. 천둥과 번개는 고대인들을 가장 두렵게 한 것 중 하나인데, 바로 그런 이유로 수많은 과학자들의 관심을 모았지만 명확한 성격은 규명하지 못했다. 사실 벼락은 지구상 어디에서나 흔히 발생하는 일상적인 자연현상이다. 지구상에는 매초 100번 이상 벼락이 떨어지는데 한반도의 경우만 해도 매년 100만 번에 가까운 벼락이 떨어진다. 벼락은 최고 10킬로미터 높이까지 수직으로 발달한 적란운(積亂雲)에서 천둥, 번개와 함께 나타난다.

태양광선에 의해 뜨겁게 달궈진 지표면에서 열이 방출되면 그 위에 있는 대기층도 뜨거워진다. 다량의 수분을 머금은 뜨거운 공기가 경사면을 따라 빠르게 상승하거나 상층부의 차가운 공기층과 만나게 되면 대규모의 적란운이 만들어진다. 적란운은 시속 160킬로미

에펠탑에 벼락이 떨어지는 장면

터 정도의 빠른 상승기류와 하강기류가 충돌하면서 만들어진다. 이런 소용돌이 속에서는 작은 물방울과 같은 입자들도 정신없이 휩쓸려 다니는데 그렇게 휩쓸려 다니는 입자들에서 나타나는 현상이 바로 전하(電荷)의 분리다. 즉 작은 물방울들이 서로 스쳐지나가면서 음전하를 가진 전자를 서로 뺏고 빼앗기는 것이다. 전자를 빼앗긴 입자는 양전하(+)를 갖고 전자를 빼앗은 입자는 음전하(-)를 갖는다. 아직도 정확한 이유는 밝혀지지 않았지만 대부분의 경우 작고 가벼운 물방울은 양전하를 갖고 상승하며, 크고 무거운 물방울은 음전하를 갖고 아래쪽에 남는다.

구름 속에서 분리된 전하는 전기적으로 매우 불안정해서 기회만 생기면 다시 서로 합쳐지는 방전 현상이 일어난다. 그런 과정에서 전하를 가진 입자들이 빛의 속도에 가까운 빠른 속도로 움직이면서 공기 분자들과 충돌해 밝은 빛을 쏟아낸다. 그것이 바로 번개다. 번개가 지나가는 곳의 공기가 급격히 뜨거워져 팽창하면 엄청난 굉음을 내는데 이것이 천둥이다.

평균적인 번개는 대략 100만 킬로 줄([J]: joule)의 에너지에 해당하는데 극단적인 경우 섭씨 3만℃나 되는 고온을 만들어내기도 한다. 태양의 표면 온도가 6000℃인 점을 생각하면 엄청난 에너지임을 알 수 있다.

벼락이 우리에게 피해만 주는 것은 아니다. 벼락은 공기 중의 질소 분자를 깨뜨려 엄청난 양의 질소화합물을 공급해주어 식물의 성장에 꼭 필요한 천연비료를 만들어내는 역할을 한다. 그래서 오염이 없는 곳인데도 빗물은 산성이 되고 그런 산성비 덕분에 대지의 식물들이 잘 자란다고 볼 수 있다.

번개가 사람들에게 강렬한 인상을 남기는 것은 엄청난 파괴력과 굉음 때문이다. 그런 데다 벼락으로 피해를 보았다는 사람들이 종종 나타나 더욱 벼락에 대한 공포심을 갖게 되었다. 그러나 벼락의 파괴력에 비하면 희생자들이 예상보다 적은 것은 사실이다. 그래서 벼락 맞을 확률이란 말도 있잖은가.

벼락에 대한 수치와 데이터가 있다는 것은 이 분야의 선구자, 즉 벼락을 연구한 사람이 있다는 것을 의미한다. 그런데 벼락의 속성을 모르는 상태에서 벼락을 연구한다는 것은 생명을 담보로 하는 것과 다름없다. 실제로 이런 경우에 과학실험의 희생자가 나타나는데 벼락의 경우도 예외는 아니다.

죽음을 담보로 한 벼락 연구

과학사를 보면 매우 중요한 역할을 했음에도 잘 알려져 있지 않은 인물들이 있다. 한마디로 별다른 유명세를 누리지 못하는 사람을 말하는데, 고전적인 과학 연구의 희생자로 게오르크 빌헬름 리히만(Georg Wilhelm Richmann)도 그 중 하나이다. 물론 명성이 높지는 않지만 과학사에서 그의 이름이 사라지지 않은 것은 현대 과학에서 매우 중요한 분야를 규명하다가 사망했기 때문이다.

리히만은 1711년 발트 해 리보니아 지역의 페르나우(Pernau)에서 태어났다. 그가 태어날 당시에는 러시아제국에 속해 있었는데 20세

게오르크 빌헬름 리히만

기 초 독일에 할양되었다가 지금은 다시 독립국으로 일부는 에스토니아로, 일부는 라트비아로 편입된 곳이다. 그의 아버지는 스웨덴 왕위 계승 문제를 두고 벌어진 스웨덴-폴란드 전쟁이 터지기 전에 이곳으로 이주해왔지만 곧 태어날 아들의 얼굴도 보지 못하고 페스트로 세상을 떠났다. 리히만은 레발(에스토니아의 수도인 탈린)에서 교육을 받았고 이후 독일의 할레(Halle)와 예나(Jena)의 대학에서 수학과 자연과학 등을 공부했다. 그후 상트페테르부르크의 오스터만 백작의 아이들 가정교사로 들어갔다가 1735년 상트페테르부르크 학술아카데미의 조교를 거쳐 6년 뒤 물리담당 교수가 되었다. 그는 전기와 대기전기(大氣電氣) 연구에 있어서 선구자이며 열량측정법에 관해서도 연구를 했다.

그의 경력만 보면 학술 분야에서 매우 탁월한 인정을 받은 정통 학자라고 볼 수 있다. 문제는 그가 성실함과 비범함에 그치지 않고 위험한 분야에까지 과감하게 손을 댔다는 점이다. 번개의 전기 현상에 대한 연구가 그것이다. 이 연구를 위해 그는 전기의 세기를 측정하는 장비를 만들었는데 그의 생명을 빼앗게 만든 바로 그 장비이다.《범독일인 전기》에 다음과 같이 적혀 있다.

1753년 7월 26일 천둥번개가 치자 리히만은 전기 세기를 측정할 수 있는 측정계가 있는 곳으로 서둘러 달려갔다. 그는 전기를 유도하기 위해 걸어 놓은 금속이 만나는 지점에서 고개를 숙였다. 그때 하얀 빛을 띤 시퍼런 불덩이가 허공을 가로지르며 그 금속선을 타고 리히만의 머리로 들어갔다. 리히만은 그 자리에서 즉사했다. 그의 이마에는 피가 흘러내린 자국이 있었고 몸에도 여러 곳 불에 그슬린 흔적이 남았다.

번개의 전기를 실험하던 리히만은 그 자리에서 즉사했다. 이마에는 피가 흘러내린 자국이 있었고 몸에도 여러 곳 불에 그슬린 흔적이 남았다.

번개를 연구하다가 번개에 맞아 즉사한 리히만의 사망 사건은 신문에 대서특필되었다. 그가 과학 연구를 위해 스스로 자신의 실험에 '산 제물'이 되었기 때문인데, 이처럼 크게 다루어진 것은 과학자들로 하여금 연구할 때 목숨이 위태로울지 모른다는 경각심을 일깨워 주기 위해서였다. 당시에도 벼락이 위험하다는 것쯤은 많은 사람들이 알고 있었다. 그래서 리히만이 조심성 없는 사람이라는 지적도 있지만 당시 과학 수준으로 볼 때 그는 자신이 수행하는 실험의 위험성에 대해 정확히 파악하지 못했을 것이다.

그런데 과학자들이 자연을 연구하면서 '위험성 없는' 현상들로만 연구 대상을 한정할 수는 없다. 천둥번개, 폭풍, 화산폭발 그리고 지진과 전기와 방사능, 게다가 독성을 가진 동식물 등에 대해 후대 사람들이 파악하게 된 경위는 단순하다. 이런 지식들은 그것을 경험한 사람들에 의해 정보가 계속 알려졌기 때문인데, 이를 다룬 사람들을 현대에서는 과학자로 부른다. 이들은 남이 경험하지 않은 분야를 다루다보니 자연히 위험에 노출되게 마련이다. 하지만 오늘날에도 여전히 위험하고 생명에 위협을 줄 수 있는 여러 현상들에 대해 밝혀지지 않은 것들이 많이 있다. 즉, 아직도 많은 과학자들이 위험에 처해 있다는 것을 의미한다.

그렇다고 만약의 위험에 대비해 지나치게 예방조치에 집착한다면 연구 자체에 장애가 될 수 있다. 그래서 생각할 수 있는 모든 예방조치를 포기하는 사람이 오히려 좋은 성과를 내고 앞서가는 것도 사실이다. 문제는 바로 그 때문에 빨리 죽을 가능성도 높아진다는 점이다.

리히만이 벼락에 맞아 죽을 수도 있다는 특성을 알고 완벽하게 안전장치를 한 후 실험에 들어갔다면 적어도 그렇게 일찍 죽지는 않았을 것이다. 그 자신의 안위만 생각했다면 아예 천둥번개가 치는 동안 안전한 곳에 머물러 있는 것이 가장 현명한 방법이었을 것이다. 그러나 그랬더라면 오늘날 그의 이름을 기억하는 사람은 아무도 없을 것이다. 리히만과 같은 과학자가 없다면 우리는 여전히 천둥과 번개가 화난 신들이 인간에게 내리는 벌이라고 믿고 있을지 모를 일이다.

번개의 속성은 전기

리히만이 번개를 연구하다가 불운하게 사망했지만, 반면 위험한 번개 연구로 세계적인 명성을 얻고 현대 문명에 결정적인 기여를 한 사람도 있다. 피뢰침을 만든 미국의 저명한 과학자이자 정치가인 벤저민 프랭클린(Benjamin Franklin, 1706~1790)이 그 사람이다. 똑같은 번개 연구로 리히만은 과학의 순교자가 되었지만 프랭크린은 과학의 선구자가 된 것이다.

프랭클린은 보스턴 시에서 열일곱 형제의 열다섯째로 리히만보다 5년 전에 태어났다. 그의 생애는 18세기 거의 한 세기에 걸쳐 있는

데, 그는 당시 급격하게 발전하고 있는 자연과학이나 사회과학과 밀접한 관련 있는 계몽주의에 활동 기반을 두고 있었다.

프랭클린은 인쇄공에서 출발해 위대한 과학자로, 특히 전기이론의 창시자 중 한 사람, 영국의 식민지로부터 미국을 독립시키는데 적극 참여한 미국의 위대한 진보적인 정치가, 총포화약 수입업자, 출판업자 그리고 사회 활동가로서 그 이름을 세계에 널리 알리고 있다.

역사상 위대한 과학자 중에는 다양한 분야에서 재능을 발휘하는 사람이 있는데 프랭클린도 이에 뒤지지 않는다. 미국에서 통용되는 지폐는 1달러(워싱턴), 2달러(제퍼슨), 5달러(링컨), 10달러(해밀턴), 20달러(잭슨), 50달러(그랜트) 등인데, 가장 고액권인 100달러 지폐에 등장하는 인물이 프랭클린이다. 프랭클린과 해밀턴을 제외하고 모두 전직 미국 대통령들이라는 것을 감안하면 프랭클린이 미국민들로부터 얼마나 큰 존경을 받고 있는지 엿볼 수 있다.

프랭클린의 전기에 대한 연구는 1747~1753년 동안 7년이란 짧은 시일에 이뤄졌는데 리히만이 사망한 1753년보다 약간 앞선다. 그가 연구를 시작한 것은 41살 때로 그는 당시 소도시였던 필라델피아에서 인쇄업을 시작으로 신문 발행, 문예작품의 수집 등으로 성공한 지식인 중의 지식인이었다.

영국의 아마추어 실험가였던 그레이(Stephen Gray)는 1729년 전기를 잘 전달하는 물질과 그렇지 않은 물질, 즉 전도체와 부도체가 있다는 사실을 발견했다. 1733년 프랑스의 보병장교였던 뒤페(Charles Francois de Gistenay du Fay)는 전기에 수지(樹脂) 전기와 유리 전기, 두 가지 종류가 있다고 주장했다. 유리병과 같은 유리성 물질을 마찰시켜 만든 전기는 호박(琥珀)과 같은 수지성 물질을 마찰시켜 만든 전기는 끌어당기고 같은 종류의 전기는 서로 밀친다는 것이다. 1745년 전기를 저장할 수 있는 장치인 라이덴병(Leyden jar)이 네덜란드 라이덴대학의 뮈센브루크(Pieter van Musschenbroek)에 의해 발명되었다.

이러한 일련의 발명 등과 함께 당시에는 전기에 대한 공개실험이 유행했다. 당시 대중 강연은 매우 인기가 높았는데 강사는 대중의 인기를 끌기 위해 현장에서 여러 가지 실험을 했다. 비단 실에 매달려 있는 소년에게 전기를 통하면 머리카락 끝이 쭈뼛 서고 코에서 화려한 불꽃이 나왔다. 전기현상을 알려주기 위해 전기를 띤 물체의 반발 및 흡인, 방전이 인체를 통과할 때 일어나는 불쾌감 등을 직접 느끼게 했는데 이런 것들은 모두 대중들에게 신기한 현상이었다. 말하자면 서커스와 같은 재미를 곁들인 특강이라고 볼 수 있다. 비싼 관람료에도 불구하고 많은 사람이 공개실험을 구경하기 위해 몰려들었다.

프랭클린이 전기에 대한 연구를 시작하게 된 것도 이러한 전기에 관한 대중 강연을 듣게 된 때부터이다. 프랭클린은 1744년 보스턴에서 소년을 매달아 놓은 전기 실험을 처음 보았다고《자서전》에서 밝혔다. 모든 분야에 남다른 열정과 탐구욕을 가진 프랭클린은 7년간 오로지 전기 분야에만 몰두했는데 사실 그는 전기에는 문외한이었다. 그런데 단 7년만의 연구로 뉴턴, 호이겐스, 오일러 등 내로라하는 과학자가 활동했던 18세기에 명성을 얻을 수 있었다.

1747년 전기에 대한 연구를 시작하자마자 프랭클린은 몇 가지 새로운 사실을 발견했다. 최초의 발견은 끝이 뾰족한 도체가 '전기 불꽃을 당기는 데 있어서나 튕기는 데 있어서 특히 효과적'이라는 것이다. 또한 그는 두 종류의 전기가 존재한다는 통념을 비판하면서 전기는 한 종류이며 상태에 따라 양전기와 음전기를 띨 수 있다고 생각했다. 그 결과 전기가 마찰로 생기지 않으며 마찰은 전기의 분포를 달라지게 할 뿐이라는 사실을 밝혀냈다.

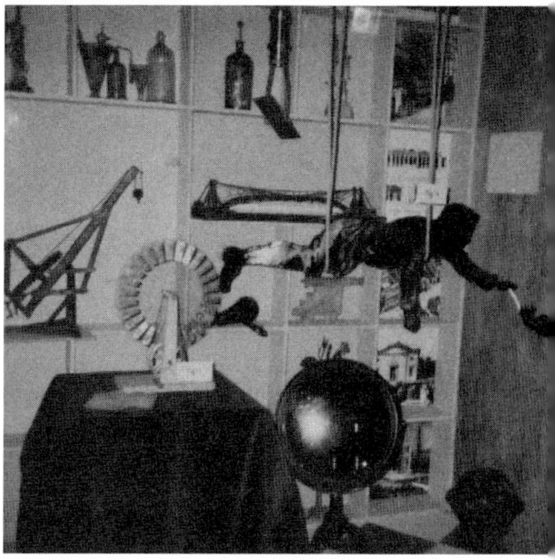

전기실험 장면(프랑스 라빌레트 박물관)

1749년 존 라이닝(John Lining)이 프랭클린에게 "왜 번개가 전기적이라고 생각하느냐?"라고 질문하자 그는 전기에 대해 연구한 지 얼마 되지 않았음에도 전기적 흐름은 다음과 같은 점에서 번개와 같다고 답신을 보냈다.

1. 빛의 발산
2. 빛의 색
3. 구부러진 방향
4. 빠른 움직임
5. 금속으로 전도됨
6. 폭발할 때의 엄청난 굉음
7. 물이나 얼음에 존재
8. 지나가는 물체를 분리
9. 동물을 죽임
10. 금속을 녹임
11. 인화성 물질에 불을 붙임

12. 유황 같은 냄새(전기적 흐름은 뾰족한 끝에 유인됨)

프랭클린은 이런 특징이 번개에도 있을지 모르니 실험을 해보면 알 수 있을 것이라고 덧붙였다.

1752년 6월, 그는 유명하고 극적인 실험을 한다. 프랭클린은 번개가 전기를 띤다는 자신의 이론을 실험하기 위해 자신이 살던 필라델피아의 크라이스트 교회 첨탑이 완공되기를 기다리고 있었다. 그러다가 문득 연을 이용하면 어떤 첨탑보다 번개가 치는 지역에 더 빠르고 더 가까이 접근할 수 있다고 생각했다.

1752년 6월 프랭클린과 그의 아들은 기다리던 뇌운(번개구름)이 찾아오자 곧바로 연을 날렸다. 손으로 만든 연은 두 개의 나무 막대를 엇갈리게 엮은 뒤 커다란 비단 수건을 묶은 구조로, 대마로 엮은 긴 끈을 달았다. 처음에는 아무 일도 일어나지 않는 듯했다. 그러다 머리 위로 뇌운이 지나가면서 느슨하게 늘어져 있던 실이 팽팽하게 곧추서는 것을 발견했다. 끈에 달린 금속 열쇠에 주먹을 갖다대자 전기 불꽃이 일었다. 전 세계가 절실히 필요로 하던 번개에 대한 정보, 즉 번개는 전기의 불꽃과 동일한 것임을 증명한 것이다. 매우 위험한 실험임에도 프랭클린은 무사했다. 거의 비슷한 실험을 한 리히만이 그 자리에서 즉사한 것과는 정반대였다.

피뢰침 전쟁

프랭클린을 정치가보다 과학자로 더 중요하게 인식하는 것은 천둥 번개가 치는 날 연을 띄워 실험한 것으로 그치지 않고 이를 토대로 피뢰침을 발명했기 때문이다. 그리고 피뢰침이 현대 문명의 상징인 고층건물의 필수품으로 전 세계에 보급되었다는 점이다.

프랭클린과 아들은 실험을 통해 번개는 전기의 불꽃과 동일한 것임을 증명했다. 매우 위험한 실험임에도 그들은 무사했다.

프랭클린은 리히만이 자신과 유사한 실험을 하다가 사망했다는 것을 알고 '프랭클린의 막대'라고 불린 피뢰침의 아이디어를 떠올렸다. 번개의 정체가 밝혀졌으므로 전기가 잘 통하는 금속제 막대로 번개의 방전을 흘려보냄으로써 번개의 피해를 막을 수 있다고 생각한 것이다. 전류를 다른 곳으로 흘려보내면 낙뢰의 피해를 방지할 수 있다는 내용 자체는 이미 알려진 사실이다. 그러나 어떻게 벼락의 피해를 방지하는 유효한 방법을 찾아내느냐 하는 것은 별개의 문제다. 더구나 프랭클린은 피뢰침이 설치된 건물 위에 뇌우가 있을 경우 그곳에 완만한 방전이 생길 수 있다고 생각했는데 이것은 피뢰침이 번개 자체뿐만 아니라 번개의 방전까지 방지할 수 있으므로 건물도 보호할 수 있다는 것이다. 한마디로 프랭클린은 번개를 실험하는 데 그치지 않고 과학의 지식을 실용화하는 방안을 제시한 것이다. 그는 피뢰침에 대해 다음과 같이 필요성을 역설했다.

"신은 인간에 대한 자비심으로 사람들의 집이나 다른 건물들을 벼락의 재해에서 구할 방법을 알려주셨다. 그 방법은 다음과 같다. 가는 쇠막대를 준비하여 한쪽 끝은 축축한 땅 속으로 3~4피트 깊이로 묻고, 다른 끝은 건물 꼭대기보다 6~8피트 위로 솟게 설치한다. 이 막대 위쪽에는 바늘 굵기의 1피트짜리 놋쇠철사를 단다. 이 장치를 한 집은 벼락의 피해를 입지 않는데 그것은 벼락이 철사 끝에 끌려서 막대를 타고 지면으로 흐르기 때문이다."

그런데 당대의 사회 분위기가 걸림돌이 되었다. 기독교로 무장한 사람들은 번개가 하늘의 응징이므로 이에 거역하는 것은 죄악이라고 주장했다. 더구나 번개는 악마가 신에 반항할 때 일어나므로 이를 방어하는 유일하고 올바른 방법은 천둥번개가 칠 때 교회의 종을 울리면 된다고 믿었다. 그런데 대부분 높은 곳에 위치한 교회의 종탑은 번개에 매우 취약해서 번개가 칠 때 종을 울리는 것은 매우 위험한 일이다. 피뢰침의 효과를 알고 있었음에도 교회는 오랫동안 종을 울렸는데, 18세기 말 독일에서만 번개가 발생할 때 종을 쳐야 한다는 관례로 120명의 종지기가 죽었고 400개의 종탑이 파괴되었을 정도다.

프랭클린의 주장에 반박하여 일부 학자들은 뾰족한 끝에서의 방전은 구름의 하전을 중화하지 못하며 오히려 번개가 발생하기 좋은 조건을 만들어준다고 주장했다. 한마디로 피뢰침이 번개를 발생시켜 오히려 피해를 갖고 온다는 것이다. 이런 주장을 진실로 믿은 과학자들은 피뢰침을 설치한 건물은 물론 그에 인접한 건물까지도 위험하다고 생각했다. 한마디로 피뢰침은 공공의 적이었다.

피뢰침 설치 문제는 매우 복잡한 양상으로 전개되었다.

프랭클린이 전기에 대한 연구를 끝낸 1754년, 체코의 한 신부가 전류를 유도하기 위해 피뢰침과 비슷한 장치를 자기 집 옥상에 설치했다. 피뢰침을 본 마을 사람들이 공포에 휩싸여 이 장치를 파괴해버렸는데 곳곳에서 이런 일이 비일비재하게 일어났다. 프랑스에서도 한바탕 회오리가 몰아쳤다. 생트 드 뷧세리가 자신의 집에 피뢰침을 설치하자 분개한 이웃이 그를 법원에 고발하면서 피뢰침 소송이 시작되었다. 1780~1784년에 걸쳐 지속된 이 재판은 큰 파장을 몰고 왔다. 피뢰침을 옹호하는 측에서는 젊은 시절의 로베스피에르(Maximilien Robespierre)가 등장했고 반대 측에는 기자인 마라(Jean Paul Marat)가 나섰다. 피뢰침 소송은 훗날 프랑스혁명의 주역이 되는 두 사람을 이렇게 만나게 했다. 소송의 결론은 피뢰침을 옹호하는 측의 승리로 끝이 났다.

영국에서의 피뢰침 반대 투쟁은 정치적, 과학적 문제로 다소 복잡하게 변질된다. 피뢰침의 끝부분을 뾰족하게 하느냐, 둥글게 하느냐가 쟁점이었다. 당시는 미국이 영국으로부터 독립을 선언한 시기였는데 미국의 독립운동을 주도하고 있는 프랭클린의 피뢰침을 사용한다는 것이 영국으로서는 자존심 상하는 일이었다. 프랭클린에 대해 특별히 악감정을 갖고 있던 영국왕 조지 3세는 뾰족한 피뢰침의 사용을 지지한 왕립학회에 지지 의견을 철회할 것을 요청했다. 그러나 '부패성'과 '방부제'라는 개념을 만들기도 했던 왕립학회장 존 프링글 경(Sir John Pringle)은 "왕립학회장의 특권으로도 자연법칙과 자연법칙의 적용을 바꿀 수는 없습니다"라는 말로 거절했다.

과학자의 책무로 왕의 명령을 거절한 존 프링글이 왕립학회장직을 내놓자 조지 3세는 '인데버'호의 선장으로 제임스 쿡과 함께 귀국한 조지프 뱅크스(Joseph Banks)를 왕립학회장에 임명했지만 그 역시 피뢰침만은 어떻게 할 수 없었다. 피뢰침 전쟁은 프랭클린에 대한 무차별적인 비난과 공격으로 얼룩졌지만 프랭클린은 이들 공격을 무시하고 냉철하게 버텼다.

프랭클린은 자신의 연구 결과들을 가능한 한 많은 사람들에게 이해시키기 위해 종합적인 보급 효과를 얻도록 노력했다. 우선 필라델피아에 지역 시민들로 구성된 철학협회를 조직하고 전시와 강연을 통해 시민들을 계몽했다. 또한 외교 활동을 위해 외국에 나가 있는 동안에도 그곳 과학자들과 널리 교제했고, 더불어 프랑스, 이탈리아, 영국 등 많은 과학자들과 관심분야에 대한 서신을 교환했다. 미국이 영국과 독립전쟁을 치를 때에도 그의 활동은 멈추지 않았는데 놀라운 것은 독학으로 프랑스어, 이탈리어, 스페인어 그리고 라틴어까지 통달했다는 점이다. 인간사를 보면 박식하고 특별한 재주를 갖고 있는 사람, 즉 폴리매스(polymath)가 있는데 프랭클린이 바로 그런 인물이었다.

이후 피뢰침 논쟁은 사실상 명쾌하게 증명된다. 피뢰침은 필요하지만 피뢰침의 끝을 뾰족하게 하느냐, 둥근 것이 좋으냐는 아무런 차이가 없다는 것이다. 지면에서 가까운 곳에서는 피뢰침의 끝 모양이 지상의 전기장 분포에 아무런 영향을 미치지 않기 때문이다.

그런데 놀라운 것은 프랭클린이 피뢰침으로 특허를 얻지 않았다는 점이다. 그가 특허에 대해 몰랐던 것이 아니라 피뢰침은 모든 사람들이 설치해야 하는 안전에 관한 문제이므로 특허를 신청하지 않은 것이다. 거부가 될 수 있는 기회를 포기하고 특허를 신청하지 않은 자체만으로도 그는 과학의 선지자로 인정받을 만하다. 실제로 피터 매시니스는 《100 디스커버리》에서 프랭클린이 번개의 전기적 성질을 증명한 것을 '위대한 과학적 발명' 중 하나로 선정했다.

06

캡틴 쿡, 대항해 시대를 펼치다

제임스 쿡(1728–1779)

영국의 탐험가, 항해가. 캡틴 쿡으로도 불린다. 뉴질랜드와 오스트레일리아 탐험에 이어 1772년 남극 탐험. 1776년에는 북태평양 탐험을 떠나 베링해협을 지나 북빙양에 도달했다. 그의 탐험으로 태평양의 많은 섬들의 위치와 명칭이 결정되고 현재와 거의 같은 태평양지도가 만들어졌다. 하와이섬 원주민에게 살해당했다.

제임스 쿡 James Cook, 1728~1779

괴혈병 치료법 발견, 하와이 원주민에게 희생

역사는 언제나 승자의 입장을 기록하지만 종종 위대한 패배자들도 비중있게 다루기도 한다. 가장 유명한 사건으로는 남극 탐험에 도전했던 로알 아문센(1872~1928)과 영국 해군 중령 로버트 팰컨 스콧(1868~1912)의 혈투이다.

19세기 말~20세기 초는 국가 간의 탐험 경쟁이 뜨거웠던 시기였다. 1911년 노르웨이 아문센의 탐험대와 영국 스콧의 탐험대는 비슷한 시기에 남극으로 향했다. 양국의 언론이 이들의 탐험을 대서특필하기 시작하면서 두 사람의 라이벌 의식은 고조되었다. 아문센과 스콧은 탐험가라는 한 가지만 빼고는 판이하게 다른 타입이었다. 아문센은 치밀한 기획자이자 전략가였고 스콧은 즉흥적이고 역동적인 사람이었다.

두 원정팀의 가장 큰 차이는 이동 수단이었다. 빙하와 얼음에 대해 잘 알고 있는 아문센은 극지에 적합한 전통적인 개썰매를 선택한 반면, 스콧은 당대의 첨단 기술이라고 할 수 있는 모터썰매와 말을 주요 이동 수단으로 사용했다. 이것이 그들의 운명을 갈라놓았다. 아문센의 개썰매가 위력을 발휘하는 동안 스콧의 모터썰매는 혹독한 추위에 모두 멈춰섰고 말들은 눈 속에 빠져 허우적거렸다.

1911년 10월 24일, 81일간의 악전고투 끝에 스콧의 탐험대가 남극점에 도착했을 때 그들을 기다린 것은 노르웨이 국기였다. 아문센이 한 달 전에 먼저 남극점에 도착한 것이다.

실망을 안고 돌아오는 길은 더욱 험난했다. 며칠 동안 눈 폭풍이 계속되었고 한파도 몰아쳤다. 식량도 바닥날 즈음 결국 스콧은 1912년 3월 29일 마지막 일기를 썼다. 그로부터 8개월이 지난 1912년 11월, 스콧과 두 대원의 얼어버린 시신이 천막 안에서 발견되었고 그가 철저하게 기록한 자료들도 안전하게 옮겨졌다.

두 사람의 라이벌 대결은 여기서 끝나지 않았다. 스콧이 철수 도중 사망하자 영국 언론은 '순수한 아마추어 정신'을 내세워 스콧 영웅 만들기에 나섰고 아문센은 졸지에 비열한 지도자로 격하되었다. 남극 탐험의 승자인 아문센보다 스콧이 더 유명해지면서 위대한 탐험가로 추앙받게 된 것이다. 이는 노르웨이가 유럽의 변방이기 때문이다.

학자들은 아문센이 승리하고 스콧이 패배한 이유 중 하나로 비타민C를 거론한다. 극지 탐험에서 대원들의 건강만큼이나 중요한 것은 없다. 그런데 아문센과 해군 중령인 스콧은 탐험대용 부식을 준비하는 방법도 달랐다. 영국 해군이 레몬주스를 의무 지급한 후 괴혈병이 사라졌고 혹한의 추위 속에 사는 에스키모인들에게 괴혈병이 전혀 없다는 사실이 알려졌음에도 스콧은 괴혈병의 원인이 부패한 고기 때문이라는 믿음을 버리지 않았다.

아문센이 약 2200킬로미터에 달하는 남극점 왕복 여행을 아무런 질병이나 사고 없이 무사히 마친 반면, 스콧의 탐험대는 그렇게 운이 좋지 못했다. 문제는 신선한 음식과 비타민C를 섭취하지 못한 데에서 오는 괴혈병 증세로 스콧의 탐험대는 결정적인 장애물을 만났다는 점이다. 식량과 연료가 있는 기지까지 불과 17킬로미터를 남겨놓고 더 이상 걸을 수도 없어 얼어 죽은 것이다. 학자들은 스콧 탐험대에게 단지 몇 밀리그램의 아스코르브산(비타민C)만 있었어도 스콧 중령과 동료들의 운명은 바뀌었을 것으로 생각한다. 과학 정보를 무시한 것이 스콧의 죽음을 재촉했으리라는 의미이다.

빈농의 아들로 태어나다

제임스 쿡(James Cook)은 1728년 10월 요크셔의 마튼 마을에서 가난한 농사꾼의 아들로 태어났다. 그의 아버지는 남의 농장에서 일하는 농장 인부로 매우 성실한 사람이었다. 아버지가 1741년부터 농장 관리인이 된 덕분에 쿡은 고용주의 도움으로 지역 학교에 입학할 수 있었다. 당시 쿡과 같은 사회적 지위가 낮은 집안의 아이들이 학교에서 공부할 수 있다는 것은 대단한 특혜였다.

1746년 18살이 된 쿡은 휘트비에서 석탄 운반선의 견습공으로 들어가 이때부터 바다의 매력에 빠졌다. 8년 동안 영국 해안을 오가며 항해술을 익힌 그는 보다 넓은 바다를 동경하여 1755년 영국 해군에 자원입대했다. 이것이 그의 인생의 전환점이 되었다. 그의 항해 능력은 곧바로 인정을 받아 한달 만에 하사관이 되었고 바크선(Bark船, 범선)의 선장이 되었다. 이후 약 10여 년 동안 영국해협과 북아메리카 식민지 등지에서 지도 측량을 했는데 측량기사 새뮤얼 홀랜드에게 지도 제작법을 배운 것이 그로 하여금 과학사의 중요한 인물로 기록되는 단초가 되었다.

주로 유럽이 아닌 영국의 식민지에서 근무하던 쿡은 런던으로 돌아와 1762년 말 엘리자베스 배츠와 결혼했는데 당시의 관례로 보아 매우 늦은 34살 때이다. 늦은 결혼에도 불구하고 6명의 아이를 낳았지만 당시 의학 수준의 평균처럼 3명은 갓난아이 때 사망했다. 훗날 아들 2명은 아버지와 마찬가지로 해군에 입대했다.

세 차례에 걸친 항해

쿡은 세 번에 걸쳐 중요한 탐험을 수행한다. 1차 항해는 막강한 권위를 갖고 있던 영국왕립학회와 영국해군본부가 공동으로 추진한 타히티에서의 금성 관측 탐사대로서의 파견이다. 1769년에 금성이 태양면을 통과한다는 계산이 발표되자 서로 멀리 떨어진 데서 관측하면 지구와 태양과의 거리를 정확히 잴 수 있다고 생각한 영국 정부가 탐험대를 구성한 것이다. 특히 100년 안에는 두 번 다시 일어나지 않을 기회여서 영국 정부는 서둘러 남태평양의 타히티섬으로 탐험대를 보내기로 결정했다. 이 탐험대는 과학사에서 매우 중요한 사건인데 과학을 위한 탐험대 파견으로는 최초이기 때문이다.

해군본부는 이 일을 맡을 인물로 하사관 쿡을 추천했다. 쿡은 뛰어난 항해술뿐만 아니라 측량과 천문학에도 조예가 깊어 평소 그의 자질을 높이 평가한 펠리서 제독이 쿡을 대위로 승진시킨 후 탐사대장으로 지명했다. 1768년 8월, 쿡의 제1차 탐험대는 인데버호(Endeavor號, 368톤)에 94명의 일행을 태우고 플리머스항을 출항했다. 일행 중에는 동·식물학자, 사생화가들도 포함되었다.

1769년 1월 탐사대는 남아메리카 대륙의 최남단 케이프혼(cape horn)을 돌아 태평양으로 향했다. 타히티섬에 도착한 탐험대는 관측

제임스 쿡의 초상화(영국해군박물관 소장, 1776)

소를 설치한 후 이어서 비밀리에 내려진 '미지의 남방대륙' 존재 여부를 조사하기 위한 항해에 들어갔다. 당시의 과학자들은 지구의 양 극에 두 개의 주요 대륙이 있을 것으로 추정했다. 그때까지의 모든 지리학 책이나 지도에는 반드시 이 '미지의 대륙'이 그려져 있었다. 지구가 자전할 때 어느 한 쪽으로 쏠리지 않으려면 북반구의 유라시아 대륙처럼 거대한 땅덩어리가 남반구에도 있어야만 균형을 잡을 수 있다고 생각한 것이다. 그러나 17세기 들어 네덜란드 탐험가들이 남방대륙을 탐색했지만 여전히 발견되지 않았으므로 쿡에게 이를 탐사할 명령을 준 것이다.

쿡은 이 항해에서 소사이어티섬을 발견하고 뉴질랜드가 2개의 섬으로 나뉜 것도 발견했다. 또한 유럽인으로는 처음으로 오스트레일리아 동해안을 탐사한 후 문명인이 살 수 있는 땅임을 확인했다. 그는 이 대륙의 동쪽 땅을 뉴사우스웨일스라고 명명한 뒤 영국 땅임을 선언했다. 그러나 오스트레일리아는 그가 찾던 남방대륙이 아니라고 최종적으로 결론 내렸다.

1차 탐험으로 30명이나 되는 선원을 잃는 악전고투 끝에 1771년 7월, 쿡은 3년에 걸친 항해를 마치고 영국 도버에 귀환했다. 그는 영국에 도착하자마자 조지 3세에게 자신의 항해 답사기를 제출했는데, 꼼꼼하고도 철저한 항해 보고서는 당대의 전문가들도 깜짝 놀랄 정도였다. 조지 3세 왕을 배알한 후 그는 곧 중령으로 진급했다. 쿡의 정밀한 항해 기록은 태평양 지역이 본격적으로 세계지도에 등장하는 계기가 되었다. 쿡이 오스트레일리아에서 채집한 갖가지 동식물 표본은 박물학(생물학)에 크게 이바지했고 특히 그가 데려 온 캥거루는 사람들의 관심을 끌었다. 이런 면만 보아도 제임스 쿡은 완벽한 과학자의 면모를 갖췄다고 할 수 있다.

미지의 남방대륙을 찾아서

1차 항해에서 미지의 남방대륙을 찾는데 실패한 제임스 쿡은 다시 한번 미지의 남방대륙을 탐사할 수 있도록 지원을 요청했다. 해군본부는 그의 요청을 받아들여 어드벤처호(462톤)와 레졸루션호(resolution號, 340톤)를 배정했다. 1772년 7월, 두 배는 1차 탐험 때보다 훨씬 좋은 과학 장비를 싣고 남쪽 바다를 향해 출발했다. 승선 인원은 총 200여 명으로 선원뿐만 아니라 천문학자 등 과학자들도 포함되었다. 이때도 쿡은 자신이 지휘하는 배의 선원들에게 지급할 양배추절임, 당근잼, 생 양파 등을 선적했다. 이에 비해 함께 떠난 어드벤처호 선장 토비아스 퍼노(Tobias Furneaux)는 전통적인 식량만 실었는데 결론은 쿡의 배에서는 괴혈병 환자가 생기지 않은 반면 어드벤처호에서는 많은 선원들이 괴혈병으로 사망했다.

쿡은 2차 탐험에서 남아프리카의 희망봉을 지나 인도양의 제일 남쪽 끝까지 내려간 뒤 동쪽으로 가는 항로를 개척했다. 특히 남극대륙의 75마일 지점까지 접근하였는데, 이것은 당시로서는 대단한 항해기록으로 평가된다. 그때까지 남극해는 그 누구도 항해해 본 적이 없는 미지의 바다였는데, 쿡은 이곳에서 처음 빙산을 보았다. 그는 남위 71도 10분, 서경 106도 54분에 도달했는데 이곳은 바다로서는 지구에서 남쪽 끝이고 거기서부터 남극까지가 남극대륙이다. 쿡은 이 항해로써 '미지의 남방대륙'은 존재하지 않는다는 최종 결론을 내렸다. 이후 쿡은 남태평양을 누비며 이스터, 통가, 누벨칼레도니아섬과 남대서양에서 사우스샌드위치, 사우스조지아섬을 발견한다. 이때 이스터섬의 유명한 모아이(moai) 석상도 발견한다. 그는 제1차 항해와 거의 비슷한 3년 17일 만에 11만 킬로미터의 항해를 끝마치고 영국으로 돌아왔다.

쿡은 미지의 남방대륙은 존재하지 않는다는 내용과 함께 남태평양 여러 섬에 대한 인류학, 민속학 조사 결과와 동식물 등을 학회에 보고했다. 그 중 가장 중요한 것은 오늘날에도 거의 수정할 곳이 없을 만큼 완벽한 남태평양 지도를 만들었다는 사실이다. 이 항해는 쿡에게 큰 명예를 가져다주었다. 영국왕립학회는 평민인 그를 특별

제임스 쿡은 3차에 걸친 항로 개척으로 대항해 시대를 열었다.

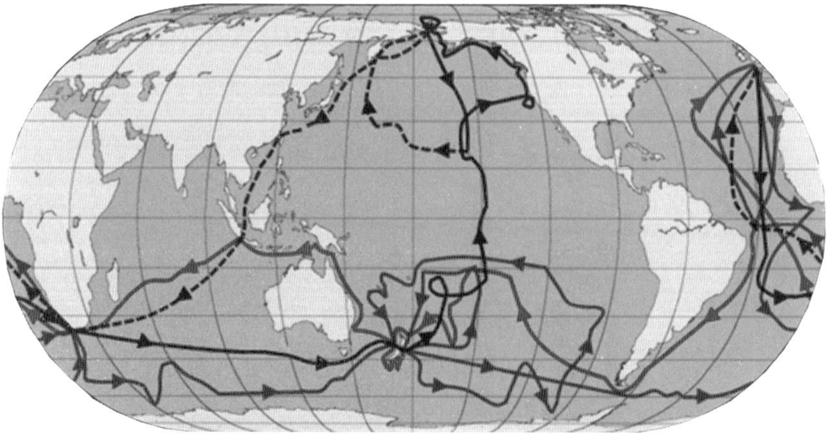

히 회원으로 선출했고, 항해 중 괴혈병 희생자를 내지 않은 공적으로 왕립학회의 최고 영예인 코플리(Copley) 메달을 수여했다.

모아이 석상

쿡이 왕립학회로부터 이와 같이 파격적인 대우를 받은 것은 괴혈병 방지 노력 외에도 항해 역사상 특별한 업적 때문이다. 당시 경도를 정확하게 측정하는 것은 매우 어려웠는데 쿡은 크로노미터(chronometer)를 이용해 경도를 정확하게 측정해 냈다. 깐깐하기 이를 데 없는 왕립학회에서 그를 특별히 우대한 것은 이러한 놀라운 과학적 업적 때문이다. 역사학자이자 저술가인 다니엘 부어스틴은 쿡의 2차 항해에 대해 다음 같은 파격적인 평가를 내렸다.

'쿡은 존재한다고 전해 내려오는 미지의 남방대륙이 존재하지 않는다는 사실을 입증하는 어려운 과업을 완수하였다.'

3차 탐사에 나서다

또 다시 쿡에게 주어진 3차 탐사의 목적은 북서항로를 발견하는 것이다. 당시 유럽 열강은 북극해를 지나 유럽과 아시아를 잇는 북서항로를 경쟁적으로 찾고 있었는데 영국 정부가 이번에도 경험 많은 쿡을 탐사대장으로 임명한 것이다.

1776년 7월, 제임스 쿡은 2차 항해에서 사용했던 레졸루션호와 디스커버리호에 200여 명의 선원과 과학자들을 태우고 출항했다. 선단은 대서양 남쪽으로 내려가 희망봉을 지나 오스트레일리아를 거쳐 뉴질랜드에 도착했다. 그리고 타히티에 정박하여 북태평양으로 떠날 준비를 마쳤다. 1778년 1월, 쿡 일행은 북쪽으로 항해를 시작해 유명한 크리스마스섬은 물론 유럽인 최초로 샌드위치 제도(지금의 하와이)를 발견했다. 그들 일행이 하와이에 상륙했을 때 예상외로 원주민들은 낯선 방문객들을 호의적으로 맞아주었다. 원주민과 2주일 동안 우호적인 접촉을 한 뒤 탐사대는 하와이를 출발해 다시 북상하여 알래스카로 향하는 북쪽 해안선을 따라 밴쿠버, 알류산 열도, 베링해, 북극해까지 서쪽으로 탐사하여 북위 70도 44분까지 이르렀으나, 북서항로는 발견하지 못했다. 쿡은 북극해에 겨울이 찾아오기 전에 탐사에 나섰지만 매서운 태풍과 두꺼운 빙판에 막혀 더 이상 항해를 계속하지 못하고 하와이로 기수를 돌렸다. 이것이 쿡의 마지막이 되었다.

하와이에서의 쿡의 종말은 매우 비극적이다. 하와이로 항로를 잡은 것은 바로 전 해에 쿡 일행이 상륙했을 때 원주민들이 그들을 성대한 의식에 초대하는 등 환대를 해주었기 때문이다. 그들이 하와이 원주민으로부터 환대를 받은 것은 풍요의 신 로노(lono)가 하얀 돛을 단 카누를 타고 온다는 하와이의 전설 때문이라는 설이 유력하다. 뜻하지 않게 신이 된 쿡과 선원들은 주민들의 환대를 받았지만 쿡 일행은 하와이 원주민의 풍습을 이해하지 못했다. 선원들은 야만인의 땅에 도착했다는 우월감에서 술에 취해 서로 싸우거나 원주민 여성들의 뒤꽁무니를 쫓아다니기 일쑤였다. 원주민들은 못마땅했으

캡틴 쿡은 하와이에서 비참한 최후를 맞는다.
그림 제목 〈Death of Captain Cook〉 Johann Zoffany 作(1795)

나 그들을 신으로 인식했으므로 어느 정도 눈감아주었다.

그러나 태풍을 피해 다시 하와이섬으로 들어왔을 땐 상황이 묘하게 돌아갔다. 원주민들의 분위기가 지난번과는 확연히 달라져 있었다. 그의 배가 하와이 바닷가에 정박하고 있을 때 원주민들은 배에 있는 쇠붙이들에 특별한 욕심을 내어 심지어는 배 밑창에 박힌 쇠못까지도 빼 갔다. 그러던 어느 날 배에 딸린 소형 보트까지 사라지자 쿡은 대원 10명과 함께 상륙해서 추장을 붙잡아 원주민들이 훔쳐간 배와 물건을 돌려받을 때까지 인질로 잡아두려 했다. 그것이 쿡의 일생일대의 가장 큰 실수였다. 그가 상황을 잘못 판단한 것이다. 성난 원주민 수천 명이 그들을 포위하고 공격을 해오자 쿡 일행은 상륙선 10미터 앞까지 달아났지만 쿡은 원주민들의 창과 돌멩이 세례를 피하지 못하고 결국 살해되었다. 1779년 2월 14일의 일이었다.

쿡이 살해된 이후의 정황이 다소 묘하다. 쿡이 살해된 지 이틀 후 원주민 제사장 카누하가 카누를 타고 레졸루션호로 다가왔다. 그는 배에 올라와 한 개의 꾸러미를 전달했는데 그 속에는 뼈가 말끔하게 제거된 3~4킬로그램의 살덩어리가 들어 있었다. 그것은 바로 2일 전에 살해된 쿡 선장의 시신의 일부였다. 하와이 원주민들에게는 적의 우두머리의 시신을 잘라 불태워 신성한 힘이 깃든 뼈를 골라내는 풍습이 있었는데, 이를 쿡의 부하들에게 알려주는 것이 신성한 의무였던 것이다.

대항해 시대와 괴혈병

인간에게 꼭 필요한 물질이 결핍되어 질병에 걸렸을 때 특정 음식물을 제공하면 언제 그랬나 싶게 말끔하게 치료되는 경우가 있다. 결핍증은 인체에 미량으로 필요한 필수 물질이 부족하여 발생하는데 이 중에서 인류사에 큰 영향을 미친 것이 괴혈병이다.

괴혈병은 전쟁 중 포위된 도시에서나 원양 항해를 하는 경우에 자주 나타나는 매우 오래된 질병이다. 신석기 시대 유골을 보면 뼈 구조가 변형된 것들이 발견되는데 이는 괴혈병의 증상과 일치한다. 괴혈병을 뜻하는 scurvy는 노르웨이어인데, 8세기~11세기의 바이킹들은 대서양을 무대로 약탈을 일삼으며 유럽을 공포에 몰아넣었다. 바이킹들은 장거리 항해도 주저하지 않았으므로 괴혈병의 피해를 많이 입었다. 바이킹들이 직접 괴혈병에 고통을 많이 당했기 때문에 괴혈병이라는 병명을 지어낼 수 있었다.

괴혈병의 증상은 매우 고약스러워서 몸이 피곤해지고 허약해지며

팔다리가 붓고 잇몸에서 피가 난다. 좀 더 진행되면 폐와 신장까지 문제가 생겨 사망에까지 이르기도 한다.

유럽에서 괴혈병이 본격적으로 등장한 것은 13세기 십자군원정 때부터이다. 200년간 십자군전쟁을 거친 후 곧바로 해양시대가 열리는데 장기간 항해에 따른 여파로 괴혈병이 생기는 것이다. 그런데 그리스 로마 시대에는 오히려 괴혈병이 보이지 않는다는 점이다. 이는 당대의 항해선인 갤리선이나 작은 범선들이 해안선을 벗어나 먼 바다로 나가는 경우가 거의 없었고, 2~3일 내지 2~3주면 필요한 물자를 보충할 수 있었기 때문이다. 신선한 음식을 주기적으로 보충할 수 있다는 것은 괴혈병이 발생할 여지가 없다는 의미이다.

15세기 들어 대형 선박으로 장거리 항해가 가능해지자, 오랜 항해 동안 저장음식에 의존해야만 했다. 더구나 원거리 항해를 위해 많은 선원을 승선시켰고 비좁은 선실 공간은 거주 환경이 매우 열악했다. 따라서 전염성 피부병, 폐결핵, 이질 등이 흔히 발생했고 설상가상으로 건강에 안 좋은 식단이 문제였다.

선원들이 섭취하는 음식은 제한적이었는데 기본적으로 소금에 절인 쇠고기나 돼지고기, 건빵 등이다. 건빵을 주 보급품으로 활용한 것은 곰팡이에 비교적 강하기 때문이다. 사실 많은 배들이 장기간 항해를 위해 다양한 식료품을 준비했다. 버터, 치즈, 식초, 빵, 말린 완두는 물론 맥주, 럼주 등도 기본이다. 그러나 버터는 금방 상했고 빵은 곰팡이가 피었으며 말린 완두에는 벌레가 들끓었다. 치즈는 굳었으며 맥주는 시어졌는데, 불행하게도 이들 가운데 비타민C를 공급하는 음식은 없었다.

괴혈병은 대체로 항구를 떠난 지 6주일이 지나면 발생하기 시작한다. 대항해 시대에 괴혈병이 얼마나 기승을 부렸는지는 항해일지에 잘 나와 있다. 1497년 바스코 다 가마는 아프리카를 돌아 인도로 항해하던 중 휘하의 선원 160명 중 100명을 괴혈병으로 잃었다고 적었다. 선원 전원이 괴혈병으로 사망한 경우도 있었다. 1593년의 자료에 의하면 무려 1만여 명의 선원이 해상에서 괴혈병으로 사망했다고 기록하고 있다. 가장 악명 높은 해전, 해적, 난파, 기타 질병 등은 괴혈병에 비하면 사소한 피해에 불과했다.

더 놀라운 것은 당시에도 괴혈병에 대한 예방책과 치료제가 알려져 있었는데도 이 같은 피해가 일어났다는 점이다. 중국의 선박들은 원거리 항해에도 괴혈병에 걸리지 않았는데, 5세기 중국인들은 배에서 신선한 생강을 재배했다. 중국과 유럽이 다방면으로 접촉해서 네덜란드 상인을 비롯해 많은 항해사들이 이런 내용을 알고 있었을 것으로 학자들은 추측한다.

1536년 프랑스 탐험가 카르티에가 캐나다에서 겨울을 보내는 동안 대원 대부분이 괴혈병에 걸렸다. 이때 인디언들이 치료법을 알려주었는데 그 방법이란 것이 솔잎 우려낸 물을 마시게 한 것뿐이었다. 그럼에도 불구하고 그는 괴혈병과 음식물을 연관시키지는 못했다. 1601년 영국동인도회사의 첫 선단의 함장인 제임스 랭커스터가 괴혈병의 치료법을 정확하게 알고 있었다는 자료가 있다. 아시아 항해 임무를 부여받은 뒤 그는 마다가스카르에서 오렌지와 레몬을 선적했고 항해 중 괴혈병 증세를 보이는 선원이 생기면 매일 아침 레몬주스를 먹였다. 그들이 탄 배가 희망봉에 도착했을 때 괴혈병에 걸린 사람이 단 한 명도 없었다는 것을 볼 때 그가 레몬주스의 위력을 알고 있었다는 뜻이다.

과학사를 보면 매우 안타까운 경우를 볼 수 있다. 괴혈병의 경우도 그런 예이다. 1734년 외딴 섬에 버려진 괴혈병 환자가 배가 고파 풀을 뜯어먹기만 했는데도 병이 나았다는 말을 들은 스코틀랜드 출신 해군 군의관 제임스 린드(James Lind)는 1747년 괴혈병에 신선한 오렌지와 레몬이 효과적임을 발견했다. 그는 1753년 〈괴혈병에 관한 논문〉으로 괴혈병의 치료법을 정확히 제시했는데도 영국 해군은 그의 제안을 묵살했다. 그의 의견이 반영되어 선원들에게 오렌지와 레몬을 지급하기 시작한 것은 50년이나 지난 후였다.

괴혈병의 정확한 치료법이 알려졌음에도 곧바로 처방이 안 된 것은 당시 사람들이 과일 주스로 괴혈병을 치료할 수 있다는 말을 인정하지 않았기 때문이다. 당시에는 괴혈병이 신선한 과일이나 야채의 부족에서 오는 것이 아니라 절인 고기를 과식하거나 신선한 고기를 충분히 섭취하지 못해서 생긴다고 생각했다. 더구나 보관상의 문제도 있었다. 오렌지나 주스를 장기간 신선하게 보관한다는 것은 지극히 어려운 일이었다. 또한 비타민C는 열에 쉽게 파괴되므로 이 역시 큰 도움은 되지 못했다.

괴혈병 치료제로서 레몬주스 등의 지급이 늦어진 데는 장교들이 괴혈병에 거의 걸리지 않았다는 점도 걸림돌로 작용했다. 상류층 출신이 많은 장교들은 항해 중에도 다양한 음식을 만끽했고 항구에 도착하면 기본적으로 과일과 야채를 섭취했다. 따라서 장교들은 선원들이 괴혈병에 걸린 원인이 식단 때문임을 전혀 이해하지 못했다.

다소 믿기 어려운 일이지만 괴혈병의 치료 방법을 알고도 영국 해군이 고의적으로 레몬주스를 지급하지 않았다는 설명도 있다. 영국 동인도회사는 선원들을 통제하기 쉽도록 허약한 상태로 만들기 위해 일부러 비타민C가 함유된 음식을 금지했고, 그 결과 많은 선원들이 괴혈병에 걸릴 수밖에 없었다는 것이다.

괴혈병을 극복한 제임스 쿡

대항해 시대에 많은 선원들이 괴혈병으로 죽어가는 와중에도 부하들을 괴혈병으로부터 안전하게 보호한 최초의 영국 해군 선장이 제임스 쿡이다. 쿡도 처음부터 괴혈병 치료에 적극적이었던 것은 아니었다. 그가 선원들의 괴혈병을 처음 접한 것은 1758년인데 괴혈병이 가져오는 참상에 놀랐지만 대부분의 사람들이 장기간 항해를 하다보면 당연히 괴혈병이 걸린다고 생각하고 있었으므로 그 역시 적절한 조치를 취하지 못했다.

그가 부여받은 임무는 항해에 오랜 시간이 소요되는 만큼 쿡은 자신의 임무가 아무리 중요하더라도 선원들의 건강이 담보되지 않으면 원활한 업무를 수행할 수 없다고 생각했다. 그리고 선원들의 환경을 획기적으로 개선하는 데 주력했다. 방법은 아주 간단했다.

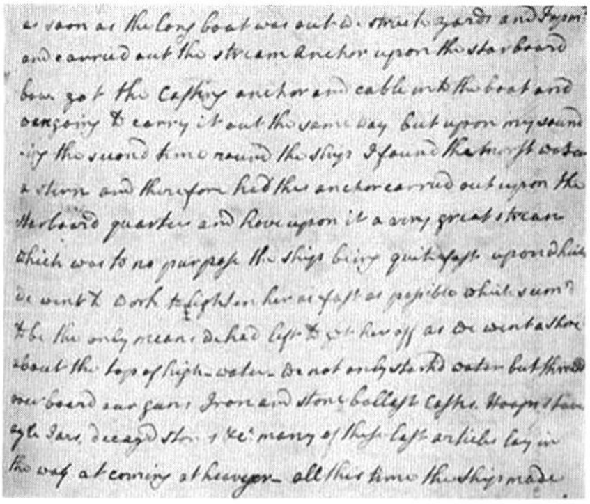
as soon as the Long boat was out we struck yards and topm[asts]
and carried out the stream Anchor upon the starboard
bow got the Coasting anchor and cable into the boat and
were going to carry it out the same day but upon my sound
-ing the second time round the ship I found the most water
a stern and therefore had the anchor carried out upon the
starboard quarter and hove upon it a very great strain
which was to no purpose the ship being quite fast upon which
we went to work to lighten her as fast as possible which seem'd
to be the only means we had left to get her off as we went ashore
about the top of high-water we not only started water but threw
over board our guns Iron and stone ballast Casks, Hoops, Staves
oyle Jars, decayed stores &c many of these last articles lay in
the way at coming at heavyer — all this time the ship made

제임스 쿡은 인류학, 민속학 등에 대해 꼼꼼히 기록한 진정한 과학자였다. 레졸루션호로 항해 당시 작성한 노트

우선 빽빽하게 밀집된 선원 숙소를 청결하게 유지할 것을 지시했다. 선원들은 정기적으로 빨래를 하고 날씨가 좋은 날에는 침구를 햇빛에 널어 말리도록 했으며 선실을 정기적으로 훈증 소독했다. 그러나 그가 가장 신경

쓴 부분은 균형 잡힌 식단을 위해 신선한 과일과 야채를 선원들에게 공급하는 것이다. 만약 항해 중 신선한 과일과 야채가 떨어지면 절인 양배추를 보급했다. 그러므로 쿡은 배가 항구에 정박하면 제일 먼저 신선한 식료품부터 챙겼다.

처음에는 쿡 선장이 강조한 식단을 선원들은 좋아하지 않았다. 그는 신선한 야채와 과일, 절인 양배추를 먹지 않는 선원은 채찍질로 징계하는 규칙까지 만들면서까지 반드시 섭취하도록 했다. 쿡의 고집에 의한 효과는 서서히 나타났다. 같은 선단임에도 쿡이 지휘하는 배에서 괴혈병 환자가 전혀 발생하지 않은 반면 다른 배에서는 괴혈병이 속출했다. 결국 모든 선단이 쿡의 방식대로 식단을 바꾸자 괴혈병은 거짓말같이 사라졌다. 쿡의 조치는 결론적으로 비타민C 즉 아스코르브산을 먹도록 했기 때문으로 이 덕에 그는 하와이 제도, 오스트레일리아의 산호섬을 발견했고 최초로 뉴질랜드를 일주했다. 이를 토대로 최초로 태평양 북서 해안의 지도를 작성했고 최초의 남극권 횡단 같은 위대한 업적을 달성할 수 있었다.

비타민C 혹은 아스코르브산

과학자들은 주스가 괴혈병을 예방한다는 사실에 주목하기 시작했다. 대부분의 척추동물, 예를 들면 갯과나 고양이과 동물들은 체내에서 아스코르브산을 합성해낼 수 있다. 이런 동물들은 궁극적으로 괴혈병의 염려가 없다. 그런데 포유류 가운데 영장류, 기니피그, 인도과일박쥐는 비타민C를 음식으로 섭취해야 한다. 학자들은 인간류가 진화 단계 어딘가에서 아스코르브산을 만드는 유전자를 잃어버린 것으로 추정한다.

1928년 영국 케임브리지대학교의 헝가리 출신 생화학자인 알베르트 센트죄르지(Albert Szent-Gyorgyi, 1893~1986)는 소의 부신피질에서 1그램 정도의 결정화된 물질을 추출했다. 처음에 그는 이 작은 양의 화합물이 무엇인지 몰랐다. 유머감각이 풍부했던 그는 당과 같은 새로운 호르몬을 분리했다고 생각하고 이그노스(ignose)라는 이름을 붙였다. 이그노스의 'ose'는 포도당(glucose)이나 과당(fructose)처럼 당류를 표현할 때 붙이는 이름이며 'ign'는 '아식 이 물질의 화학 구조를 모른다(ignorance)'는 의미였다. 학술지 측에서 이름을 변경할 것을 요청하자 이번에는 갓노즈(godnose)라고 이름을 붙였다. 아무도 모른다(god knows)는 뜻이다.

그후 정밀한 화학분석 결과 이 물질이 비타민C의 화학식($C_6H_8O_6$)과 동일 물질임이 밝혀졌다. 센트죄르지는 비로소 '아스코르브산'이라는 이름을 붙였는데, 'not'을 뜻하는 'A'와 괴혈병을 뜻하는 라틴어 'scorbutus'에서 파생된 말이다.

1925년 버밍엄대학교의 월터 호어스(Sir Walter Norman Haworth, 1883~1950)는 단당류와 구조적으로 비슷한 비타민C에 관한 연구에 착수해 1934년 영국의 화학자 에드먼드 허스트와 함께 비타민을 합성하는 데 성공했다. 이것은 인공으로 만든 최초의 합성비타민이었다. 이 성공으로 유기화학 지식에 큰 기여를 했을 뿐만 아니라 의료용으로 사용하는 비타민C를 값싸게 생산, 보급할 수 있게 되었다.

센트죄르지는 1937년 노벨 생리의학상을 수상했고 월터 호어스는 같은 해 비타민C의 구조를 결정하고 합성한 업적으로 노벨 화학상을 받았다. 1937년도 과학 분야 노벨상은 비타민이 석권한 셈인데 파울 카러(Paul Karrer, 1889~1971)는 비타민A와 비타민K를 서로 분리하였으며 비타민B_2와 비타민E의 합성에 성공한 공로로 수상했다.

이처럼 훗날 과학자들에 의해 비타민C의 효능이 밝혀지기 백여 년 전에 이미 제임스 쿡은 그 중요성을 알고 있었다. 그는 과거 수많은 선원이 괴혈병으로 사망했다는 사실을 잊지 않았다. 그는 현대인의 관점으로 볼 때 누구보다도 앞선 과학적인 마인드를 가진 인물이었다.

쿡이 빈농의 아들이라는 낮은 지위였음에도 당대의 유능한 항해가이자 과학자로 떠오른 것은 항해에 과학적인 바탕을 세우고 제도 법과 항해술에 과감하게 새로운 기준들을 도입했기 때문이다. 더구나 당시 대부분의 유럽인들이 갖고 있던 야만인들에 대한 왜곡된 생각에서 벗어나 이들 원주민들에게서 긍정적인 면을 발견하고 이를 인정했다는 점은 높이 평가할 만하다. 학자들은 쿡 자신이 영국의 기준으로 볼 때 하류층 출신이므로 이런 생각을 가졌을 것이라고 추정한다.

사실 제임스 쿡은 오늘날의 기준으로 볼 때 한마디로 평가하기 어려운 인물이다. 그는 분명 위대한 항해가, 탐험가, 지도 제작자였다. 쿡 개인으로 보면 뛰어난 리더십, 불굴의 용기, 탁월한 항해술, 조국에 대한 헌신이 남달랐다. 더구나 그가 처음부터 항해가이자 과학자로 인정받은 것은 아니다. 하층민 출신이라는 핸디캡을 극복하고 노력과 실력만으로 사회적 높은 지위를 성취한 의지의 사나이기도 하다. 또한 쿡이 살해된 것도 하와이 원주민의 입장에서 보면 그는 백인 침략자의 선봉이라는 점이 현대의 시각이기도 하다.

학자들은 하와이에서의 그의 희생이 완고한 영국 해군으로 하여금 괴혈병을 완전히 사라지게 만든 원동력이라고 믿는다. 다른 과학적 업적은 차치하고라도 괴혈병 치료 하나만으로도 그를 과학을 위해 목숨을 바친 순교자로 다루어도 그 의미가 충분하다.

쿡의 죽음은 큰 상징적인 의미를 갖는다. 우리가 사는 지구라는 행성과 거기에 사는 사람들에 대한 탐구 조사 중 맞은 영웅적 죽음이기 때문이다. 지그프리트 슈미트는 이 사건을 다음과 같이 설명했다.

'쿡 선장에 의해 탐험의 새로운 전형이 열렸다. 그는 비록 영국의 해상 패권 장악을 위해 지리정치학적 과제를 수행했지만 다른 문화의 정복자나 파괴자로 나서지 않았다. 이국적인 삶과 환경에 대해 언제나 차분하면서도 공감하는 마음으로 관찰하는 관찰자였다. 기독교적 항해를 기치로 전체적으로 비인도적이었던 그때까지의 탐험의 역사에서 처음으로 인도주의적인 교양을 심어 놓았다는 평가를 받는 그가 하와이 원주민들의 손에 목숨을 잃었다는 사실은 유럽과 신세계와의 만남에서 비롯된 혼란과 착오를 단적으로 보여주는 비극적 상징이라 할 수 있다.'

07

과학에 살고 과학에 죽다

조지프 프리스틀리(1733~1804)

영국의 신학자, 철학자, 화학자. 웨스트요크셔 주 리즈 근교의 필드헤드 출생. 1771년 물의 조성을 처음으로 발견했고, 식물의 광합성을 발견했다. 1774년 집광렌즈를 이용하여 산소를 발견했지만 산소의 정체를 밝혀내지는 못했다. 나중에 라부아지에가 산소의 정체를 밝힌다. 정치적인 문제로 영국을 떠나 미국에서 생을 마쳤다.

조지프 프리스틀리 Joseph Priestley, 1733~1804

산소의 발견자, 일산화탄소 중독

먹이 사슬(food chain)은 매우 친숙한 단어이다. 녹색 식물이 아닌 생물체들은 대부분 식물을 먹거나, 식물을 먹는 다른 생물체들을 잡아먹음으로써 광합성에 의해 만들어진 에너지를 섭취한다. 그 먹이의 성분은 화학작용을 거치면서 서로 다른 두 가지 작용을 한다. 하나는 복합물질을 단순물질로 분해하면서 유기체가 활동하는 데 쓰일 에너지를 내놓고, 또 다른 작용은 에너지를 흡수하거나 저장하면서 복합체를 만들어내는 것이다. 이 두 가지 작용을 합쳐 물질대사라고 한다.

생물체들은 에너지를 마음대로 없애버릴 수도 없으며 또 새로 만들어낼 수도 없다. 오로지 에너지의 형태만 바꿀 수 있을 뿐이다. 쓸모없는 에너지는 열로 방출되어 다시 자연으로 되돌아간다. 여름에 땀을 많이 흘리는 것도 결국 자연으로 에너지를 공급하여 자연의 섭리에 순응하는 것이라고 보면 되겠다.

반 헬몬트(Jan Baptista Van Helmont, 1579~1644)는 다방면에 관심이 많은 의사이자 연금술사로 꼼꼼하고 실력있는 실험자였다. 그는 이 세상에는 물이라는 단 하나의 원소만 있고 물에서 그 외의 모든 것이 만들어진다고 생각했다. 그리스의 탈레스가 이런 주장을 했는데 헬몬트는 자신이 그 증거를 찾을 수 있다고 생각하고 실험에 들어갔다. 그는 다음과 같이 자신의 실험 결과를 기록했다.

'나는 커다란 화분에 마른 흙 90킬로그램을 넣었다. 거기에 빗물을 뿌리고 무게가 2킬로그램인 어린 버드나무를 심었다. 5년 후 버드나무의 무게는 77킬로그램이 되었다. (…) 그릇 속의 흙을 말리고 실험이 끝났을 때 무게를 재어보니 89.5킬로그램이었다. 다 자란 식물과 어린 식물의 총 무게 차이는 분명 물 때문이다.'

그의 실험은 매우 세심하게 이루어졌는데 화분에 먼지가 들어가지 못하도록 양철 뚜껑을 씌웠고 가능한 한 염분이 없는 물을 주었다. 그런데 놀라운 것은 그가 '가스(gas)'라는 단어를 만든 사람인데도 이를 식물의 성장 요인으로 생각지 못했다는 점이다. 알려지기는 그는 가스를 카오스(Caos)라고 부르려고 했지만 그리스어 카오스를 플랑드르 말로 발음하면 가스가 되기 때문에 가스로 이름 붙였다고 한다. 그는 숯을 태울 때도 가스가 나온다는 것을 증명했는데 바로 일산화탄소이다. 1970년대까지만 해도 많은 한국 사람들을 죽음으로 몰아간 연탄가스가 바로 일산화탄소이다. 연탄가스의 유독성은 한국인에게만 피해를 준 것은 아니다. 산소의 발견으로 유명한 조지프 프리스틀리도 바로 일산화탄소의 희생자이다.

화학을 연구하는 신학자

프리스틀리(Joseph Priestley)는 1733년 영국 웨스트요크셔 주 리즈(Leeds) 근교의 필드헤드(Fieldhead)에서 직물을 짜는 양모업자의 아들로 태어났다. 양모업자라고 해도 매우 가난했는데 그의 집안이 양모와 관련된 것은 영국의 산업혁명과 관련이 있다. 아버지 제임스 프리스틀리는 영국국교와는 다소 뜻을 달리하는 청빈을 좌우명으로 삼는 캘빈교도였다. 한마디로 국교가 아닌 다른 교를 믿었는데, 그들이 살고 있는 지역이 양모 산업의 중심지라는 점도 관련이 있다. 양모 산업은 많은 노동자와 소작인들을 필요로 하는 데다 산업혁명의 주력이므로 경제적으로 다른 지역보다 자급자족이 가능했다. 그러므로 영국 정교회를 믿지 않더라도 그들만의 체제를 유지하면서 여유로운 생활을 할 수 있는 특수한 지역이었다. 프리스틀리가 가난하지만 어려서부터 자유스런 분위기에서 성장했다는 것은 그의 장래에 큰 영향을 미친다.

프리스틀리는 6형제 중 장남이었는데 좁은 집에서 온가족이 함께 살기 어려워 4살까지 외할아버지 집에서 살았고 이후 자식이 없었던 숙모 집에서 살았다. 그는 자주 잔병치레를 했지만 4살 때 이미 웨스트민스터 소교리문답의 107개 질문과 답을 모두 외울 정도로 어려서부터 신동 소리를 들었다. 그는 신동답게 다방면에서 재능을 보였는데 특히 언어감각에 뛰어나 버틀리 학교에 입학하여 12살 때 라틴어와 그리스, 히브리어를 배웠다. 프리스틀리를 목사로 키우려는 숙모의 뜻에 따라 목사직에 필수적인 언어를 배웠는데 16살부터는 프랑스어, 이탈리아어, 독일어까지 섭렵했다. 그는 자신의 몸이 허약해 목사 직업에는 어울리지 않는다고 생각해 사업에도 필요한 언어를 습득한 것이다.

다행히 건강이 좋아진 그는 상인이 될 생각을 버리고 목사가 되기로 했다. 그의 생활은 매우 규칙적이어 매일 아침 6시에 일어났고 청소년기부터 죽을 때까지 일기를 썼다. 글을 쓰는 것이 습관이 된 그는 속기술에도 능숙해 당시 가장 빨리 쓰는 문필가의 한 명으로 알려졌다.

'산소'라는 물질을 처음 발견한 조지프 프리스틀리

공식적으로 그의 직업은 신학자이다. 1752~1755년 동안 디벤트리에서 신학 외에 역사, 철학, 과학 등을 공부했다. 신학교를 마친 후 프리스틀리는 1755년부터 작은 장로교회에서 목사 생활을 하다가 1758년 낸트위치(Nantwich)에 있는 교회로 옮겨갔다. 그곳에는 두 개의 학교가 있었지만 비국교도에게 입학이 허용되지 않았고 교육과정 역시 제한되어 있었다. 그래서 프리스틀리는 자신이 학교를 세워 그곳에서 1761년까지 3년 동안 학생을 가르쳤다. 낸트위치에서 좋은 반응을 얻은 그는 1761년 워링턴아카데미의 문학강사로 취직했다. 이듬해인 1762년에는 워링턴의 비국교도파 목사가 되었고 제철업자 아이작 윌킨슨의 딸인 18살의 매리 윌킨슨과 결혼했다. 이들 사이에는 한 명의 딸과 세 명의 아들이 태어났고 1765년에는 에든버러대학교로부터 법학박사 학위를 받았다. 그는 많은 면에서 제약을 받는 목사직을 포기했지만 가정생활을 위해 틈틈이 도서관 사서, 가정교사 혹은 여행 안내자로 일하기도 했으며 각 교단의 자율권을 보장하는 협동조합형 교회제도의 목사로 목회활동을 하기도 했다.

프리스틀리와 같은 신학자가 자연과학 분야에서 빼어난 업적을 냈다는 것이 다소 의아하게 보일 수도 있다. 현재도 여러 가지 일을 수행하는 사람들이 있지만 특히 자연과학과 신학은 아주 동떨어진 분야로 생각한다. 그러나 프리스틀리가 살던 때만 해도 그리 이상한 일이 아니다. 당시에는 신학과 의학, 법학이 가장 유망한 학문으로 인정을 받아 많은 천재들이 신학에 도전했다. 이들 천재들이 다른 분야에 도전하는 것이 그렇게 낯선 일은 아니었다. 특히 신학자들은 자연현상에 대해 많은 연구를 했는데 자연현상에서 신의 전지전능함을 입증해내려고 했기 때문이다. 그러므로 많은 신학생들이 자연과학 강의를 함께 들었다. 그들을 자연신학자(a natural theologian)라고 부른다. 특히 시간적 여유가 많았던 시골 신부들이 자연과학 분야에서 탁월한 업적을 내는 경우가 많았다.

세계 최초로 개발한 청량음료

워링턴에 거주할 즈음부터 프리스틀리는 과학에 본격적인 관심을 갖기 시작했다. 1763~1765년 리버풀의 의사인 터너(Matthew Turner)의 화학 강의를 들었고 1765년부터 해마다 한 달씩 런던에 체류했다. 적은 급료에도 공기펌프나 과학 기자재를 사들여 실험했다. 특히 런던에서 미국의 독립을 위해 동분서주하던 정치가이자 과학자인 벤저민 프랭클린을 만나 큰 영향을 받았다. 프랭클린은 1764~1775년 동안 영국에 체류하면서 활발한 과학 강연을 했는데, 이때 그의 강연을 들으면서 프리스틀리는 과학에 대한 지식을 키워나갔다. 당시 프리스틀리는 미국의 독립운동을 적극 지지하면서 프랭클린과 금방 친해졌고 프랭클린의 전기실험에 푹 빠졌다.

프리스틀리는 곧바로 전기에 대한 많은 책을 구해 읽고 각종 실험을 통해 속이 빈 구(求)의 내부는 전하를 띠지 않는다는 사실을 발견했다. 그리고 전기력은 거리의 제곱에 반비례한다는 역제곱 법칙을 예측했고 전기와 화학반응이 서로 관련되어 있다는 것을 파악했다. 1767년부터 프리스틀리는 그동안 각계의 학자들이 발표한 자료와 자신이 얻은 지식을 바탕으로 《전기학의 역사와 현황》을 출간했는데 이것이 큰 반향을 일으켜 곧바로 왕립학회회원으로 추천되었다. 그해 요크셔 주의 리즈에 있는 밀 힐 교회의 목사로도 임명되는 등 그에게는 최고의 해였다.

그의 과학 연구는 화학분야에 집중되었는데 우연히도 그의 집 근처에 양조장이 있었기 때문이다. 그는 양조통에서 공기가 발생하는 것을 관찰하고 이산화탄소(당시는 '고정공기'라고 불렀다)에 눈을 돌렸다. 이때부터 기체에 대한 본격적인 연구가 시작되었다. 발효된 맥아의 표면에 염산을 가하여 고정공기를 만들어낸 뒤 이를 물에 녹였더니 상큼한 맛을 내는 거품이 발생했다. 그는 거품이 생긴 물이 발포주를 만드는 데 유용할 뿐만 아니라 공기로 선원들이 앓는 괴혈병을 치료할 수 있다고 생각했다. 물론 그 생각은 틀렸다. 그렇지만 그의 이 실험은 청량음료 산업의 시초인 탄산수를 만들어내는 데 성공했고 영국왕립학술원은 그의 공적을 인정해 1773년 그에게 코플리 메달을 수여했다.

산소를
발견하다

화학을 연구한 지 얼마 되지 않았음에도 탁월한 연구 성과는 그를 명사의 반열에 올려놓았다. 1772년 프리스틀리는 정치가인 셸번 백작(Load Shelburne)의 사서 겸 비서로 초빙되어, 과학연구에만 전념할 수 있는 충분한 시간과 연구비로 40파운드의 거금을 제공받았다. 그의 화학 연구에서 중요한 발견은 대부분 이 무렵에 이룩된 것들이다.

1772년 프리스틀리는 조심스럽게 '공기'를 가열하여 질산암모늄을 만들었다. 조심스럽게란 의미는 질산암모늄이 폭발할 수도 있기 때문이다. 프리스틀리의 '공기'는 아산화질소(N_2O)라는 무독성 기체인데 이것을 흡입하면 노래를 부르거나 싸움을 하거나 웃는 등 광태를 부리는 묘한 효과를 나타냈다. 그래서 아산화질소를 속칭 '웃음가스'라고 불렀는데, 파티에 참석한 사람들이 모두 웃음가스를 마시고 파티를 엉망으로 만드는 것이 유행하기도 했다. 바로 이것이 당시 의학계의 가장 큰 고민이었던 마취제를 발견하는 단초가 되어 과학사에서는 매우 중요하게 기록된다.

프리스틀리를 불후의 과학자로 만들어준 것은 1774년의 연구 때문이다. 그는 기체를 모을 때 사용되는 수은을 관찰하는 과정에서 다소 이상한 점을 발견했다. 수은을 공기 중에서 가열하여 산화수은을 얻은 후 이 화합물을 시험관에 넣고 볼록렌즈로 모은 태양빛을 쪼이자 어떤 기체가 발생했다. 이 기체 중에서 가연성 물질이 밝은 빛을 내면서 활활 탔다. '산소'의 발견이다!

프리스틀리는 수은을 끓는점보다 약간 낮은 온도에서 장시간 공기와 접촉시키면서 가열하자 수은의 뜨거운 표면에 주홍색 덩어리들이 생기는 것을 발견했다. 이것이 적색 침전의 산화수은(HgO)이다. 이 침전은 선대의 학자들도 규명하지 못한 채 미스터리로 남아 있던 터였다. 프리스틀리는 소량의 이 적색 침전물을 밀폐된 작은 시험관에 넣고 볼록렌즈에 햇빛을 통과시켜 가열하자 놀랍게도 산화수은은 다시 순수한 수은으로 환원되었다. 프리스틀리는 이때의 경이로움을 다음과 같이 적었다.

'지름 12인치, 초점거리 20인치인 볼록렌즈를 구할 수 있어서 실험이 가능했다. (…) 1774년 나는 산화수은으로부터 기체를 추출하려고 노력했다. 나는 공기가 활발하게 방출되는 것을 보았다. 공기는 사용한 수은의 3~4배 정도의 부피였다. 이 공기를 물에 넣어 보았더니 흡수되지 않았다. 내가 가장 놀란 것은 이 기체 중에서 촛불이 활활 탄다는 것이다. 질산공기(NO)에 철이나 황산을 노출시켰을 때나 촛불을 태웠을 때나 매우 유사했다. 이런 특이한 점은 질산공기가 특별히 변형될 때 이외에는 어떤 공기에서도 발견하지 못한 현상이다. 산화수은을 준비할 때 질산을 사용하지 않았으므로 어떻게 설명해야 할지 난감했다.'

프리스틀리는 '산소'를 발견했음에도 처음엔 그것의 정체를 정확하게 파악하지 못했다. 이 문제는 나중에 라부아지에에 의해 산소로 밝혀지는데, 이보다 앞서 스웨덴의 화학자이자 약사인 카를 빌헬름 셸레가 2년 전에 이미 산소를 발견했지만 발표는 프리스틀리가 빨랐다. 사실 프리스틀리는 자신이 무슨 일을 하고 있는지도 잘 모르는 상태에서 얼떨결에 산소를 발견한 것이다. 그가 다음과 같이 고백했다고 레슬리 앨런 호비츠는 적었다.

'실험에서 실질적인 성과를 거둘 수 있다고는 처음부터 기대하지 않았다. 솔직히 말하면 실험을 시작할 때만 해도 그런 발견을 위한 어떤 가설도 세우지 않았다. 그런 가설을 언급하는 것조차 가당치 않아 보였다. 그러나 결정적인 사실을 부인할 수는 없었다. 비록 몹시 더디기는 했지만 나는 내 감각이 주는 증거를 믿지 않을 수 없었다.'

그는 수소와 산소의 혼합물을 연소시키면 기체가 모두 소비되고 나중에 물방울이 남는다는 것을 알았다. 이 실험은 물이 수소와 산소의 화합물이며 원소는 아니라는 것을 뜻한다.

프리스틀리가 산소를 발견하기 전까지 확실하게 알려진 기체는 공기, 탄산가스 그리고 수소 등 세 가지뿐이었다. 그에게 불후의 명성을 가져다준 산소의 발견은 "또 다른 기체는 없을까?"하는 의문으로 발전되었고 그의 예상대로 암모니아, 염화수소, 일산화탄소(연탄가스) 등을 비롯해 10종류의 새로운 기체를 추가로 발견했다.

프리스틀리가 많은 기체를 발견할 수 있었던 것은 작고 다루기 손쉬운 장치를 직접 제작하여 소량의 시료로도 정밀한 결과를 얻을 수 있었던 덕분이었다.

당시 과학자들은 기체를 연구하기 위해 물을 채운 유리관으로 기체를 분리했는데, 이 방법은 기체가 물에 녹지 않을 때만 가능했다. 그런데 프리스틀리는 물 대신 수은으로 봉하여 기체를 수집했다. 이것이 그로 하여금 암모니아와 염화수소처럼 물에 잘 녹는 기체가 있음을 발견토록 한 것이다. 그가 과학사에서 크게 인정받는 것은 산소 등 기체를 발견한 공로도 있지만 이런 정밀한 실험기구들을 만들고 이것이 후학들의 연구에 큰 기여를 했기 때문이다.

1774년 셸번 백작은 유럽 여행에 프리스틀리에게 동행을 제안했다. 당시 셸번 백작은 유럽인들이 가장 만나보고 싶어하는 명사 중 한명이었는데 과학 분야에 관한 한 프리스틀리의 명성도 이에 못지 않았다. 유명인사 두 명이 함께 한 여행에서 프리스틀리는 유럽의 많은 학자들과 만날 수 있었다. 파리에서 프리스틀리는 화학자 라부아지에를 만났다. 라부아지에는 수은을 가열하면 금속의 재인 산화수은이 생기는데, 그것이 수은과 공기의 일부와의 결합임은 알았지만 공기 중의 어떠한 성분이 수은과 결합하는지는 밝히지 못했다고 말했다. 프리스틀리는 자신이 발견한 새로운 공기(산소)에 대해 설명했고, 그 말을 참고해 라부아지에는 추후의 실험에서 그 기체가 비금속 물질과 반응해서 산(acid)를 만든다는 사실을 밝혀낸 후 그 기체를 '산을 만드는 원리'라는 뜻에서 '산소'로 명명했다.

그런데 라부아지에와 프리스틀리가 산소를 발견했음에도 **플로지스톤설**로 완전히 다른 길을 가는데 학자들은 프리스틀리가 이처럼 틀린 주장을 했다는 데에 매우 의아하게 생각한다. 일부 학자들은 프리스틀리가 목사여서 보수적인 태도를 갖고 있었기 때문이라고 설명하지만 실제로 그는 매우 진취적이고 혁신적인 사람이었다. 그가 당시 정치적으로 매우 첨예한 문제인 미국의 독립에 대해 영국의 식민지 정책을 비판하면서 미국 독립을 지지한 것만 보아도 그렇다. 특히 벤저민 프랭클린과 매우 가까워 프랭클린이 영국에서의 마지막 밤을 프리스틀리와 함께 지냈을 정도였다.

플로지스톤설(phlogiston theory)
독일의 화학자 슈탈에 의해 처음 제기된 이론으로 물질이 연소될 때 그 속에서 플로지스톤이 빠른 회전 운동을 하면서 물질 밖으로 달아난다고 보았다.

1780년 프리스틀리는 셸번 백작의 밑을 떠난 후 과학자 모임인 루너학회(Lunar Society)의 회원이 되었다. 이 모임의 회원 중에는 유명한 찰스 다윈의 할아버지인 에라스무스 다윈, 증기기관을 발명한 제임스 와트, 매튜 볼튼도 있었다. 셸번 백작의 후원을 받을 때에는 연구비가 충분했지만 그의 곁을 떠나자 당장 경제적 문제에 봉착했다. 수입은 절반으로 줄어들었고 아이들이 넷이나 되므로 그는 다시 옛날처럼 틈틈이 도서관 사서, 가정교사나 여행 가이드로 일해야 했다.

식물이 숨쉬기 좋은 공기, 광합성의 발견

산소의 발견으로 프리스틀리는 과학사에 길이 남을 대박 중 대박을 터뜨렸다. 산소는 화학혁명을 촉발시킨 원동력으로 산소가 발견됨으로써 화학반응에서 원소, 화합물, 물질의 보존을 새로 이해하게 된 것이다. 그리고 그런 개념들을 통해 오늘날 염료, 플라스틱, 비료, 마약 등이 탄생했다. 프리스틀리 본인은 깨닫지 못했지만 생전에 과학 혁명의 태동을 본 것이다. 프리스틀리의 공헌 중 산소 발견에 가려져 있지만 중요한 업적이 또 하나 있다. 광합성의 발견이다. 프리스틀리가 광합성을 발견한 것은 과학 입문 초기인 1771년경이다.

당시만 해도 인간이나 동물이 신선한 공기가 없는 공간에 오래 갇혀 있으면 살 수 없다고 생각했다. 프리스틀리 역시 식물도 그럴 것이라고 생각했다. 그러나 그가 남달랐던 점은 그 이론이 진실인지 아닌지는 실험을 통해 검증해봐야 한다고 생각했다는 점이다.

1771년 프리스틀리는 물 위에 매달아 놓은 밀폐된 유리그릇 안에 박하 묘목을 키웠는데 멀쩡히 잘 자라는 것을 보고 놀랐다. 그는 촛불과 쥐를 가지고 유리그릇 안의 공기를 시험해 보기로 했다. 그릇 안의 촛불도 안 꺼지고 쥐도 계속 살아 있었다. 점점 호기심이 생긴 프리스틀리는 타고 있는 촛불을 넣어 공기를 소위 '오염'시킨 뒤에 박하 묘목이 공기를 다시 '신선하게' 만드는지 두고 보았다. 그는 박하뿐만 아니라 여러 종류의 식물들도 함께 실험하여 어떤 식물이 숨쉬기 좋은 공기를 가장 빨리 만드는지 관찰했다.

첫실험은 1771년 시작됐지만 본격적으로 매달린 것은 1777~1778년이다. 그는 이 실험으로 식물줄기와 녹조류 및 수초에서 공기

방울 즉 오늘날 산소로 알려진 '아주 순수한 공기'가 나오는 것을 발견했다.

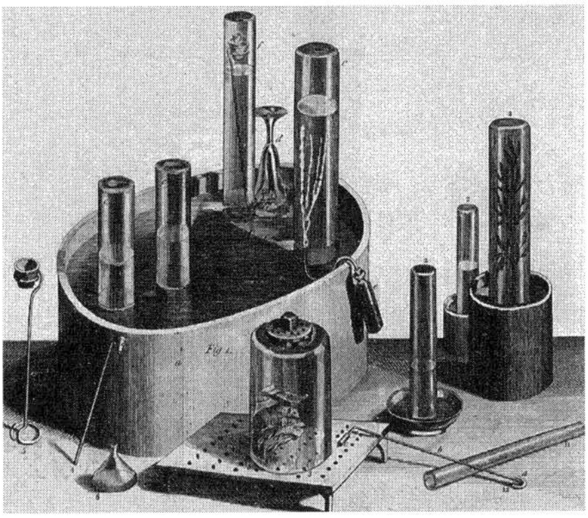

프리스틀리의 공기 채취장치

프리스틀리는 식물이나 녹조류가 산소를 뿜어내려면 햇빛이 필요하다는 것을 차츰 깨닫기 시작했다. 그는 실험을 통해 녹색식물이 대기에서 비활성 기체인 이산화탄소를 흡수해서 산소로 바꿔 내보낸다는 사실을 알았다. 즉 쥐가 살아갈 수 있는 산소를 녹색식물이 제공한 것으로, 훗날 광합성의 결과로 산소가 생긴다는 것을 찾아내는 실마리가 된다. 녹색 식물이 산소를 생산하는 데 빛이 결정적인 역할을 한다는 사실은 네덜란드 의사이자 식물생리학자인 얀 잉엔하우스(Jan Ingenhousz, 1730~1799)에 의해 밝혀졌다.

잉엔하우스는 1779년 발표한 〈식물에 관한 실험〉이란 논문에서 식물이 탄산가스를 흡수하여 산소를 배출하는 작용은 식물의 녹색 부분만의 능력이며, 이것은 식물 자체의 탄소원(carbon source)을 섭취하기 위한 영양작용이라는 것, 그리고 어두운 곳에서는 탄산가스의 배출만 확인된다고 발표했다. 그는 프리틀리의 실험은 녹색 식물에 햇빛이 비치는 조건에서만 성공할 수 있고, 햇빛이 없는 경우에는 성공할 수 없다는 것을 지적했다. 지금은 대부분이 알고 있는 사실, 즉 식물은 낮에는 이산화탄소를 흡수하고 밤에는 이산화탄소를 뿜어낸다는 것이다. 빛 때문에 식물이 가스를 만든다는 사실을 발견한 것인데 이 말은 즉 양분을 생산하는 광합성과 그 양분을 전환하는

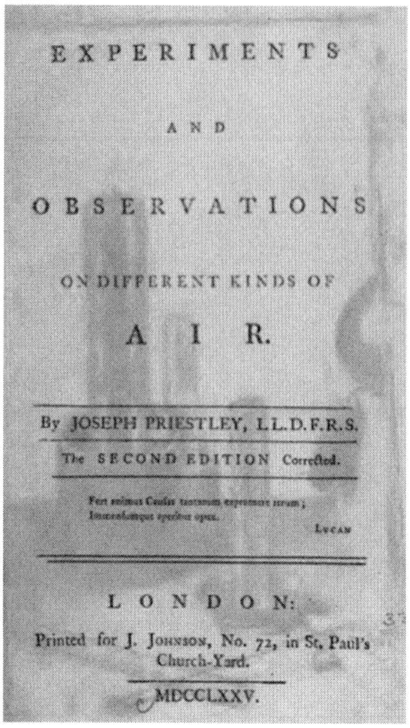
EXPERIMENTS
AND
OBSERVATIONS
ON DIFFERENT KINDS OF
AIR.
By JOSEPH PRIESTLEY, LL.D.F.R.S.
The SECOND EDITION Corrected.
LUCAN
LONDON:
Printed for J. JOHNSON, No. 72, in St. Paul's Church-Yard.
MDCCLXXV.

프리스틀리의 공기 실험 보고서

호흡작용이 구별된다는 의미이다. 그는 다음과 같이 말했다. "운 좋게도 나는 왜 식물이 때로는 나쁜 공기를 정화하고 때로는 더 악화시키는지 진짜 이유를 발견했다."

시간으로만 따진다면 프리스틀리가 잉엔하우스보다 7년 앞서 식물의 광합성에 대해 발견했다. 실제로 잉엔하우스는 런던왕립학회 회장인 프링글의 초청으로 영국에서 프리스틀리를 만나 산소의 특성에 대해 설명을 들었다. 프리스틀리는 공기 안에서 촛불을 태울 때 공기가 '상하며' 식물이 공기에 생명력을 불러올 때도 있고 그렇지 않을 때도 있다고 말했다.

오스트리아 황후의 주치의에서 물러난 잉엔하우스는 프리스틀리의 말을 듣고 1779년 4개월에 걸쳐 500회의 실험을 하여 프리스틀리의 실험을 결론지어서 자신의 논문으로 발표한 것이다. 프리스틀리는 광합성에 관한 한 잉엔하우스가 자신보다 앞섰다고 시인했다. 프리스틀리는 자신이 먼저 발견한 것은 사실이지만 그 의미를 잘 몰랐기 때문이다. 과학에서 어떤 현상을 발견하는 것도 중요하지만 그것이 갖고 있는 참뜻을 파악하는 것이 더욱 중요함을 알려준다.

자유를 찾아 신세계로 떠나다

18세기 말은 프랑스혁명의 여파로 유럽 전역이 온통 격랑에 휘말리던 때였다. 프리스틀리는 젊은 시절의 환경에서 영향받은 자유로운 사고방식을 고수했다. 그는 자본가나 노동자들을 상대로 자신의 생각을 솔직하게 표현했는데 특히 국가의 권력은 국왕, 귀족, 평민의 균형 위에 존재하는 것이 아니라 오로지 국민에게만 귀속되어야 한다고 주장했다. 그의 이 같은 태도는 대혁명이 일어난 프랑스에서 큰 호응을 받아 프랑스는 프리스틀리에게 명예시민 자격을 주기도 했다. 이는 달리 말하면 전제국가인 영국에서 많은 적을 만들었다는 것을 의미한다.

프리스틀리는 1791년 7월 14일 프랑스혁명 2주년 기념파티의 주최자로 앞장섰는데, 이 사실을 영국 국교와 왕을 추종하는 사람들이 알았다. 이들은 프리스틀리를 표적 삼아 버밍엄에 있는 프리스틀리의 교회는 물론 그의 집과 연구실을 기습하여 불태웠다. 그의 가족은 다행히 피신했지만 프리스틀리는 자신의 실험실이 불타는 것을 직접 목격했다. 군중들이 그의 근거지를 습격하여 모든 것을 잿더미로 만들자 그는 며칠 후 주동자에게 다음과 같은 편지를 보냈다.

> '당신들은 가장 가치 있고 유용한 철학적 실험도구를 파괴했습니다. 그 기구들은 과학의 발전과 우리나라와 인류의 이익에 기여할 물건이었으며 이 세상 어디에도 없을 최고의 보물이었습니다. 그러나 그보다도 더욱 안타까운 것은 당신들이 내가 여러 해 동안 실험하며 얻은 연구결과가 담긴 원고를 파괴했다는 것입니다. 그것은 나 자신도 다시는 복구하지 못합니다. (…) 이번 사건을 보면 나는 양이었고 당신은 늑대였습니다. 우리는 우리 자신을 지켜나갈 것이며 당신들이 변하기를 바랍니다.'

프리스틀리는 일단 런던으로 피신하여 한 교회의 목사로 근무했는데 그의 진보적인 사상은 왕립학회 회원들로부터도 따돌림을 받아 결국 1794년 미국으로 망명길에 올랐다. 프리스틀리가 영국을 떠나면서 적은 글이 아직도 남아 있다.

'나는 지금 바다 건너 저편 낯선 땅으로 떠난다. 그러나 떠나는 나에게는 아무런 원한도 없으며 어떤 분노의 흔적도 남아 있지 않다. 단지 때가 와서 좋은 시절이 될 때까지 내 목숨이 남아 있다면 다시 이 고국 땅으로 돌아올 수 있기를 바란다. 이러한 뜻을 품은 것은 내 뼈를 묻을 곳은 단지 나를 길러준 내 고향 땅밖에 없기 때문이다. 잘 있거라. 내 사랑하는 동포여, 안녕히.'

당시 미국은 영국과의 독립전쟁을 치른 후라 반(反)영국, 친프랑스적이었지만 그의 행적이 잘 알려져 있어 프리스틀리는 미국에서 저명한 지식인이자 과학자로 큰 환영을 받았다. 그는 미국 초대 대통령 조지 워싱턴과 만났고 2대 대통령 존 애덤스와 3대 대통령 토머스 제퍼슨과도 친분을 쌓았다.

펜실베이니아대학에서 화학교수직을 제안했지만 그는 사양하고 노섬벌랜드라는 작은 마을에 정착했다. 미국의 혁명 지도자들과는 친구로 지냈으면서도 정작 고국의 친구들과는 연락이 끊겨 본격적인 연구는 하지 못했다. 하지만 연구에 대한 열정까지 놓은 것은 아니었다.

그는 지속적인 실험을 통해 녹조류와 같은 식물이 저절로 생겨난다는 에라스무스 다윈과 얀 잉엔하우스의 주장을 논박했다. 그는 조류가 생기려면 대기에 노출되어야 한다는 것을 실험을 통해 증명했다. 즉 유기물질은 비슷한 유기물질에서만 생성될 수 있다는 것이다.

평생을 화학을 위해 바친 그였지만 말년은 행복하지 못했다. 그가 끔찍이도 아끼던 막내아들이 1795년에 사망했고 이듬해 아내 역시 그의 곁을 떠났다. 그는 생의 마지막 몇 해를 질병과 외로움으로 보내다가 1804년 2월 6일, 71세로 사망했다.

영국을 떠나오면서 '고국 땅으로 돌아올 수 있기를 바란다. 내 뼈를 묻을 곳은 단지 나를 길러준 내 고향 땅밖에 없기 때문'이라고 했던 다짐은 영영 이루어지지 못했다.

71세라는 당시로서는 짧지 않은 생을 살았던 그를 과학의 순교자로 이 책에 등장시킨 것은 그의 사망 근본원인이 화학 실험을 하면서 마시게 된 일산화탄소와 수은 중독이기 때문이다. 그가 화학 연구가 아닌 본래의 신학에만 머물러 있었더라면 보다 오래도록 살았을지도 모른다. 하지만 신학자 프리스틀리라는 이름은 자연과학자 프리스틀리라는 이름보다 훨씬 더 낯설게 우리에게 다가왔을 것이다.

그는 사망하기 한 시간 전까지도 원고를 구술시키고 교정을 보았다. 프리스틀리는 생전에 이런 말을 했다.

"인간의 행복이란 추구할 목표가 있는가, 그 목표를 달성하기 위해 열정을 다해 자신의 재능을 발휘하는가에 달려 있다."

그 말이 사실이라면 그는 과학을 위해 살고, 과학을 위해 죽은 순교자인 동시에 행복하게 죽은 사람이라 할 수 있다.

그는 또 지우개를 발명하기도 했는데 문자가 사라지지 않는 한 지구상에서 지우개가 사라지는 일은 결코 없을 듯싶다.

08

모든 실험은 직접 맛보고 냄새 맡는다

카를 빌헬름 셸레(1742-1786)

스웨덴의 화학자. 포멜라니아의 슈트랄즌트 출생. 공기와 연소에 관한 실험에서 산소를 발견했으나 논문으로 공표되지 않아 인정받지 못했다. 그러나 염소를 발견하고, 인을 생성하였으며, 은염에 대한 빛의 작용을 발견했다. 실험하면서 무엇이든지 맛보는 습관으로 인해 수은 중독으로 사망했다.

카를 빌헬름 셸레 Carl Wilhelm Scheele, 1742~1786

화학의 선구자, 수은 중독으로 사망

2001년 미국 샌디에고 레퍼토리 극장에서는 〈산소Oxygen〉라는 이름의 과학연극이 처음 무대에 올려졌다. 로알드 호프만(Roald Hoffmann, 1981년 노벨화학상 수상자)과 스탠퍼드대학 화학과 교수이자 작가인 칼 제라시(Carl Djerassi, 경구피임약의 개발자)가 공동 집필한 작품이다.

연극의 내용은 2001년 스웨덴 왕립과학아카데미가 노벨상 제정 100주년을 맞아 '제1회 거꾸로 노벨상' 수여 계획을 세운다는 발상에서 시작한다. 심사위원회는 현대 화학의 기초가 된 '산소'를 최초로 발견한 과학자에게 상을 주려는 것으로, 그 후보자로 셸레(스웨덴), 프리스틀리(영국), 라부아지에(프랑스) 세 명의 과학자가 거론된다. 누가 진정한 산소의 발견자이냐를 가리자는 것이다.

세 사람이 발견한 산소는 성격을 달리한다. 산소라는 물질을 처음 발견한 셸레, 공식 논문에서 최초로 산소라는 물질을 소개했지만 지금과는 다른 방식으로 산소를 이해한 영국의 프리스틀리, 오늘날 우리가 알고 있는 산소의 정체를 밝혀낸 라부아지에 중 누구에게 산소 발견의 영예를 안겨 주어야 하느냐 하는 문제로 열띤 논의가 전개된다. 이 연극의 주제는 "발견이란 무엇인가?"에 대한 철학적인 논쟁으로 이어지며 자국 과학자가 상을 타기 바라는 심사위원들 사이의 암투도 그려진다. 또한 여자를 등장시켜 남성 중심의 과학에 대해 비판도 하고 있으나 이 문제는 쉽게 결론이 날 성질이 아니었다.

그러다 결국 과학적 발견이라는 것은 한 사람의 업적으로 이루어지는 것이 아니라 여러 사람의 상호 연대적인 작업에 의해 이루어지는 것이라는 결론과 함께 세 과학자에 대한 공동 수상이 결정되며 연극의 막이 내린다. 다행인 것은 산소를 거론할 때 세 명의 과학자가 모두 거론된다는 점이다.

모든 것을 맛보아야 직성이 풀리는 과학자

연금술사들 대부분이 금을 제조하는데 종사하였다지만 실제로는 실용적인 물질을 발견하는 일에 종사한 셈이었다. 이것은 인류에게는 행운이었다. 연금술사들은 '현자의 돌'이 존재하지 않는다는 사실을 깨닫기까지 온갖 것들을 다 시험해 보아야만 했다. 그 결과 비록 비금속을 금으로 변성시키지는 못했지만 무궁무진한 기술 개발이 가능하다는 점을 후배 연금술사들에게 유산으로 남겨 주었다.

금을 만들려는 연금술사들의 환상은 역설적이게도 인간의 의지에 따라 자연을 무한히 이로운 방식으로 바꾸려는 노력을 의미한다. 이들의 성과를 기반으로 17세기 말 근대화학의 첫발을 내딛는 로버트 보일(Robert Boyle), 샤를(Jacques Charles), 캐번디시(Henry Cavendish), 셸레(Carl Wilhelm Scheele), 라부아지에(Antoine Laurent de Lavoisier) 등에 의해 연금술은 '화학'이라는 이름으로 변

카를 빌헬름 셸레는 최초로 '산소'를 공식 논문으로 발표했다.

하며 황금을 좇는 몽상가의 연구가 아닌 과학의 중요한 한 부분으로 자리매김하게 된다.

이들 5명은 현대 과학 분야에서 매우 중요하게 인식되는데 그 중 셸레는 비교적 덜 알려진 사람이다. 그가 현대인들에게 잘 알려지지 않은 이유는 성격적으로도 특이한 사람이기도 하지만 기막힐 정도로 운이 없었던 사람이기 때문이다.

셸레는 1742년 당시 스웨덴령이었던 포메라니아의 슈트랄준트에서 유복한 집안의 8형제 중 한 명으로 태어났다. 아버지는 맥주 양조업자이자 곡물상인으로 당시 슈트랄준트에서 가장 부유한 시민 중 한 명이었다. 그러나 양조장은 곧 파산한다. 셸레는 아버지가 부동산업자로 재기할 때까지 친척 집에서 지내야 했지만 어릴 적의 유복한 환경과는 딴판이었다. 그런 열악한 환경에서도 그는 왕성한 지식욕을 보였는데 특히 그림 그리기와 과학문제 해결에 남다른 재능을 보였다.

1757년 14살의 나이에 고센버그(현 예테보리)에서 약사의 도제 생활을 시작했고 1765년 말뫼로 이주해 약국의 보조 약사가 되었다. 이후 말뫼, 스톡홀름 그리고 웁살라의 약국에서 일했다. 도제라는 것이 약사의 온갖 잔심부름을 도맡아 해야 하는 매우 고된 일이다. 그 어려운 시절임에도 그는 밤마다 독서를 하고 약국에 있는 화약약품을 집으로 가져와 나름대로 실험을 했다. 화학 지식이 부족한 그의 이러한 행동은 매우 위험한 일로서, 말뫼에서는 집 전체를 뒤흔드는 폭발을 일으키기도 했다. 하지만 타고난 화학자인 셸레는 이런 위험에도 전혀 개의치 않고 실험을 계속했다. 다행인 것은 그의 스승은 젊은 제자가 밤마다 위험한 화학 실험을 한다는 사실을 몰랐다는 점이다.

1768년 셸레는 스톡홀름으로 옮겨갔다. 그곳에서 그는 타르타르산에서 얻은 이타르타르산 칼륨($KC_4H_5O_6$)을 처음으로 분리해냈고, 이에 대한 논문을 당시 스웨덴의 선구적인 화학자 토르베른 올로프 베리만(Torbern Olof Bergman)에게 보냈으나, 베리만은 정규 교육도 받지 않은 무명 저자의 논문을 무시해 버렸다. 그러나 셸레의 논문은 그 우수성을 인정받아 스톡홀름 과학아카데미에 보고되었다. 1770년 셸레는 스톡홀름을 떠나 웁살라에 정착했고 그곳에서 베리만을 만난 이후 두 사람은 가까운 관계로 발전하여 연구 성과에 대해 서로 토론하곤 했다.

1775년 스웨덴학술아카데미 회원이 되었을 때 셸레의 나이는 32살이었다. 고등학교도 정식으로 졸업하지 않고 대학에 다닌 적도 없는 점을 감안하면 대단한 영예였다. 같은 해에 코핑이라는 작은 도시에서 약국을 인수했는데 그곳이 그의 실험실이자 생을 마감한 장소가 된다.

학계에서 그를 교수직이나 궁정의 화학자로 임명하려고 했지만 그는 끝내 받아들이지 않았다. 자유를 갈구하며 독학자를 고집한 것인데 실제로 그가 이런 제의를 받아들였더라도 얼마 못 가 다시 뛰쳐나왔을 것이다. 당시 대학의 풍토를 감안한다면 아무리 능력이 있다해도 고등학교 졸업장조차 없는 그에게 호의적일 리 없기 때문이다.

여하튼 그는 어느 누구에도 구속되지 않고 독자적으로 상당히 많은 독창적인 연구를 이루어냈고 매년 2~3개의 논문을 작성했다.

셸레의 실험 분석력은 매우 탁월했다. 실험의 정확도 역시 당시 시대적 상황이나 그의 경제적 형편을 고려하면 상당히 뛰어난 것이었다. 치밀한 계획을 세우고 연구를 진행했다지만 그의 연구는 기본적으로 독학이라 해도 과언이 아니다. 물론 독학이라곤 해도 어릴 때부터 실험에 빠져 있었으므로 그가 이룩한 연구 업적은 실로 대단했다.

그는 수많은 원소와 화합물을 발견하였는데 이를 연도별로 나열해보면 놀랄 정도이다. 1774년 이산화망가니즈(MnO_2)를 분석하여 염소와 바리타(산화바륨)를 발견했으며 망간이 포함된 염의 성질을 설명했다. 1775년 비산을 분석하여 비화수소와 아비산구리(CuH_3AsO_3)를 발견했는데 아비산구리를 대량생산하는 방법에 대한 논문을 1778년에 발표했다. 1776년에는 방광 결석을 연구하여 처음으로 요산을 발견했고 같은 해 몰리브덴산을 추출했다. 1779년에는 대기 중의 산소의 비율에 대해 연구했는데 이는 캐번디시의 측정보다 더 빠른 것이었다. 1779년에 젖산과 점액산을 발견했고 1781년에는 텅스텐산칼슘에 대한 연구로 텅스텐산을 발견했다. 1782년에는 에테르에 대한 연구를 했고 1783년에는 그가 7년 전에 발견한 글리세린의 특성에 대해서 연구했다. 그 시기에 셸레는 당시 가장 중요한 염료 중 하나인 프러시안블루를 생산하려면 시안화수소산(속칭 청산)이 반드시 필요함을 밝혔다.

그는 어렸을 때부터 손에 넣을 수 있는 온갖 화학물질들로 실험을 했는데 그 방법이 그야말로 유치하고 원시적인 방법이었다. 그는 직접 동식물에게 자신이 만든 혼합기체를 마시도록 하는 것은 물론 자기 스스로도 실험의 도구가 되었다.

그는 새로운 물질을 연구할 때면 그 성분과 특성을 규명하기 위해 일일이 냄새를 맡고 맛을 보곤 했는데 독성 물질인 시안화수소산도 예외는 아니었다. 이러한 실험 습관은 불행하게도 훗날 그의 생명을 단축시키는 요인이 된다. 그리고 1786년에는 시트르산, 말산, 옥살산, 갈산에 대해 연구했다.

실험 기자재도 구입할 수 없을 정도로 가난한 약사였지만 다방면에 걸친 그의 연구는 후대 유기화학의 발전에 큰 기여를 했다. 1774년에 그가 발견한 염소는 새로운 표백 방법을 개척한 것으로 유명하다. 여하튼 셸레의 연구로 수많은 유용한 물질들이 알려졌는데 이런 모든 발견이 열악한 환경에서 얻어졌다는데 놀라지 않을 수 없다.

생명을 단축시키는 실험 습관

셸레가 다소 까다롭고 독특한 성격을 갖고 있음은 남들이 선망하는 교수직이나 왕실 과학자 자리를 거절한 것만 봐도 알 수 있다. 더욱 아쉬운 것은 그는 자신이 수행한 연구를 발표하는 것조차 인색했다는 점이다. 그가 프리스틀리보다 먼저 산소를 발견했음에도 모두들 프리스틀리를 산소의 발견자로 인정하는 것은 논문 발표를 먼저 했기 때문이다.

산소 발견은 과학사에서 매우 중요한 위치를 차지한다.

생명이 다양한 종으로 진화한 것은 대기 중에 산소가 있기 때문이다. 산소가 없다면 우리는 음식물 속의 에너지를 근육활동, 성장, 다른 육체적 기능에 요구되는 신진대사 에너지로 전환할 수 없다. 산소의 가장 중요한 역할은 수소와 결합해 물이 된다는 점이다. 잘 알려진 바와 같이 인간의 몸은 70퍼센트가 물로 이루어져 있다. 원칙적으로 산소는 단독으로 또는 다른 원소와 결합한 형태로 지구상에 가장 많이 존재하는 원소이며 우주에서는 수소, 헬륨, 네온 다음으로 풍부하다.

물질이 연소할 때(금속이 녹슬 때) 공기 중의 산소와 결합한다. 이런 산소의 성질은 현대 문명을 여는 데 결정적인 역할을 한다. 산소의 발견으로 물질이 연소되는 메커니즘이 밝혀져 화학연구에 일대 전환점이 되었다. 또한 산소로 인해 현대 생화학의 발전에 중요한 계기가 되면서 화학과 생물학의 영역을 확장시키는 데 큰 도움이 되었다. 실제로 산소의 역사가 곧 생명의 역사인 것이다. 그러나 오랜 인류의 역사에 비해 산소의 발견은 250년이 채 안 된다. 인간에게 절대적으로 중요한 산소가 비교적 늦게 발견된 이유는 산소가 무엇과도 잘 결합하기 때문이다.

18세기 중엽, 고대 4원소 가운데 흙 속에는 많은 종류의 서로 다른 흙이 있다는 것을 발견했기 때문에 더 이상 흙은 단일 원소라고 생각하지 않았다. 그러나 물, 공기, 불은 원소라고 생각했다.

1754년 영국의 화학자이자 의사인 블랙(Joseph Black, 1728~1799)은 탄산마그네슘을 가열하여 보통 공기와는 화학적 성질이 다른 기체를 분리하고 이 기체를 '고정 공기'라고 불렀다. 그는 이 기체 안에서는 물질이 연소하지 않으며 공기 중에는 이 기체가 포함되어 있다고 밝혔는데 후에 이 기체가 이산화탄소라는 것이 밝혀졌다.

지금은 연소나 금속에 녹이 스는 것도 산소와의 화합, 즉 산화로 본다. 그러나 프리스틀리, 셸레, 라부아지에가 살던 18세기에는 독일

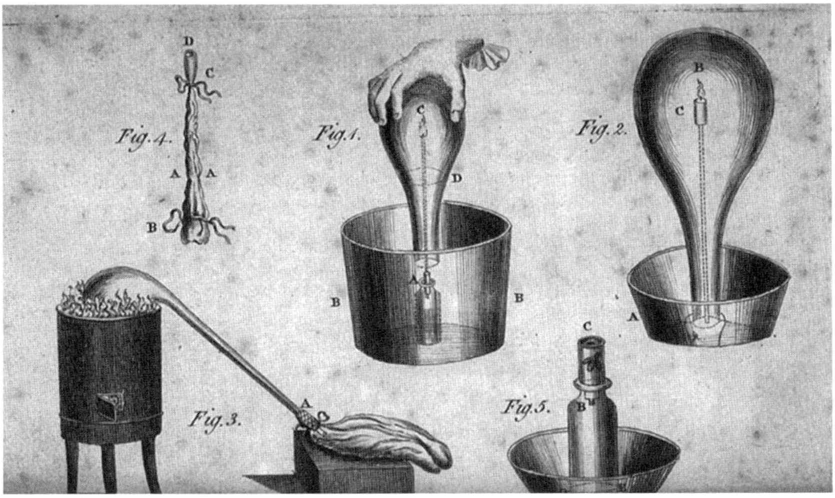

셸레의 실험 장치

인 슈탈(George Ernest Stahl, 1660~1734)이 제안한 플로지스톤설(phlogiston theory)이 연소를 설명하는 이론으로서 확고부동의 위치를 차지했다. 플로지스톤은 그리스어로 '불꽃'이라는 뜻으로, 슈탈은 복합물질인 금속을 연소시킬 때 그 성분들인 무거운 금속 재와 기체인 플로지스톤으로 분리된다고 보았다. 즉 열이 플로지스톤을 빠져나가게 하고 금속 재를 남긴다는 것이다. 다시 말해 모든 연소되는 물체에는 플로지스톤이 존재하며 그것들은 탈 때 공기 중으로 빠져나가는데, 잘 타는 물질은 많은 플로지스톤을 함유한 반면 잘 안 타는 물질은 소량의 플로지스톤을 가진 것으로 생각한 것이다.

플로지스톤설은 어떠한 물질의 연소에서든 같은 원리의 플로지스톤을 적용시켰기 때문에 그럴듯해 보였다. 많은 물질들이 탈 때 무게가 줄어든 것처럼 보인다는 것과도 일치했다. 나무가 타면 재가 남는다. 이와 마찬가지로 금속이 타고 난 후 남는 '금속의 재'가 곧 녹이다. 여기까지는 슈탈의 생각이 옳았다. 금속을 플로지스톤이라 불리는 신비의 물질과 금속 재로 되어 있다고 생각할 때 금속을 가열하면 기체성 플로지스톤은 날아가고 금속 재만 남는다는 점은 하등 이상할 것이 없다. 그러나 문제는 이러한 플로지스톤설에는 누구나 금방 알 수 있는 오류가 있다. 그것은 금속 재(녹)가 금속 그 자체보다 무겁다는 것이다. 그렇다면 금속에서 달아난 플로지스톤이 마이너스의 무게를 가져야 하는데 그것은 불가능한 일이었다.

산소 발견을
공식적으로 발표하다

프리스틀리는 1775년 3월 '탈플로지스톤 공기' 즉 산소의 발견을 공식적으로 발표했다. 그가 논문에서 산소를 '탈플로지스톤 공기'라고 이름붙인 것은 자신이 산소를 발견했음에도 불구하고 여전히 플로지스톤설을 믿고 있었으므로 산소에 플로지스톤이 부족하다고 해석했기 때문이다. 셸레와 프리스틀리는 엄밀한 의미에서 산소의 정확한 정체를 모르고 있었다는 뜻이다. 산소의 정체는 라부아지에에 의해 비로소 명쾌하게 설명된다.(10장 라부아지에 장에서 자세히 설명한다.)

추후에 알려진 사실이지만 셸레가 출판사에 논문 출간을 의뢰했는데 출판사가 출간을 미뤘기 때문에 논문 발표가 늦었다는 설이 있다. 그러나 이 경우에도 셸레에게 어느 정도 책임이 있다. 당시 논문 출간 비용은 저자가 부담하는 것이 기본인데 셸레가 제때에 비용을 지불하지 못했을 가능성이 많다는 뜻이다.

비록 산소 발견에 대해 논문 발표는 한발 늦었더라도 현대 과학자들은 질소, 염소, 망간 그 밖의 다른 중요한 많은 물질들을 셸레가 발견하거나 관여했다고 인정하고 있다. 비화수소를 발견한 것도 그였고 알칼리염에서 독성이 강한 청산이 분리된다는 사실을 실험으로 보여 준 것도 셸레였다.

셸레는 변변한 시설도 없이 실험 기구며 도구들을 넣어 두는 자신의 집 창고 같은 방에서 밤늦도록 실험을 했다. 독성을 지닌 기체들을 만지면서 보호 마스크나 장갑, 보호 안경 같은 기초적인 보호용품조차 사용하지 않았다. 특히 그의 모든 연구 결과는 춥고 낙후된 방에서 실험한 것으로 워낙 열악한 환경에서 실험에 몰두했으므로 항상 통풍(痛風)에 시달렸다고 한다.

그의 최후도 다소 극적이다. 사생활은 잘 알려지지 않았지만 그를 뒷바라지 해준 사람은 약국의 전 주인, 즉 죽은 선배의 미망인이었다. 살림도 맡아 해주었고 병상에 누운 그의 병간호도 해주었는데 병이 심해지자 셸레는 그녀와의 결혼을 서둘렀다. 그러나 갑자기 건강이 악화되어 1786년 5월 19일 두 사람은 간신히 결혼식을 올렸지만 이틀 뒤인 5월 21일 셸레는 세상을 떠났다.

두 번에 걸쳐 약사의 죽음을 지켜본 미망인은 과학실험의 희생자는 아니었다. 적어도 셸레와 함께 있으면서 과학으로 인해 아무런 영향도 받지 않았다. 그녀는 셸레가 죽은 2년 후 또 다른 약사와 결혼했다. 그녀가 그 약사와 죽는 날까지 해로했는지는 알려지지 않지만 적어도 열악한 환경에서 실험한 셸레와 같은 증상을 갖지는 않았다고 한다.

학자들은 셸레가 44살의 나이로 일찍 세상을 떠난 이유로 수은 중독을 거론한다. 그의 유일한 단점은 연구하는 모든 물질을 직접 맛보아야 한다고 생각했다는 점이다. 당시 많이 사용된 수은은 물론 독

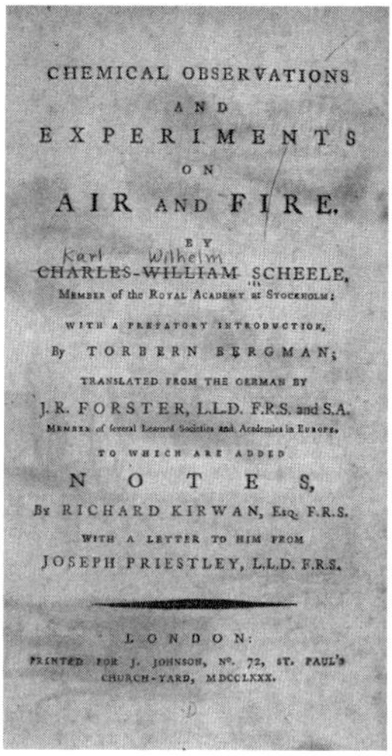
CHEMICAL OBSERVATIONS
AND
EXPERIMENTS
ON
AIR AND FIRE.
BY
Karl Wilhelm
~~CHARLES-WILLIAM~~ SCHEELE,
MEMBER of the ROYAL ACADEMY at STOCKHOLM:
WITH A PREFATORY INTRODUCTION,
By TORBERN BERGMAN;
TRANSLATED FROM THE GERMAN BY
J. R. FORSTER, L.L.D. F.R.S. and S.A.
MEMBER of several Learned Societies and Academies in EUROPE.
TO WHICH ARE ADDED
NOTES,
By RICHARD KIRWAN, ESQ. F.R.S.
WITH A LETTER TO HIM FROM
JOSEPH PRIESTLEY, L.L.D. F.R.S.
LONDON:
PRINTED FOR J. JOHNSON, Nº. 72, ST. PAUL'S
CHURCH-YARD, MDCCLXXX.

셸레의 논문

성이 강한 청산(靑酸)도 맛보아야 했다. 그는 사망하기 전까지 기침과 류머티즘에다 천식 증세를 보였는데 이것은 전형적인 수은 중독 증세이다. 이와 같이 위험한 연구를 수행하면서 희생자가 되지 않았다면 오히려 이상한 일이다.

정규 교육도 제대로 받지 못한 아마추어 과학자의 업적을 인정하지 않았던 학계에서는 서서히 그의 연구 업적을 인정하기 시작했다. 셸레는 죽기 얼마 전 저명한 학회의 명예회원으로 임명되기도 했다. 물론 그는 그 임명장을 보지 못했다. 그가 사망한 지 몇 시간 후에야 임명장이 도착했기 때문이다. 그가 44살이 아닌 30~40년을 더 살았다면 그의 연구 목록이 몇 페이지는 더 늘어났을 것이다.

초창기의 화학자들은 매우 위험한 환경에서 연구해야 했는데 그것은 특정 화학물질과 이들을 다루는 화학 실험의 결과를 미처 알지 못했기 때문이다. 이러한 위험성은 오랜 옛날부터 지금까지도 변함없는 일이기도 하지만 셸레는 그 중에서도 대표적인 희생자 중 한 명이다.

한 가지 위안은 현대인들이 셸레의 업적과 그의 이름을 기억하고 있다는 점이다.

09

벼랑 끝에서도 포기하지 않는다

니콜라 르블랑(1742-1806)

프랑스의 화학기술자. 소금을 원료로 하여 탄산나트륨(소다)을 공업적으로 제조하는 르블랑법(法)을 발명, 1791년 특허를 얻었다. 그가 발명한 르블랑법은 100년 이상 무기 화학공업의 근간이 되었다. 프랑스혁명의 회오리에 휘말려 여러 번의 사업 실패 끝에 권총 자살로 생을 마감했다.

니콜라 르블랑 Nicolas Leblanc, 1742~1806

현대 화학산업의 창시자, 권총 자살

과학이 태동하는 초창기에 화학을 연구한다는 것은 고난의 여정이었다. 수산화나트륨(NaOH) 또는 탄산나트륨(화학식 Na_2CO_3, 속칭 탄산소다)을 개발한 니콜라 르블랑 역시 험난한 과정에서 희생된 비운의 과학자 중 한 사람이다.

탄산나트륨이라면 다소 생소하지만 소다라면 쉽게 이해가 된다. 소다는 소다유리의 원료가 되는 외에도 비누, 종이펄프, 식품, 화학약품의 제조 등으로 일상생활에서 많이 사용된다. 짜장면의 면발을 졸깃졸깃하게 만들기 위해서도 식용소다를 넣는다.

르블랑의 발명품이 비누로 상품화되었을 때 그것은 인류 문화 발전의 척도가 되었다. 독일 화학자 유스투스 폰 리비히가 "한 국가가 소비하는 비누의 양이야말로 그 문명의 척도"라고 말한 것이 결코 과언이 아니다. 1856년 프랑스 과학아카데미는 "소다는 현대 과학이 인류에게 가져다준 최대의 혜택은 아닐지라도 크나큰 혜택이다"라고 선언했을 정도이다.

그런데 현대의 필수품이라고도 할 수 있는 소다 제조법을 18세기에 개발한 르블랑은 역설적이게도 소다를 만드는 방법을 발견했기 때문에 비극적인 죽음을 맞이하게 된다.

화학은 당대 최고의 인기 학문

프랑스의 의사이자 화학자였던 르블랑(Nicolas Leblanc)은 1742년 12월 프랑스 중부 부르주(Bourges) 근처 마을에서 태어났다. 제철공장 말단 사무원으로 일하던 아버지가 그의 나이 아홉 살 때 세상을 떠나자 의사였던 아버지의 친구가 어린 르블랑을 맡아 키웠다. 그러나 그 의사마저 사망하자 르블랑은 17살부터 혼자 힘으로 살아야 했다.

당시 상황은 르블랑과 같은 재능 있는 젊은이에게는 상당히 유리했다. 그 즈음 활발하게 전개되었던 프랑스의 계몽운동은 학업과 과학에 접근할 수 있는 길을 활짝 열어놓아 가난한 시골 출신 젊은이도 파리에서 과학자가 되는 꿈을 꿀 수 있었다. 당대에 재능 있는 젊은이들이 성공하려면 학교에서 두각을 나타내 실력자의 후원을 받거나 엘리트 코스에 들어갈 수 있는 소개장을 얻어야 했다. 그런데 르블랑은 처음부터 생각이 달랐다. 후원자나 소개장을 받으려면 자신이 먼저 어느 정도 자질을 갖춰야 한다고 생각했다. 그는 기초 자격을 얻기 위해 1759년부터 파리의 외과 학교(École de Chirurgie)에서 의학을 공부하여 석사학위를 얻고 수련의로 일을 시작했다.

외과의사로 근무하면서 호시탐탐 과학의 길을 모색하던 르블랑은 화학이 전망이 있다는 것을 발견했다. 당시 프랑스에서 화학은 상류층 문화의 중요한 부분을 차지하고 있었다. 부유한 귀족들이 화학을 공부했고, 대중을 상대로 한 화학 강의에는 많은 청중들이

현대의 필수품인 소다를 18세기에 개발한 니콜라 르블랑

몰려들었다.

과학의 여러 분야 중에서 특히 화학이 인기를 끈 이유는 제조나 의약품, 광업 등 산업 전반에 실용적으로 적용되었기 때문이다. 변호사이자 화학자인 기통 드 모르보(Guyton de Morveau)는 당시의 화학에 대해 다음과 같이 적었다.

> '염색업자가 색을 추출하고 변화시키고 정착시키는 모든 과정은 화학이다. 풀을 먹이는 사람이나 양조업자, 증류주 양조업자에게 발효과정을 조절해 주는 것도 화학이다. 캐비닛 제조업자가 표면 마무리의 색상을 바꾸고 니스를 칠하는 사람이 수지를 녹이고 무두업자가 가죽을 무두질하고 부드럽게 만드는 것도 화학 덕분이다. 제조업자들에게 양모에서 수지를 제거하고 실크를 부드럽게 만드는 방법을 가르쳐 준 것도 바로 화학이다. 오직 화학만이 이 모든 기술에 어느 정도 완벽함을 더해줄 수 있다.'

당시 프랑스에는 스타급으로 유명한 과학자 라부아지에가 있었다. 라부아지에는 기통 드 모르보와 함께 화학용어를 체계적으로 정리한 화학의 선구자이다. 그는 화학 물질의 명칭에 그 구성 성분과 비율을 포함시켰는데 이것은 오늘날까지도 사용되고 있다. 당시 '수렴성 화성 사프란'이라고 불렸던 것은 '산화철'이 되었고 '철학적 양모'는 산화아연이 되었다. 오늘날 라부아지에는 물리학의 아이작 뉴턴, 진화론의 찰스 다윈, 상대성 이론의 아인슈타인과 동급으로 간주된다.

르블랑은 과학을 연구하기 위한 재정적 발판으로 의학을 공부했지만 의사 자체도 명망 있는 고급 직업임에 틀림없었다. 보통 사람이라면 그쯤에서 안주하겠지만 그에게는 환자의 고름을 빨아내기 위해 거머리를 집어 상처 부위에 올려놓는다든지 마취도 없이 환자들의 부러진 뼈를 맞추는 것은 여간 고역이 아니었다. 르블랑은 의사라는 안정된 직업을 포기하고 프랑스 최초의 화학 교수 중 한 명인 장 다르세(Jean Darcet) 밑의 학생으로 들어갔다. 의학석사 학위를 가진 그가 학생으로 다시 들어갔다는 것은 생각이 비범했음을 보여준다.

베르톨레

다르세는 강의를 할 때 예복 대신 평상복을 입었고 라틴어 대신 프랑스어로 강의했는데 라틴어에 서툴렀던 르블랑에게 이것은 결정적인 도움이 되었다. 르블랑은 다르세의 강의에서 베르톨레(Claude Louis Berthollet)를 만나 친구가 되는데, 베르톨레는 그 유명한 라부아지에와 절친한 사이였다.

다르세와 베르톨레는 프랑스에서 국왕 다음으로 가장 영향력있는 부호 오를레앙 공작의 후원을 받고 있었다. 공작은 자신의 궁정에 큰 규모의 화학 실험실을 갖추고 젊은 화학자, 물리학자, 박물학자, 공학자들을 지원하고 있었다. 다르세와 베르톨레가 오를레앙 공작에게 르블랑을 소개했는데 막상 그가 오를레앙 공작의 지원을 받을 수 있었던 것은 의학석사 자격을 가졌기 때문이다. 오를레앙 공작은 그를 과학연구진의 상임 외과의사로 임명했다.

물론 르블랑은 당초 생각대로 외과의사보다는 화학에 더 열의를 보였다. 그의 과학에 대한 열정은 인정을 받아 5년 뒤 오를레앙 공작의 아들 루이 필리프 조제프(1747~1793)가 가문을 계승하여 오를레앙 공작이 되자 과학실험실의 책임자가 되었다.

오를레앙 공작은 당대의 인기 스타였다. 그의 가문은 150년 동안 자유의 목소리를 대변해왔다. 공작 가문 자체가 프랑스 왕실과 혈통적으로 가까웠는데 특히 신임 공작은 루이 16세의 4촌이었다. 그럼에도 불구하고 오를레앙 가문은 왕의 절대 권력과 가톨릭 교회의 교육 독점을 반대했고 폭풍같이 밀어닥치는 중산층의 열망을 대변했다. 그러므로 신임 공작이 정치에 참여하거나 심지어 국왕으로 추대되어야 한다는 사람들까지 있었다.

소다 발명자를 현상 공모

르블랑이 오를레앙 공작 휘하에 있을 때인 1783년 프랑스 파리과학아카데미는 소다를 대량생산할 수 있는 실용적인 방법을 공모하면서 1만2000리브르(현재 가치로 약 6억 원)의 상금을 걸었다. 그만한 액수면 부와 명예를 동시에 거머쥘 수 있는 절호의 기회였다.

2천 년 전부터 인류는 의료용 세정제로 비누를 만들어왔지만 몸을 씻거나 빨래를 할 때는 다른 물질을 사용해왔다. 예를 들어 그리스인과 로마인들은 올리브유, 왕겨, 재, 모래나 표면이 거친 돌로 몸을 씻었고 린넨 옷가지는 공중 화장실에서 퍼온 오줌으로 세탁했다. 중세시대에는 공중목욕탕이 인기를 끌었지만 페스트의 창궐로 인해 16세기에 폐쇄되었다. 물이 신체의 땀구멍을 열어 질병 감염의 경로가 된다고 믿었기 때문이다.

고대인이라 하여 청결에 대한 관심이 없었던 것은 아니지만 얼굴과 손을 깨끗이 하는 데는 찬물로 헹구는 것으로 충분했고 몸의 나머지 부분은 마른 린넨 천이나 향수로 문질렀다. 다행히도 양모 겉옷 안에 입은 린넨 내의가 땀과 불순물을 흡수해주었다. 당연히 냄새가 나지 않을 수 없다. 프랑스 왕 앙리 4세는 린넨 내의가 수십 벌 있었지만 그에게서 '썩은 고기' 냄새가 난다는 것을 모르지 않았다. 그후에도 오랜 동안 물과 비누로 직접 몸을 씻을 생각을 하지 않았는데 비로소 인간과 밀접한 용도로 변할 수 있는 세탁소다의 중요성을 알고 루이 16세에 이르러 현상금을 내건 것이다.

세탁소다가 실생활의 필수품으로 부각된 것은 산업혁명의 여파 때문이다. 당시 부자들은 값비싼 실크나 양모, 린넨 등으로 만든 옷을 입었지만 산업혁명은 무명천을 대량생산하여 값싸게 공급했다. 그러나 무명천은 베틀에서 칙칙한 회색으로 나왔기 때문에 염색을 하거나 무늬를 찍어 넣기 전에 깨끗이 표백하고 화학적으로 처리해야 했다. 이를 위해서는 세탁소다가 필요했다. 특히 종이나 유리 공장에서도 더 많은 소다를 필요로 했다. 그래서 사람들은 탄산나트륨(Na_2CO_3)을 세탁소다라 부르지 않고 '화이트 골드'라고 불렀다.

탄산나트륨은 수용액 상태에서 pH가 9 이상인 강알칼리성 화합물이다. 알칼리를 지방과 함께 끓이면 비누가 만들어진다. 화학적으로 비누에는 긴 탄화수소 사슬이 포함되어 있는데 이것은 물에는 반발력을 갖지만 다른 지방성 물질에는 친화성을 보인다. 알칼리로 처리하면 지방성 사슬의 끝부분이 변형되어 물에 끌려간다. 한쪽 끝은 지방 물질을 끌어당기고, 물에 잘 녹는 분자구조인 다른 쪽 끝은 오염물질 입자를 에워싸서 물 속으로 흘러가게 한다. 이것이 몸에 있는 때를 벗겨내는 원리이다. 이러한 성질의 비누는 주방에서 나온 폐식용유나 고래기름, 올리브유, 팜유 등 어떤 종류의 지방으로도 만들 수 있다는 것이 장점이다.

그러나 르블랑 시대에 어떤 알칼리를 선택하느냐는 매우 어려운 과제였다.

당시 알칼리는 일반적으로 염을 풍부하게 함유하고 있는 식물을 태운 재에서 추출한 칼륨 또는 나트륨의 탄산염이나 수산화염이다. 예를 들면 북유럽 사람들은 나무를 태워 생긴 재를 동물성 지방이나 생선기름과 함께 끓여 부드러운 비누를 만들었는데 문제는 악취가 난다는 점이다. 스페인, 프랑스의 마르세유, 이탈리아의 제노바와 베네치아에서는 올리브유를 해초와 해안식물을 태운 재와 함께 끓여 딱딱한 캐스틸 비누를 만들었다.

알칼리에 대한 수요가 급증하자 서유럽과 북아메리카에서 더 많은 나무와 식물들이 불태워졌다. 프랑스에서는 소금이 배어든 수송나물(탄산나트륨을 20~33퍼센트 포함)로 비누를 만들었고 영국, 아일랜드, 스코틀랜드, 노르웨이 등에서는 해초로 만든 켈프회(灰)를 사용했다. 켈프회는 탄산나트륨이나 탄산칼륨을 5~8퍼센트 포함했다. 물론 대량의 알칼리 원료는 미국 북동부의 뉴잉글랜드 지방에서 공급되었다. 정착민들이 원시림을 개간하면서 관목을 태워 가성칼리(수산화칼륨)를 만들어 유럽으로 수출했다.

르블랑이 살았던 당대의 정황으로 비누의 원료가 되는 가성칼리, 켈프회, 수송나물 등은 폭발적인 수요를 충당하기에 역부족이었다. 그것은 정치적인 문제 때문이었다. 미국의 독립전쟁을 지원한 프랑스에 대해 영국은 이에 대한 보복으로 가성칼리가 북아메리카에서 프랑스로 수송되는 것을 차단했다. 프랑스 산업에 적신호가 켜졌다.

프랑스 화학자들은 오래 전부터 바다 소금에서 탄산나트륨을 얻을 수 있다는 것을 알고 있었다. 추후에 밝혀졌지만 이것은 두 물질이 똑같은 염기인 나트륨을 바탕으로 하기 때문이다. 그러나 소금에서 탄산나트륨을 얻는 것은 간단한 일이 아니었다. 실험실에서는 여러 가지 방법이 알려졌지만 실제로 공장 수준의 대량생산에는 어림도 없었다. 이 어려운 작업에 르블랑이 도전했다.

그는 조수인 미셸 디제(Dize)와 함께 연구에 투입하여 마침내 '글라우버염 100파운드'를 개발하는 데 성공했다.

그 방법으로는 첫 번째 단계로 800~900℃의 온도에서 소금과 진한 황산을 혼합해 황산나트륨을 만들었다. 그런데 문제는 어떻게 황과 산소를 떼어내느냐 하는 거였다. 오늘날에는 그 답이 너무나 간단하지만 그 당시만 해도 누구도 탄산나트륨(Na_2CO_3)이나 석회석($CaCO_3$) 같은 흔한 물질의 화학적 분자식을 알지 못했다. 그러다 르블랑은 마침내 해답을 발견했다.

과거에 철을 만들 때 목탄으로 탄소를 공급했다. 뜨거운 온도에서 탄소는 반응성이 매우 높기 때문에 산화철 광석에서 산소를 떼어낸다. 르블랑은 황산나트륨을 목탄으로 가열하면서 CO_3의 공급원으로 새로운 성분인 석회석을 집어넣었다. 그러자 기적 같은 변화가 일어났다.

$$\underset{\text{황산나트륨}}{Na_2SO_4} + \underset{\text{석회석}}{CaCO_3} + \underset{\text{목탄}}{2C} \rightarrow \underset{\text{탄산나트륨}}{Na_2CO_3} + \underset{\text{황화칼슘}}{2CaS} + \underset{\text{일산화탄소}}{2CO}$$

그는 소금을 순수한 알칼리로 변화시켜 1789년 마침내 '화이트 골드'를 만든 것이다! 이때 르브랑은 다소 떳떳치 못한 처신을 한다. 디제와 함께 공동 개발했는데도 자신 혼자의 공로인 양 1791년 단독으로 특허를 제출해 허가를 받은 것이다.

프랑스혁명의 회오리에 휩쓸린 운명

1789년 일어난 프랑스혁명은 르블랑에게는 악몽이 되었다. 혁명의 소용돌이 속에서 그에게 주어질 예정이던 상금도 날아가버린 것이다. 하지만 프랑스혁명이 모든 과학자들에게 나쁜 상황은 아니었다. 혁명사상의 확산을 우려한 유럽의 다른 전제국가들이 프랑스를 고사시키기 위해 총력을 쏟자 프랑스의 과학자들은 조국의 근대화와 개혁을 위해 공안위원회에서 일했다. 어떤 천문학자는 혁명정부 초대 파리 시장이 되었고 어느 화학자는 공안위원회 초대 의장을 맡았다. 수학자들은 국회의원과 해군장관이 되었다. 공안위원회가 파리의 노동자들을 위해 과학강좌를 개설하자 라부아지에, 베르톨레 등 유명 과학자들이 강사를 자청했다. 여기에는 르블랑도 빠지지 않았다. 1793년 루이 16세가 처형되고 로베스피에르의 공포정치로 이어졌을 때도 국외로 탈출하는 과학자는 거의 없었다고 한다.

혁명의 여파로 상금마저 받을 수 없는 상황이 되자 르블랑은 스승인 다르세에게 자신의 발명을 이야기했다. 다르세가 곧바로 오를레앙 공작에게 그의 발명의 중요성을 역설했고 오를레앙 공작은 20만 리브르(오늘날의 가치로 약 100억 원)를 투자하겠다고 약속했다. 1790년 2월 런던의 제임스 서덜랜드라는 공증인 사무실에서 르블랑, 오를레앙 공작의 대리인, 디제가 함께 서명한 계약서가 아직도 남아 있다.

오를레앙 공작의 적극적인 지원으로 르블랑은 파리 외각의 생 드니에 소규모 공장을 세웠다. 공장 이름은 'N. 르블랑의 소다 공장'이다. 결말이야 어떠하든 이 공장은 과학기술의 역사에서 매우 중요하게 평가되는데, 르블랑의 발명에 의한 소다 공장은 화학 전 공정에 걸쳐 대량생산이 이루어진 세계 최초의 공장이기 때문이다. 여하튼 '인공합성소다' 공장은 가동이 되었다. 공장이 가동되자 매일 500~600파운드의 소다가 생산되었고, 1794년 봄에는 42만 리브르에 달하는 매출을 올렸다. 당시에 섬유 산업계에서 소다의 수요량이 많았으므로 그의 눈앞에 장밋빛 전망이 펼쳐지는 듯했다.

그런데 혁명의 여파가 그에게도 불똥이 튀었다. 혁명 초기 오를레앙 공작은 평등공 필리프(Philippe Egalite)라는 이름으로 불리며 국민공회의 대의원으로 뽑히기도 했다. 그런데 의회가 루이 16세의 처형을 놓고 찬반이 반반으로 갈리자 오를레앙은 급진파들로부터 생명의 위협을 느끼고 사촌인 루이 16세의 처형에 찬성표를 던진 것이다. 오를레앙은 이 행동으로 프랑스 역사상 가장 경멸받는 인물 중 하나가 되었다.

이 사건이 계기가 되어 훗날 오를레앙 공작은 처형당하고 공작의 막대한 재산은 국가 소유가 되었다. 이때 르블랑의 공장도 함께 몰수되었다. 그런데 더욱 그를 곤경에 빠뜨린 것은 공안위원회가 "조국이 도움을 호소하는 목소리를 들을 때 진정한 공화주의자라면 자신의 노력의 결실에 대한 소유권조차 포기하길 망설이지 않을 것이다"라며 소다 제조법까지 공개하라고 요구한 것이다.

평등공으로 불린 오를레앙 공작은 한 번의 실수로 프랑스 역사상 가장 경멸받는 인물 중 하나로 기록된다.

혁명정부 공안위원회는 그가 제출한 특허의 핵심을 공개했다. 되도록 많은 프랑스인들이 세탁소다를 생산하길 원했기 때문이다. 르블랑의 악운은 거기서 그치지 않았다. 그와 같은 줄에 선 라부아지에가 처형된 것이다. 공포정치하에서도 르블랑은 기개를 잃지 않았다.

라부아지에가 단두대에서 처형된 후 공안위원회는 베르톨레에게 라부아지에의 화학 실험실을 조사하라고 명령했다. 베르톨레는 자신을 도와줄 사람으로 르블랑을 선택했다. 그들은 라부아지에의 실험실을 철저히 조사했다. 당시에는 고가인 실험기구들을 대부분 영국에서 수입했는데 부호였던 라부아지에는 프랑스에서 제작이 가능한 경우 가능한 한 프랑스 업자에게 주문 생산을 맡겼다. 프랑스의 기술과학을 장려하기 위해서였다. 르블랑은 처형된 라부아지에 대한 보고서에 다음과 같이 적었다.

'잘 알려진 바와 같이 라부아지에는 화학과 여러 과학기술 분야에서 보기 드문 지성과 성취를 보여 주었다.'

공포정치 시대에 이런 평가를 했다는 것은 보통 사람의 담력이 아니면 불가능한 일이다. 르블랑은 특허를 비롯한 자신의 모든 것을 빼앗긴 동시에 자신도 라부아지에처럼 단두대에 끌려가지 않도록 신경써야 했다.

혁명의 혼란 속에서 정부는 르블랑 공장을 폐쇄하고 다른 곳에 소다 공장을 세웠다. 그리고 공장 부지 안의 집에 살고 있던 그들 가족에게 떠나라는 명령을 내렸다. 르블랑은 그의 화학적 발견에 대한 보상 한푼 받지 못했을 뿐만 아니라 소다 공장에서도 손을 떼야 했다. 불과 몇 달 전 꿈꿨던 대박의 성공 문턱에서 갑자기 가난의 나락으로 추락한 것이다.

1795년 공포정치가 막을 내리고 혁명의 회오리가 잦아들자 프랑스에는 다시 복원 작업이 시작되었다. 르블랑은 공공안전위원회에 의해 임명되어 광산산업 재건을 위한 단계조사에 착수했다. 광산 지역에서 채집한 다수의 문건과 정보를 보낸 후 그는 '구리 및 명반 이사'라는 직함을 얻었다. 그는 급여와 보상 경비를 지불받을 것으로 예상했지만, 결과는 전혀 그렇지 않았다. 1년 후 다시 파리로 돌아왔을 때 그는 극심한 경제적 궁핍 상태에 빠져 있었다.

르블랑은 다시 재기를 노리며 산업에 활용될 수 있는 화학 공정 연구를 시작해, 암모니아 유기물이 열에 노출될 때 분해된다는 사실을 알고 동물 배설물로 비료를 만드는 방법을 개발했다. 이것으로 특허를 신청했지만 좌절되었고 비료 공장을 설립하려는 노력도 뜻대로 되지 않았다.

1789년 7월 바스티유 감옥 습격(작가 미상)

화불단행이라 했던가. 그의 불운은 여기서 그치지 않았다. 일자리를 찾으려 백방으로 애썼지만 번번이 임명 직전에 좌절되곤 했다. 그 와중에 16살 된 그의 딸이 사망하는 슬픔을 겪기도 했다.

그래도 르블랑은 언젠가 자신의 소다 공장을 되찾거나 최소한 자신의 발명과 투자에 대한 보상을 받을 것이란 희망의 끈을 놓지 않았다.

1801년 프랑스가 나폴레옹 치하에 들어가자 르블랑은 프랑스 정부를 설득하여 생 드니의 소다 공장을 돌려받을 수 있었고 그 자신이 총책임자가 되었다. 공장을 살리기 위해 그는 최선의 노력을 다했지만 수익을 회복하지 못했다. 기계 상태는 엉망이었고 필요한 장비들은 몰수되었거나 이미 폐기되었다. 더구나 르블랑의 특허는 이미 세상에 공개된 상태여서 다른 업자들과 치열한 경쟁을 벌여야 했다.

몇 년 동안 르블랑은 자신의 공장을 살릴 자금을 확보하기 위해 백방으로 뛰어다니며 열심히 일했다. 결국 1804년 12월, 프랑스 정부는 르블랑에게 5만2473프랑(약 1만 달러)를 지불하기로 결정했다. 그 금액은 르블랑이 기대했던 것에 훨씬 못 미치는 액수였다. 그러나 그 돈은 영영 지불되지 않았다.

현재도 그렇지만 당대에도 권력과 연계가 없으면 파산이라는 수순으로 가는 것이 기본이었다. 그의 아내가 병에 걸려도 치료할 수 있는 약은커녕 자신과 식구들의 끼니도 해결할 수 없었다. 깊은 우울증에 빠진 그는 1806년 1월 16일, 빈민구제소에서 권총으로 자신의 머리를 쏘아 64년의 생을 마감했다.

르블랑의 발명은 아이디어 때문이 아니라 정치의 소용돌이와 외부 요인으로 인해 완전히 망가진 것이다. 그는 죽은 다음에도 평온을 찾지 못했다. 생 드니에 있는 그의 무덤이 파리 시의 확장 계획에 의해 사라져버린 것이다.

환경공해의 주범이 된 소다 공장

발명자의 불행과는 상관없이 르블랑의 제조법은 계속 살아남았다. 산업적으로 중요한 성과이기 때문이다. 그의 아이디어는 섬유, 비누, 유리, 제지 산업을 위한 세탁소다를 생산하는 유일한 방법이었다. 그의 제조 공정이 발견되자 세탁소다의 원료가 되는 수송나물과 켈프회 채집자들이 졸지에 실업자가 된 것이 그 증거이다.

르블랑의 비극으로 대변되는 세탁소다는 지구상에 공해물질의 위험성을 최초로 알려주기도 했다. 세탁소다 1톤을 만들 때마다 강산성 염화수소기체 0.75톤이 대기 중으로 방출된다. 그것은 염산이 되어 인근에 흘러들어 산림을 초토화시켰고 농토를 오염시켰다. 공장 주위에는 수만 톤의 황화합물이 쌓였다. 수로로 흘러들어간 염산은 황과 결합하여 황화수소기체가 되어 수십 킬로미터 밖까지 달걀 썩는 고약한 냄새를 퍼뜨렸다. 고약한 냄새 문제가 제기되자 나폴레옹은 모든 공장에 등급을 매기라는 칙령을 내렸다. 르블랑 방법을 채용한 소다 공장들이 최악의 점수를 얻자 주거지 근처에 공장 건설이 금지되었다. 반면 영국에서는 르블랑 공장의 오염이 수십 년 동안 아무런 제재조치를 받지 않았다. 르블랑 공장들이 밀집되어 있는 리버풀 외곽을 방문한 한 사람은 1856년 다음과 같이 적었다.

> '더럽고 추한 도시다. 하늘에는 더러운 매연 구름이 낮게 드리워져 있고 기차 터널, 병동, 가스 공장, 하수도가 뒤섞여 있다. 이곳의 특징은 굴뚝, 용광로, 증기 제트, 매연 구름, 광산이다. 생산품은 약품, 석탄, 유리, 화학 물질, 불구자, 빈민 그리고 백만장자다.'

당시 약 4만 명으로 추정되는 노동자들이 영국의 르블랑 공장에서 일하고 있었음을 볼 때 세탁소다의 생산이 얼마나 중요했는지를 알 수 있다. 그러나 르블랑 공장에서 배출되는 오염물질이 옥외 변소, 석탄을 태우는 난로, 다른 중공업 공장에서 나오는 연기 냄새와 뒤섞이자 이 때문에 땅을 사용하지 못하게 된 부동산업자들이 소송을 걸기 시작했다. 그러자 재판관은 어느 공장이 손해를 입힌 것인지 구별할 수 없다며 르블랑 공장의 손을 들어주었다. 기세등등해진 공장 소유주들은 화학물질 증기가 공기 중의 병균을 죽임으로써 오히려 주민과 노동자의 건강에 도움을 준다고 반격하기도 했다.

그런데 당대의 환경문제에 대한 인식은 지금과 많이 달랐다. 당시 공장 부근의 많은 사람들은 자신들이 피해를 보고 있음에도 르블랑 공장이 반드시 필요하다고 생각했다는 점이다. 면직물에 대한 수요가 계속 늘어남에 따라 많은 사람들은 오염을 다수의 행복을 위해 필요한 진보의 한 과정으로 여겼다.

그러나 문제점이 오래 가면 이를 외면할 수만은 없는 법이다. 특히 열악한 도시 환경에 반발해 환경운동이 시작되었고, 유명한 영국 작가 찰스 디킨스, 디즈레일리, 프랑스의 에밀 졸라 등이 합류하면서 오염 사건을 근본적으로 재검토하게 만들었다. 더구나 화학 공업에 품질관리가 도입되자 공해를 근본적으로 방지할 수 있는 방법이 도출되기 시작했다.

가장 획기적인 것은 화학 폐기물을 재활용하는 것이다. 1815~1860년 사이 과학자들은 부산물로 나오는 황을 수요가 많은 황산으로 만들었고 이어서 종이, 유리, 황산, 염산, 질산, 표백분 등 여러 가지 화학적 염을 비롯해 공업 약품을 만드는 공장들이 르블랑 공장 주변에 들어섰다. 이것은 르블랑 공정에서 나오는 부산물을 재활용하는 것인데, 다양한 공장들이 서로 원료 물질을 제공받는 최초의 수직적 통합 산업을 탄생시키는 계기가 되었다.

그 결과 르블랑 공장을 가동시키는 영국의 리버풀, 글래스고, 프랑스의 마르세유, 스위스의 바젤과 취리히 등을 주축으로 유럽의 산업 지도가 새로 그려졌다. 미국은 국내에는 르블랑 공장이 하나도 없었지만 리버풀에서 생산되는 세탁소다의 최대 고객이었다. 1863년 영국 의회는 알칼리법을 통과시켰는데 그 법에 의해 르블랑 공장은 제조 과정에서 나오는 염산의 95퍼센트를 재활용해야 했다.

르블랑 공장들이 깨끗해지면서 사람들도 비누로 자신의 몸을 깨끗이 씻기 시작했다. 르블랑의 발견이 비누를 현대 생활의 필수품으로 탈바꿈시킨 것이다. 비누가 개인의 청결에 혁명을 가져왔고 모든 사람이 세탁 가능한 옷을 입게 하는 데 기여했다. 미국에서는 1850년대부터 대야, 물주전자, 세면대가 중산층의 필수 품목이 되었다.

친환경 공법이 속속 발견되면서 르블랑 방식은 산업계에서 영원히 퇴출된다.

1863년 벨기에의 화학자 어니스트 솔베이(Ernest Solvay)는 르블랑이 사용한 소금과 석회석으로부터 오염 물질을 전혀 생성하지 않는 방법을 발견했다. 솔베이는 매개 물질로 황산 대신 암모니아 화합물을 사용했는데, 암모니아는 완전하게 재활용할 수 있으므로 모든 면에서 르블랑 방식보다 우수했다. 솔베이는 유명한 세계적인 화학회사 솔베이사의 설립자이기도 한데 그는 엄청난 돈을 벌자 생전에 자신의 전 재산을 자선사업에 기부했다.

솔베이 공정은 1892년 미국에서 전기분해장치가 개발되면서 깨끗하고 연기도 나지 않는 보다 업그레이드된 공정으로 대체되었다. 이 방법은 나이아가라 폭포의 수력발전을 사용해 소금을 수산화나트륨이라는 대체 알칼리로 변화시켰다. 1918년 영국에 남아 있던 마지막 르블랑 공장이 문을 닫았다. 니콜라 르블랑이 탄소소다 과정을 발견한 지 123년이 지난 뒤이다.

1856년 프랑스 과학아카데미는 '르블랑만큼 산업에 큰 기여를 하고서도 제대로 보상받지 못한 사람은 없다'고 결론 내렸다. 공장 도시의 거리에는 르블랑의 이름이 붙었고 특히 영국의 산업가들은 르블랑의 동상을 세우는 등 그를 추켜세웠지만 시간이 흐르자 그에 대한 기억도 거의 사라졌다.

그의 이름이 세상에 다시 등장한 것은 150년이 지난 뒤 한 전기작가에 의해서이다. 그는 프랑스에 큰 공을 세운 사람이 그 공에 감사할 줄 모르는 세상의 배은망덕 때문에 스스로 자살했다고 기록했다.

일반적으로 과학의 희생자를 떠올리면 방사능이나 여러 독성물질의 희생자로 생각하기 쉽지만 르블랑은 경우가 다소 다르지만 그 역시 대표적인 과학의 희생자로 꼽을 수 있다. 위대한 과학적 업적을 이루었음에도 그 성과에 대해 아무런 보상도 인정받지 못한 것은 그의 잘못이 아니었다. 순전히 프랑스혁명이라는 와중에 있었기 때문이다.

계속된 불운에 버티지 못하고 그가 인간 스스로 생각할 수 있는 최악의 선택을 했다는 데 더욱 아쉬움을 남게 한다. 물론 그가 과학자가 되지 않고 편안한 의사의 길을 걸었다면 어떻게 되었을까, 하는 가정은 부질없는 일이지만 말이다.

10

기존 이론은 쓰레기통 속으로

앙투안 라부아지에(1743–1794)

프랑스의 화학자. 파리 출생. 새로운 연소이론을 확립하였으며 새로운 화학이론을 발표하기 위해 베르톨레, 기통 드 모르보, 푸르크루아 등과 협력하여 새로운 화학용어를 정리하여 《화학 명명법》을 출판했다. 이것은 현재 사용되는 화학용어의 기초가 되었다. 프랑스혁명 때 단두대로 처형되었다.

앙투안 로랑 라부아지에 Antoine Laurent Lavoisier, 1743~1794

근대 화학의 아버지, 길로틴으로 처형

18세기만 해도 과학 연구는 오늘날처럼 체계화되지 않아 개인 연구의 성격이 강했다. 따라서 실험 도구나 약품을 스스로 구입할 수밖에 없었고 많은 연구를 하려면 막대한 개인자금이 필요했다.

영국의 한 과학자가 태양열을 이용한 거대한 인쇄기를 만들었다. 태양이 있을 때 인쇄기는 잘 작동되었다. 그러나 태양에너지는 인쇄기를 가동시키는 데 필요한 에너지에 턱없이 부족해 산업용으로 이용할 수 없었다. 결국 그는 파산했다. 당시의 파산자는 대부분 교도소에서 생애를 마감해야 했으므로 많은 사람들을 자살에까지 이르게 했다. 연구를 위해 전 재산을 탕진하고 이름도 남기지 못하고 그야말로 비운의 과학자가 된 것이다.

지식과 두뇌,
충분한 재산까지 가진 행운아

'근대 화학의 아버지'라 불리는 라부아지에(Antoine Laurent Lavoisier)는 그야말로 행운을 타고난 사람이다. 프랑스에서 계몽주의 사상이 퍼져나갈 무렵인 1743년 파리 의회 법률 고문이자 고등법원 검사인 아버지 장 앙투안 라부아지에와 부잣집 딸인 어머니 에밀리 퐁크티 사이에서 장남으로 태어났다. 그러나 5살 때 어머니를 잃어 그와 두 누이는 이모 클레망스 퐁크티 손에서 자랐다. 이모는 일생 동안 결혼하지 않고 조카들을 돌보았다.

라부아지에는 11살 때 마자랭 추기경이 세운 꼴레주 마자랭(Collège des Quatre-Nations)에 입학했다. 프랑스의 명문 학교인 그곳에서 라부아지에는 정통적인 학습인 고전과 교양 교육을 받았고 수사학 부분에서 상을 타기도 했다. 처음에는 문학 소년으로 극작가를 꿈꾸었으나 상급학년으로 올라가면서 과학에 대한 관심을 키웠다. 어려서부터 당대 최고의 학문인 수학, 천문학, 광물학, 지질학, 식물학, 기상학, 화학 등 과학 전반에 걸쳐 배웠으므로 그의 지식은 동시대의 누구보다도 깊었다. 아버지와 이모의 희망대로 법과대학에 입학해 1764년 법학학사 학위를 취득했지만 그의 관심사는 전혀 딴 곳에 있었다.

그는 어려서부터 '모든 것을 정확히 재는 일'에 흥미를 갖고 있었다. 그는 주의 깊게 물체의 무게와 치수를 재고, 그것을 자세히 노트에 기록했다. 당시의 시대상으로 볼 때 그가 하는 일은 그야말로 한심하기 짝이 없는 일이었다. "과연 그렇게까지 정확하게 물건의 무게나 치수를 잴 필요가 무엇인가?"하는 눈총을 받았다.

그러나 라부아지에는 올바른 실험과 정밀한 측정이 있어야만 과학이라는 학문이 튼튼하게 뿌리내릴 수 있다는 것을 잘 알고 있었다. 그것은 이미 물리학에서 갈릴레이가 실증해 보인 근대 과학적 방법이었다.

대학시절 그는 과학에 남다른 관심을 보여 왕립식물원(Jardin du Roi)에서 식물학 기초를 배웠고 1762년부터 기욤 프랑수아 루엘의 화학 강의를 들었다. 유명한 뉴턴의 《프린키피아》, 디드로의 《백과전서》를 통해서 화학을 공부했다.

라부아지에는 연구에 필요한 재료를 언제든지 살 수 있을 만큼 부유했고 곧 당대의 가장 뛰어난 과학자 중의 한 사람이 되었다. 1765년 라부아지에는 프랑스 아카데미에서 회반죽을 만들 때 쓰던 석고의 성질에 관한 보고서를 발표했다. 이듬해에는 파리시에서 도시 가스등을 가장 경제적으로 사용할 수 있는 방법을 현상 공모했는데 이에 응모하여 프랑스 아카데미로부터 금메달을 받아 일약 유명해졌다.

1767년 6월부터 10월까지 라부아지에는 지질학자인 장 에티엔 게타르(Jean-Étienne Guettard)를 따라 보주(Vosges)산맥을 탐사했다. 프랑스에 매장된 광물 목록을 만드는 것이 여행의 목적이었는데 이 과정에서 라부아지에는 각 지역의 광천수를 분석하여 그것이 토양과 밀접한 관련이 있음을 알게 되었다. 마침 1768년 프랑스 왕립과학아카데미의 회원 자리에 공석이 생기자 라부아지에는 5월 투표에서 가장 많은 표를 획득하면서 24세라는 젊은 나이로 권위 있는 아카데미 회원으로 뽑혔다. 그것은 매우 이례적인 일인데 당시 그를 회원으로 추천한 한 회원은 다음과 같이 말했다.

"지식과 우수한 두뇌, 그리고 직장을 갖지 않아도 충분한 생활을 할 수 있을 만큼 재산을 가지고 있는 청년은 과학계에서 유용하다."

라부아지에는 법학학사 학위를 받았음에도 과학으로 전공을 바꾸었고 그 중에서도 화학을 기본 연구 분야로 삼았지만 과학과는 전혀 다른 일에 손을 댄다. 25살 때 어머니의 유산 일부인 50만 프랑을 투자하여 '세금관리조합'의 대주주가 된 것이다. 세금관리조합은 왕실의 허락을 받아 담배와 소금에 세금을 부과하고 파리로 수입되는 생산품에 대한 통관 업무를 대행하는 사설 금융기관이었다.

라부아지에와 그의 아내(Jacques-Louis David 그림)

당대에 그런 거금을 만질 수 있는 사람이 거의 없으므로 그의 투자는 시의적절했다. 조합에 투자한 첫해 그에게 돌아온 수익이 10만 프랑에 달할 정도로 수지맞는 투자였다. 그는 이 수입으로 실험 도구나 약품을 구입하는 등 과학 연구에 모두 사용했다. '목적을 위해서는 수단을 가리지 않는다'라는 말이 있듯이 그는 악명 높은 세금관리조합에서 얻은 소득을 전액 화학 연구에 투입할 만큼 과학에 대한 열정이 남달랐다. 부자들이 일을 하지 않는 것을 덕목으로 삼는 시대에 그의 이런 행동은 매우 특이했는데 라부아지에가 이처럼 과학 분야 연구에 투신한 것은 자신이 해결해야 할 미지의 과학 분야가 있다고 간파했기 때문이다.

1771년 28살의 라부아지에는 13살의 마리앤 피에레트 폴즈

(Marie-Anne Pierrette Paulze)와 결혼하는데, 두 사람 사이에 아이는 없었지만 행복한 결혼생활이었다고 알려졌다. 그녀는 남편의 연구를 돕기 위해 영어를 배우고 그림까지 배워, 나중에 연구소에서 실험 장면이나 표본 등에 대한 그림을 그려주고 영국 과학자의 논문을 번역해 주는 등 조교 노릇을 톡톡히 했다.《화학 요론》에 들어간 각종 삽화도 그녀가 직접 그린 것이다. 두 사람의 결혼은 프랑스 지식인 사회에서 회자되어 유명 화가인 자크 루이 다비드(Jacques-Louis David)가 두 사람을 모델로 그린 그림이 남아 있다. 1772년 라부아지에의 아버지는 아들에게 귀족의 칭호를 매수해주었는데 이는 당시 부유한 부르주아들의 관습이었다.

정치에 큰 관심이 없는 그였지만 미국 독립전쟁이 한창일 무렵 영국에 반대하고 미국의 독립운동을 지지했다. 라부아지에는 나중에는 프랑스혁명의 여파로 처형되지만 혁명 초기에는 그에게 걸림돌이 될 일이 없었다. 1789년 프랑스혁명이 일어나자 그는 삼부회에 보결대의원으로 참석했고 1790년에는 신도량형법설립위원회의 위원으로 임명되었으며 1791년에는 재무위원회 위원으로 선출되었을 정도였다.

정치적인 측면을 제외하면 라부아지에는 모든 면에서 승승장구했다. 금전적으로 다른 과학자들보다 좋은 여건인 데다 실패를 모르는 그야말로 행운아였다.

과학의 역사상 천재라는 사람들은 큰 명예를 얻을 만큼 업적을 쌓았지만 수없는 실수와 실패를 반복했다. 그들이 성공한 것은 다른 사람보다 많은 것을 시도했지만 다행히도 가치가 높은 연구에서 성공한 때문이었다.

아인슈타인이 불세출의 과학자로 이름을 날렸지만 그가 주장한 우주방정식은 자신의 생애에서 최대의 실수라 시인할 정도였고(현재는 다시금 그의 예언이 맞을지 모른다는 주장이 있다), 그가 총력을 기울여 연구한 통일장이론은 완전히 실패했다.

뉴턴은 만유인력의 법칙, 운동의 세 가지 법칙 등 현대과학을 이끈 인물로 불리지만 광학이론은 절반만 맞는 것이며 연금술 연구는 그의 명성을 의심케 만들 정도였다. 에디슨도 전등, 영사기 등 수많은 발명으로 현대의 기술 개발을 이끌었지만 오늘날 에디슨이 정말로 아이디어를 냈을까 의문일 정도로 엉터리 발명이 많이 있다.

그러나 라부아지에는 연소이론, 비열이론, 질량보존의 법칙 등 손을 대는 연구마다 성공했다. 한 가지 업적만으로도 과학사에 이름이 오를 만한데 그는 모든 연구에서 다른 과학자들을 압도했다. 이런 면에서 라부아지에는 천재 중의 천재이고 운이 좋은 과학자라고 볼 수 있다. 그러나 인생에는 언제나 반전이 숨어 있음을 어쩌랴.

천재 중의 천재 라부아지에의 등장

라부아지에가 태어날 당시 사람들은 어느 정도 과학에 눈을 뜬 상태였다. 이 세상에는 유일무이한 기본물질이 존재하며 그것들에 의해 다양한 '형상들(forms)'이 구성된다고 믿었다. 그리고 중세 때 크게 유행했던 연금술로 더 이상 금을 만드는 것이 불가능하다는 것도 알려졌다. 그러나 원시적인 화학실험으로 금을 만들 수는 없어도 물질의 변환 그 자체는 연구할 가치가 있다는 주장이 설득력을 얻기 시작했다. 화학이 하나의 과학으로 연구할 대상으로 인식된 것이다.

그럼에도 불구하고 18세기 초의 화학은 연금술의 영향력에서 갓 벗어났기 때문에 화학이라는 공이 어떻게 튀어나갈지 예측할 수 없었다. 이 말은 당시의 화학은 물리, 수학, 천문학보다 훨씬 뒤져 있었다는 의미이다. 화학에도 뉴턴식의 물리학 원리를 적용하자는 시도가 있었으나 성공을 거두지 못한 상태였다. 당시에도 공기나 물이 물질의 근본이라고 생각하는 사람들이 많았고 불의 본질에 대해서도 확실하게 아는 사람이 없었다.

물론 서서히 과학적 지식이 갖춰지는 분야도 있었다. 예를 들어 나트륨과 칼륨이 서로 다른 알칼리라는 것이 알려졌고 석회와 산화마그네슘이 서로 다른 흙이라는 것도 알았다. 동시에 새로운 물질을 발견하는 속도도 빨라져서 화학을 어떤 형태로든 분류하고 정의하는 것이 필요하게 되었다. 당시의 화학은 어떤 체계도 없이 무작위적으로 필요에 의해 실험하는 것에 지나지 않았다.

라부아지에는 바로 이러한 혼돈의 시기에 화학적 합성과 반응의 논리를 강조함으로써 화학을 과학으로서 새롭게 방향 제시를 한 인물이다. 만능 천재였던 그는 부유층답게 다방면에 걸쳐 수많은 문제들에 관심을 보였다.

1775년 그는 화약감독관에 임명되었는데 그야말로 라부아지에에게 적임이었다. 당시 프랑스에는 세금관리인과 유사한 화약감독관 제도가 있었다. 화약감독관은 4명으로 구성되었는데 한마디로 프랑스 전체의 흑색화약 판매 권리를 한 손에 쥐고 군수 분야에 막강한 영향력을 행사하고 있었다. 그런데 라부아지에는 화약감독관이라는 직책에 만족하지 않고 직접 화약을 개발하는 데 전념했다. 그는 바스티유 근처의 조병창(造兵廠)에서 치밀하게 고안된 실험실을 만들었다. 프랑스는 7년전쟁(1756~1763)의 결과로 인도를 잃어버려 화약의 주요 성분인 질산칼륨(초석)을 인도로부터 수입할 수 없는 상황이었다. 라부아지에는 자신을 추천한 재무장관 로베르 자크 튀르고의 기대에 어긋나지 않게 초석의 화학적 조성을 처음으로 알아내어 프랑스를 유럽 제일의 화약제조 국가로 만들었다.

라부아지에는 한시도 쉬지 않는 사람이었다. 그의 과학적 재능은 파리 주민의 식수 적합성과 같은 실용적인 연구에서도 잘 드러난다. 개방 수로를 따라 파리로 들어오는 물이 음용수로 적합한지를 검토해달라는 요청을 받고 그는 물을 증류시킨 뒤 남는 고형 물질을 조사했다. 그런 분석 과정에서 물이 불순물을 포함할 수 있음을 알아냈다.

라부아지에는 고대 그리스 시대부터 내려오는 '4원소설'에 대해 의문을 가졌다. 4원소설은 고대 그리스 철학자 엠페도클레스가 주장한 것으로, 탈레스의 '물'에 공기, 흙, 불을 더한 것이다. 이 같은 생각이 중세시대까지 내려올 수 있었던 것은 물을 장시간 끓이면 침전물이 생긴다는 점에서 가열된 물은 결국 흙이 된다고 생각했기 때문이다.

라부아지에는 이에 동의하지 않고 실험에 들어갔다. 유리그릇에 물을 넣고 101일 동안이나 가열했더니 침전물이 생겼다. 그러나 실험 전과 후에 유리그릇의 무게를 정확히 측정한 결과 유리그릇 무게가 줄어들었고, 가벼워진 그 무게만큼의 침전물이 생겼다는 것을 확인했다. 결론적으로 물이 변화하여 침전물이 생긴 것이 아니라 유리가 변화하여 침전물이 생겼다는 것이 분명했다. 라부아지에에 의해 비로소 그리스 시대 이후부터 사람들이 믿어왔던 4원소설을 타파할 수 있었다.

그는 연소에 관심을 갖고 우선 과거부터 행해지고 있는 자료를 검토했다. 그러나 공기의 흡수와 발생에 관한 자료를 보고 당장 고민거리가 생겼다. 똑같은 문제인데도 저자에 따라 다르게 설명하고 있음을 발견한 것이다. 어느 설명이 옳은지 판단이 불가능했다. 결국 라부아지에는 기존의 자료들 중에서 정답을 고르기보다는 전적으로 새로운 이론을 세우는 것이 합리적이라고 생각했다.

플로지스톤설을 폐기하라

화학의 새로운 기운은 공기를 조사하는 과정에서 태동하기 시작했다고 해도 과언이 아니다. 당대에는 연소에 대해 설명하려면 플로지스톤설이 가장 설득력있는 가설이었다. 그런데 프리스틀리가 플로지스톤설에 대해 의문을 제기한 '탈플로지스톤 공기'라는 논문을 발표했다. 이것이 라부아지에의 관심을 끌었고 마침 1774년 10월 파리에서 프리스틀리를 만난 후 라부아지에는 자신이 직접 프리스틀리가 말한 내용을 실험해보겠다고 생각했다.

그런데 1772년경 산소를 발견한 스웨덴의 카를 빌헬름 셸레 역시 1774년 9월 30일 라부아지에에게 편지를 보내 그 내용을 알렸으나, 정작 그는 10월 15일 셸레의 편지를 받고도 답장을 하지 않았다. 그가 답장하지 않은 명확한 이유는 밝혀지지 않았다. 여하튼 라부아지에는 셸레, 프리스틀리가 발견한 기체가 자신이 생각하고 있는 연소와 관련된 공기와 일부 관련 있을지 모른다고 생각했다. 그는 1775~1780년까지 프리스틀리가 했던 실험을 반복하면서 철저한 분석을 했다. 라부아지에는 실험장치 제작에서는 그다지 뛰어나지 않았지만 그의 장점은 다른 사람들이 증명하거나 발표한 결과를 신속히 분석하고 정확한 실험과 정량적인 해석을 시도했다는 데 있다.

그는 프리스틀리가 말한 수은 재에 관한 실험에 착수했다. 그는 수은에서 수은 재를 만드는 것이 공기 중에서 호흡하거나 연소될 수 있는 부분을 제거하는 것임을 발견했다. 반면 수은 재가 가열될 때는 프리스틀리가 발견했듯이 호흡하거나 연소되는 공기가 생성됨을 발견했다. 그는 이어서 다루기 쉬운 주석 재를 가지고 추가 실험을 하여 연소 과정 중에 공기와 금속의 전체 무게가 변하지 않는 것을 밝혀냈다. 그러나 공기는 무게가 줄어든 반면 금속의 무게가 늘었다. 실제로 공기의 무게 감소분은 금속의 무게 증가분과 같았다. 그러므로 금속이 공기로부터 무언가를 빼내가는 것처럼 보였다.

라부아지에는 실험을 계속하여 공기의 20퍼센트가 산소로 구성되어 있고, 연소란 가연성 물질과 산소가 결합하면서 일어나는 현상임을 밝혀냈다. 라부아지에는 1779년 그 물질에 '산소(Oxygen)'란 이름을 붙여주었다. 모든 산이 그 안에 포함되어 있다는 생각에서 그리스어로 '산의 구성자(Acid Former)'라는 의미로 지은 이름이었다.

다시 말해 라부아지에는 주석과 같은 금속을 가열하면 금속 안에서 플로지스톤이 달아나는 것이 아니라 공기 중의 '무엇'을 금속이 흡수하여 금속보다도 무거운 금속 재로 바뀌게 한다는 것을 발견했다. 이것을 현대의 관점에서 보면 그 '무엇'은 '산소'이고 금속이 공기 중의 산소와 화합하여 금속 산화물인 녹(플로지스톤설에서 말하는 금속 재)으로 바뀐 것이다. 라부아지에의 설명은 명쾌하다.

"물체는 극히 적은 몇 종류의 공기 속에서만 연소된다. 아니 단지 한 가지 공기 속에서만 연소가 일어난다. 그 공기를 프리스틀리는 '탈플로지스톤 공기'라고 불렀지만 나는 그것을 순수한 공기라 부르

실험실에서의 라부아지에

고 싶다. (…) 플로지스톤의 존재를 가정하지 않고도 똑같은 현상을 자연적으로 설명할 수 있다는 것이 분명해지면 슈탈의 체계는 그 근거조차 뒤집히게 될 것이다."

라부아지에의 이 설명은 궁극적으로 플로지스톤설의 폐기를 선언한 것이 되었다. 그래도 여전히 플로지스톤설은 유럽의 과학계를 휩쓸고 있었다. 그 당시 가장 유명하다는 프랑스의 의학계에서조차 다음과 같이 말했다.

"플로지스톤은 지구 중심을 향해 끌리지 않고, 상승하는 경향을 띠고 있다. 때문에 금속의 재가 생성되면 중량이 불어나고 그것이 환원되면 무게가 줄어든다."

이런 관념은 당시의 화학이 물리학이나 기계론에 비교해 얼마나 유치한 단계에 있는가를 여실히 보여주고 있다. 이런 와중에서 라부아지에는 구태의연한 화학이론을 체계적으로 비판하면서 완전히 다른 방향으로 연구를 진행시키고 있었다.

금속을 가열해서 금속 산화물을 만들 때도 또 다이아몬드를 태워 이산화탄소를 만들 때도, 유리 그릇을 포함한 전체 무게는 전혀 변함이 없었다. 이것이 화학반응에 있어서의 '질량보존의 법칙'이다. 즉 화학반응으로 물질은 더 이상 만들어지지도 또 사라지지도 않는다. 물질은 하나의 형태에서 다른 형태로 바뀔 뿐이다. 이러한 생각은 화학반응의 기본이 되는 것으로 반응 전의 물질 무게(질량)의 합은 반응 후의 물질 무게의 합과 정확히 일치함을 뜻한다. 이 질량보존의 법칙이 화학반응 방정식의 기본적 근거이며 정밀 측정의 의의를 탄생시켰다. 이것은 뒤에 에너지보존 법칙과 함께 자연과학의 가장 큰 토대가 되는 법칙(원리)이 된다.

라부아지에의 산소 발견의 진정한 의미는 과학에서 실험적 발견이 더 이상 기존의 이론과 일치하지 않을 때, 기존의 개념이 어떻게 새 개념으로 대치되어야 하는지에 대한 훌륭한 예를 제시했다는 데 그 중요성이 있다. 이것은 과학의 진보 과정 중의 하나이다. 즉 폐기된 많은 이론들이 과학과 인류의 진보를 위해 꼭 필요했다는 점이다. 폐기된 이론들이 쓸모없는 것이 아니라 오히려 이들 이론들이 새 이론을 더 선명하게 제공하기 위한 과정에서 필요했던 것이다. 또한 18세기 말 라부아지에에 의해 비로소 화학반응 전후에 물질의 양을 측정하는 것이 화학자들에게 얼마나 중요한가를 잘 보여준다.

기존 이론은
쓰레기통으로 던져라

'호흡'은 당대 사람들에게 미스터리였다. 데카르트는 특정한 생리학적 현상을 기계학으로 환원시킬 수 있다고 생각했는데 라부아지에는 보다 더 발전시켜 호흡을 순전히 화학적인 용어로 설명했다. 그는 피에르 시몬 라플라스(Pierre Simon Lapace, 1749~1827) 백작과 공동으로 수행한 정밀 실험을 통해 양초의 연소와 기피니그(모르모트의 일종)의 호흡 사이에 여러 가지 유사점이 있음을 지적했다. 둘 다 산소를 사용하고 탄산가스(이산화탄소)를 만들며 질소 잔여물을 남기고 열을 발생시킨다는 점이다. 두 현상 사이의 차이점은 연소시에는 짧은 시간 동안 많은 양의 열을 발생시키는 반면 호흡에서는 열이 매우 느리게 발생한다는 것이다. 즉 호흡이란 '느린 연소'라고 결론지었다.

저술가 마이클 하트는 라부아지에가 다른 분야에서 뛰어난 업적을 내어 그를 설명할 때 호흡에 관한 결론이 크게 부각되지 않지만 이 내용 하나만 하더라도 '세계사를 바꾼 100사람' 중에 포함되기에 충분하다고 주장했다. 그는 이 발견이 하비(William Harvey, 1578~1657)의 '혈액 순환' 발견에 버금간다고 그 중요성을 강조했는데 실제로 라부아지에의 호흡 이론은 생리학 분야 특히 식물 에너지 분야에 큰 기여를 했다.

라부아지에의 또 다른 업적은 기체를 한 물질의 형태로 설명한 것이다. 지금은 고체, 액체, 기체가 단순히 존재하는 '칼로릭(caloric, 열소)'의 양에 달려 있다는 것을 알고 있다. 그러나 18세기 이전에는 기체를 액체나 고체와 비교될 만한 물질 상태로 받아들이지 않았다. 독자적인 연구에 의한 것은 아니었지만 라부아지에의 기체 이론은 기체에 대한 명확한 정의를 내려주었다. 1783년 그는 마침내 화학 이론의 혁신을 선언했다.

1. 연소와 산화는 모두 물질과 산소의 결합이다.
2. 화학반응의 전후의 반응물질과 생성물질의 질량의 합은 같다(질량보존의 법칙).

라부아지에는 자신의 이론을 선언하면서 수세기 동안 화학분야에서 인정받아왔던 이론들을 모두 쓰레기통에 집어넣었다. 이것은 당시 새로운 이론을 선언할 때 쓰는 방법이었다.

물론 라부아지에의 화학 혁명은 결코 완전한 것이 아니었다. 그는 모든 산은 비금속물질에 산소가 결합되어 만들어진다고 했다. 이 가설이 잘못되었다는 것은 험프리 데이비(1778~1829)가 염산이 산소를 갖고 있지 않다는 것으로써 증명했다.

1784년 라부아지에는 화학 명명법을 개혁하여 화학 물질의 근대적 명칭을 만들고 화학 혁명의 범위를 넓혀나가 1787년에 《화학물질의 명명법》이라는 책을 출판했다. 그는 모든 물질을 그 구성 원소에 따라 부른다는 규칙을 세웠고 기호 체계도 고안했다. 소금을 염화나트륨으로 부르는 식의 명명법은 바로 라부아지에의 규칙에 따른 것으로, 처음에는 영국과 독일 과학자들이 반대했지만 지금까지 거의 바뀌지 않고 오늘날에 이르고 있다. 말과 글의 중요성을 잘 알고 있던 그는 1789년 잡지 《화학 연보Annales de Chimie》를 창간했는데 이 잡지는 현재까지도 발행되고 있다.

1789년, 즉 프랑스혁명이 일어나던 해에 《화학 요론》이라는 교과서를 출판하여 그때까지 그가 발표한 이론을 체계적으로 정리했다. 두 권으로 되어 있는 이 책의 대략적인 내용은 기체의 조성과 분해, 연소와 산의 생성, 동식물성의 여러 물질의 조성, 발효, 알칼리, 염에 관한 고찰, 여러 원소와 그 화합물 그리고 여러 화학실험 장치와 조작법 등이다.

근대화학의 최초의 교과서라고도 할 수 있는 이 책에서 그는 연소의 개념과 새로운 원소관의 확립, 그리고 질량불변의 법칙 등 세 가지를 특히 강조했다. 이 책은 출간되자마자 곧바로 과학계의 베스트셀러가 되었다. 프랑스혁명으로 유럽이 어수선한 상태임에도 출간 다음해인 1790년에 영국, 독일, 네덜란드, 이탈리아어로 번역되었을 정도였다. 라부아지에는 이 책에서 당당하게 적었다.

'실험 및 관찰에서 직접 얻을 수 없는 결론은 절대 무의미한 것임을 나의 연구를 통해 알아냈다.'

이 설명으로써 그동안 유럽 학계를 들끓게 만들었던 플로지스톤설을 영구히 화학계에서 추방하는 계기가 된다. 1791년 독일의 화학자 리비히는 "라부아지에의 불후의 업적은 과학 전반에 걸쳐 하나의 새로운 의의를 덧붙여 주었다"며 극찬했다. 유럽 학자들의 뜨거운 반응에 라부아지에는 "나의 새 이론이 혁명의 불길처럼 세계의 지식인 사회를 휩쓰는 것을 보니 기쁘기 한이 없다"라고 말했다.

라부아지에는 저서를 통해 새롭게 정의한 원소 33종을 표시했다. 현대 과학의 관점으로 보면 그의 표는 대체적으로 정확했지만 완전한 것은 아니었다. 원소의 산화물을 포함시켰다거나, 빛과 열도 연소로 보는 등 부분적으로 불완전했다. 그 중 열에 대한 원소는 칼로릭, 즉 열소(熱素)라고 불렀으며 무게가 없다고 했다. 플로지스톤설을 타파할 정도로 천재적인 아이디어를 가진 라부아지에가 칼로릭을 원소로 보았다는 것은 참으로 아이러니가 아닐 수 없다.

라부아지에의 연구는 새로운 원소 탐구에 불을 붙여 처음에 33개이던 원소는 곧 40개, 50개, 60개 등으로 늘어났다. 원소가 계속적으로 발견되자 원소들의 체계화가 요구되었다. 1869년 멘델레예프(Dmitry Ivanovich Mendeleev, 1834~1907)가 주기율표를 발표하여 라부아지에의 원소 정리를 구체화시킨다.

라부아지에가 원소를 정확하게 규정할 수 있었던 것은 산소 연구를 통해서이다. 현재는 초등학생들도 알고 있는 내용이지만 라부아지에는 재가 원소가 아니고 금속이야말로 원소라는 사실을 규명했다. 당시는 재가 원소이고 금속은 원소가 아니라고 생각하고 있을 때인데 이를 완전히 뒤집은 것이다. 즉 재는 금속과 산소가 화합한 것이므로 원소가 될 수 없고 금속은 더 이상 다른 물질로 나눌 수 없기 때문에 원소라는 것이다.

라부아지에의 연소실험 장치

라부아지에의 이름을 거론할 때마다 제일 먼저 떠올리는 것이 원소이지만 그의 가장 큰 공헌은 화학을 유명하게 만들어 과학의 한 분야로 자리매김하게 만들었다는 점이다. 실제로 화학은 라부아지에 등의 공헌으로 19세기 초에는 명실상부한 과학의 한 분야가 되었으며 사기성 짙은 연금술과 완전히 연결고리를 끊게 만들었다. 화학이 인간에게 매우 유용한 분야라는 것이 증명되자 곧바로 이론적인 뒷받침이 뒤를 이어 19세기에는 과학에서 화학이 다른 분야보다 먼저 전문화되기 시작했다.

뉴턴이 100년 앞서 《프린키피아》로 역학(力學)에 기여한 것처럼 라부아지에는 《화학 요론》으로 화학 분야에 기여했고 그의 연구는 산업 부흥의 기초를 마련했다는 평가를 받고 있다.

공화국에는 과학자가 필요 없다

과학 분야에서 탁월한 업적과 행운까지 가졌던 그였지만 한 인간이 태어나서부터 죽을 때까지 승승장구만 할 수 없는 법이다. 1789년 프랑스혁명이 일어난 초기에 그는 혁명세력에 매우 협조적이어서 별다른 문제가 없었다. 그런데 1792년 로베

혁명의 승리를 만끽하는 장 폴 마라

스피에르가 이끄는 자코뱅당이 권력을 장악하자 상황은 180도로 변한다.

로베스피에르는 공포정치를 펼치며 맨 먼저 100년 역사의 왕립과학아카데미를 폐쇄했고 혁명세력들로부터 가장 지탄을 받는 세금관리조합원들을 국가범죄인으로 규정하여 1793년 11월 그를 체포했다.

라부아지에가 대주주로 있던 세금관리조합은 세금을 걷기 위한 전국적인 조직으로 사실은 폭력조직이나 다름없는 징세 청부업자였다. 이들이 얼마나 악명 높았는지 실제 프랑스혁명은 이들의 비리 때문에 촉발되었다고 해도 과언이 아닐 정도였다. 정부에서 위임 받은 세금의 몇 배를 강제적으로 징수하여 정부에 납부한 나머지를 그들이 나누어 가졌다.

세금관리조합이 상당한 비리의 온상임에도 프랑스 혁명정부가 곧바로 이들을 응징한 것은 아니다. 혁명정부는 1789년 혁명으로부터 2년이 지난 1791년에 세금관리조합을 폐지하고 2년 여의 말미를 주며 조합 재정을 청산하여 보고하라고 명령했다. 어찌 됐든 국가에서는 세금을 징수할 기구가 필요했고 세금관리조합이 다소 무리한 행동을 취한 것도 국가에 세금을 납부하기 위한 것임을 혁명정부도 인정하지 않을 수 없었기 때문이다.

그러나 조합은 청산 작업을 매우 느리게 진행시켜 2년의 시간이 지나도 청산보고서를 제출하지 않았다. 이들의 태업에 여론이 들끓자 시민들은 조합원을 흡혈귀라 부르며 체포를 요구했고, 혁명정부도 마지못해 1793년 11월 조합원 전원을 잡아들인 것이다.

체포될 때만 해도 라부아지에는 자신에게 파국이 오리라고는 꿈에도 생각지 못했다. 그는 혁명 초기 혁명 지도자에게 쉽게 위조할 수 없는 지폐(아시냐 지폐)의 제조에 관해 자문을 하는 등 그들과 좋은 관계를 유지했기 때문이다. 더구나 그는 직접 징세에 가담한 적이 없으므로 혁명세력으로부터 지탄받는 일을 저지른 적도 없었다. 단지 대주주로서 자신에게 돌아온 수익을 화학 연구에 투입했을 뿐이었다. 그러므로 그는 체포된 뒤에도 감옥과 연구실을 오가며 미터법을 제정하는 데 중요한 물의 밀도를 재는 연구를 계속할 수 있었다. 영상 4도의 물이 가장 큰 밀도를 가지고 있다는 것을 발견한 것도 라부아지에였다.

그러나 그를 체포하는데 앞장 선 사람이 라부아지에가 프랑스아카데미의 입회를 반대하면서 사기꾼이라고까지 비방했던 유명한 혁명가 마라(Jean-Paul Marat)였다는 것이 문제였다. 당시 기자였던 마라는 자신의 연구논문을 첨부하여 프랑스아카데미에 회원 가입을 신청했는데 라부아지에는 그의 논문을 읽고 한푼의 가치도 없다며 입회를 강력하게 반대했다. 이러한 악연으로 마라가 혁명정부의 핵심인물이 되자 앞장서서 라부아지에와 그의 장인을 체포한 것이다.

여하튼 라부아지에는 예외라 하더라도 세금관리조합에 대한 여론이 워낙 나빠 체포된 지 6개월 후 조합원 전원이 재판에 회부되었다. 라부아지에의 경우 그동안 혁명정부에 끼친 긍정적 영향을 감안할 때 사형까지 언도될 죄가 아니었음에도 마라는 라부아지에에게 사형이 내려지도록 물심양면으로 도왔다. 사실 그에게 부과된 죄명은 매우 불합리했다. 담뱃세를 거둘 때 물을 포함시켰다는(담배 잎에 물을 넣는 것은 담배 제조 공정 중의 하나이다) 등 사전에 짜여진 각본대로 마라는 라부아지에를 사형에 처하도록 조작했다. 이 혐의는 사실 억지이다. 라부아지에가 담배 소매상인들이 농장에서 생산된 담배에 밀수한 담배를 섞은 후 재와 물을 첨가하는 것을 발견하고 이런 사기 행위를 적발하는 데 앞장섰기 때문이다. 라부아지에의 최후 변론은 매우 설득력 있었다. 그는 변호사의 지원 없이 논리정연하게 자기를 변호했다.

"나는 젊었을 때부터 공명심을 가지고, 국가의 환경을 깨끗이 하거나 농업의 개량에 최선을 다했다. 화약감독관으로서 국가에 공헌했으며, 도량형을 개정하는 데도 최선을 다해 성과를 올렸다. 또한 이 시대는 본인과 같은 종합적인 능력이 있는 과학자를 필요로 한다. 호평을 받은 《화학 요론》도 내가 저술했다. 게다가 세금관리직은 이미 3년 전에 그만두었다."

그러나 재판장이었던 코피나르는 "공화국에는 과학자가 필요 없다"는 말로써 기각했다. 전제국가 시대에 이룬 업적은 공화제에서는 평가받을 수 없다는 뜻이었다. 재판이 진행되는 동안 라부아지에가 프랑스에 커다란 과학적 공헌을 했다는 탄원이 제출되었으나 소용없었다. 또 어떤 사람은 라부아지에가 진행하고 있는 중요한 실험이 완수될 수 있도록 판결을 2주일 동안 지연시켜 달라는 청원을 제출했지만 역시 거절되었다.

결국 1794년 5월 8일 오전, 기소된 32명 중 라부아지에를 포함한 28명에게 사형 판결이 났고 그날 오후 파리의 콩코드 광장에서 사형이 집행되었다. 라부아지에 역시 길로틴(guillotine)으로 처형되었다. 과학자로서는 전성기라고 볼 수 있는 50대에 단두대의 이슬로 사라진 것이다. 그런데 그를 처형하도록 백방으로 주선한 마라는 라부아지에가 처형되기 전에 먼저 한 여자에게 살해되었다. 그렇다고 해서 라부아지에에 대한 기소가 취소되지 않았으므로 재판은 진행되었고 그는 장인과 함께 처형되었다. 그의 시체는 장례식도 치르지 못한 채 공동묘지에 매장되었다.

그의 죽음을 더욱 애석하게 만든 것은 그가 처형된 지 약 10주일 후 그를 단두대에 세운 재판관 코피나르 역시 처형되고 마침내 공포정치가 막을 내렸다는 사실이다. 겨우 70여 일 차이로 세계는 과학계의 최고 보배를 잃은 것이다. 라부아지에처럼 극적인 사람도 드물다. 유명한 프랑스의 수학자 라그랑주(1736~1813)는 라부아지에의 죽음을 한탄하며 다음과 같이 말했다.

"그의 머리를 치는 일은 몇 초밖에 필요하지 않다. 그러나 그와 같은 두뇌를 낳게 하려면 적어도 100년 이상의 시간이 필요할 것이다."

라부아지에의 처형 직후, 그의 집과 연구실의 모든 책, 기자재 등이 몰수되었고 부인 마리앤 역시 체포되었으나 처형은 면하고 곧바로 풀려나왔다. 프랑스에 혁혁한 공헌을 세운 라부아지에의 억울한 죽음이 알려지자 그녀는 공식적으로 남편의 유품 등을 돌려받을 수 있었다. 이들 유품은 현재 파리의 국립공예보존원 부속 기술박물관에 특별 전시되어 있다. 라부아지에가 질량보존의 법칙을 도출했던 정밀 저울을 비롯해 연소 실험도구, 편지, 유품 등이다.

라부아지에가 처형된 지 얼마 지나지 않아, 그에 대한 처형이 완전히 잘못되었다는 여론이 일기 시작했고 이듬해인 1795년 10월 라부아지에에 대한 장례식이 치러졌다. 1796년 8월에는 3000명이나 되는 추모객이 모인 가운데 두 번째 장례식이 성대하게 치러졌다. 그러나 마리앤은 남편의 사후 라부아지에의 죽음을 막지 못한 그의 제자들과 친구들과의 관계를 단절하고 이러한 의식에 일절 참석하지 않았다.

1804년 마리앤은 미국 출신으로 유럽에서 활약한 정치가이자 과학자인 럼퍼드 백작 벤저민 톰슨과 재혼했다. 톰슨은 열이 운동의 한 형태라는 것을 주장했고 '럼퍼드 난로'로 불리는 열효율을 획기적으로 개선한 벽난로를 발명한 사람으로도 유명하다. 그러나 마리앤은 4년 뒤 톰슨과 이혼했다. 그녀에게는 라부아지에만이 영원한 남편이었다.

11

무소의 뿔처럼 꿋꿋이 간다

찰스 굿이어(1800–1860)

미국의 발명가, 고무공업 개척자. 코네티컷 주 뉴헤이븐 출생. 헤이우드와 함께 생고무에 황을 혼합하는 실험을 거듭하다가, 1839년 우연히 뜨거운 난로에 가황 고무를 떨어뜨렸다가 고무의 실용화를 발견했다. 특허를 가졌음에도 수많은 경쟁자들과 특허소송을 치르느라 파산에 이르렀고 불행하게 생을 마감했다.

찰스 굿이어 Charles Goodyear, 1800~1860

고무 실용법 발견자, 소송과 파산으로 점철된 불운한 발명가

영국의 선교사이자 아프리카 탐험가인 리빙스턴(David Livingstone, 1813~1873)은 1866년 나일강 수원지를 찾기 위해 네 번째 아프리카 탐사를 떠났다. 그러나 3년이 넘도록 소식이 없자 〈뉴욕 헤럴드〉는 스탠리 기자를 아프리카로 보냈다. 리빙스턴 관련 기사는 확실한 특종감이었다. 8개월을 찾아다닌 끝에 1871년 11월 3일, 스탠리는 탕가니카 호수 근처에서 열병에 걸려 사경을 헤매던 리빙스턴을 발견했다. "리빙스턴 박사님이시죠?" 극적인 조우 치고는 너무나 싱거운 이 한 마디는 세계 탐험사에 길이 남을 명언이 되었다. 함께 돌아가자는 간청을 거절하고 리빙스턴은 아프리카에 남았고, 2년 후 잠비아 정글에서 이질로 숨을 거둔다.

세계적인 특종을 안고 귀국한 스탠리는 그후 전문 탐험가로 변신했다. 그 이면에는 리빙스턴이 제작한 지도를 활용하면 돈방석에 오를 것이라는 기대감이 있었다. 그러나 1873년의 대공황 탓에 탐험을 지원해줄 후원자가 좀처럼 나타나지 않았다. 마침 아프리카 지도의 가치를 알아챈 거액 투자자가 나타났는데, 바로 벨기에 국왕 레오폴트 2세였다.

1830년에 네덜란드로부터 독립한 벨기에는, 초대 국왕 레오폴트 1세에 이어 레오폴트 2세가 왕위를 계승했다. 영국, 프랑스, 네덜란드 등 유럽 각국이 식민지 확장에 열을 올리던 때여서, 이웃 나라 네덜란드가 자바 식민지에서 이익을 얻는 것을 본 레오폴트 2세 역시 해외에 식민지를 원했다. 때마침 후원자를 물색하던 스탠리를 만났고 두 사람은 서로 이해가 맞아떨어진 것이다.

1500명의 탐험단을 이끈 스탠리가 1877년 아프리카 서해안의 콩고 분지를 발견하기 전까지 콩고는 서양인들에게 미지의 땅이었다.

스탠리는 비우호적인 원주민을 학살하고 추장 500여 명을 회유해 '호의의 증표'를 모았다. 증표는 레오폴트 2세의 영유권을 주장하는 근거로 활용되어 벨기에 면적의 80배인 콩고, 르완다 일대가 벨기에의 식민지로 전락했다.

식민지화된 콩고에 도착한 백인들은 자생하는 고무나무에서 고무를 마구 채취해갔다. 마침 1890년 던롭(John Boyd Dunlop)에 의해 공기 주입식 타이어가 발명되어 고무의 수요가 폭발적으로 늘어난 때였다. '검은 황금' 고무를 캐내기 위해 수많은 원주민이 학살당하고 강제노동에 내몰렸다. 콩고에서의 고무 생산량은 매년 증가하여 1901년에는 세계 총생산의 10퍼센트 정도를 차지하게 되었다.

바퀴는 인류의 가장 유용한 발명품 인류의 등장 이후 가장 유용하면서도 아직까지 그 형태가 바뀌지 않은 발명품이 있는데, 바로 바퀴이다. 둥근 모양의 바퀴는 마차를 비롯한 교통수단을 탄생시켰고 많은 기계 부속품 등에 이용되고 있다. 바퀴가 발명되지 않았더라면 근대와 같은 과학문명이 발달되었을까 의문이 들 정도이다. 바퀴를 연상할 때 곧 떠오르는 것이 고대의 나무바퀴나 철바퀴, 고무바퀴를 생각하지만 고무바퀴는 생각보다 오래되지 않았다. 고무의 실용화 방법이 알려진 지 그리 오래 되지 않았기 때문이다.

크든 작든 기본적으로 기계를 원활하게 움직이려면 고무 부속품이 반드시 필요하다. 고무가 들어가는 몇몇 부품들, 즉 벨트, 개스킷, 연결 이음매, 밸브, 오링, 기체가 새는 것을 막는 실(seal) 등을 보아도 그렇다. 이처럼 산업의 기계화에는 고무가 그 기본이 되었다.

고무는 지구상에서 발견되는 천연재료 중에서 놀라운 특성을 가진 물질이다. 고무의 두 가지 큰 신비한 특성은 탄성력(복원력)과 튀어 오르는 성질이다.

천연고무는 이소프렌 단위 7000여 개가 길게 결합해 있는 고분자임에도 탄성력을 유지한다. 그런데 길게 늘어졌던 고무가 어떻게 다시 원형을 찾을 수 있을까 하는 점이 많은 학자들의 연구 관심사였다. 고무의 긴 고분자 사슬이 실처럼 엉켜 있으나 이 사슬 간에는 서로 잡아당기는 인력이 별로 크지 않기 때문이다. 그런데 고무에 황을 넣고 함께 가열하면 이 긴 사슬들이 여기저기 서로 연결하여 3차원적인 그물 구조를 만드는데 이 연결 결합을 '황다리 결합'이라고 한다. 사슬 사이를 연결하는 황다리 결합에는 황 원자가 1~4개 연결되어 있다. 이 사슬들은 사슬 간의 거리가 가깝지 않기 때문에 효과적인 교차결합이 이루어지지 않고, 장력을 가하면 사슬 간에 서로 얽히는 일 없이 나란히 정렬되므로 유연한 탄성을 보이는 것이다. 다시 말하면 3차원 다리 결합을 이루고 있는 고무는 분자량이 무한대에 가까우며 잡아당겼다 놓으면 원래 모양으로 돌아가는 탄성체 특성을 갖는 것이다.

고무가 갖고 있는 또 하나의 특성은 고무공을 땅바닥에 던지면 잘 튀어 오르는 성질이다. 고무공이 땅바닥에 부딪히면 땅바닥에서 힘을 받는데, 이 힘이 고무공을 형성하고 있는 분자 모양을 변화시키기 때문이다. 다시 말해 고무공이 에너지를 받으면 가장 안정된 모양을 갖고 있던 고무 분자가 그 모양을 바꾼다. 그러나 고무공은 되도록 본래의 모습으로 되돌아가려고 한다. 에너지를 흡수하여 순간적으로 모양이 달라진 분자들은 원래 모양으로 돌아가는 대신 흡수했던 에너지를 밖으로 내보내는데 이것이 튀어 오르는 운동이 된다. 결국 분자 차원의 미시적 변화가 모여서 우리가 눈으로 관찰하는 거시적 특성으로 나타나는 것이다.

효용도가 없는 천연고무

고무가 문명 세계, 소위 유럽에 알려진 것은 신대륙에 상륙한 콜럼버스(1451~1506)가 아이티섬에서 원주민 아이들이 고무공을 갖고 노는 것을 처음 본 이후부터였다. 멕시코 프란체스코 수도회의 후안 드 토크마다(Juan de Torquemada)는 1615년 멕시코 사람들이 라텍스를 얻기 위해 고무나무에 흠집을 내어 그 수액으로 배앓이 치료제로 쓰이는 기름을 만든다고 보고했다. 토크마다는 스페인 동료들이 고무로 옷을 방수처리 하려고 시도했으나 고무가 태양열에 약하다고 적었다. 원주민들은 히비아 고무나무에서 고무를 채취했으며 그것을 나무의 눈물이라는 뜻의 '카우체'라고 불렀다.

고무가 유럽에 상륙한 것은 콜럼버스가 고무라는 물질을 처음 발견한 지 200여 년이 훨씬 지난 1736년 콩다민느(Charles Marie de la Codamine, 1701~1774)에 의해서다. 프랑스 해군장교 출신으로 수학자이자 천문학자인 그는 아마존강 유역의 정확한 지도를 작성하기 위해 답사할 때 발견한 고무를 유럽에 들여왔다. 특이한 성질을 갖고 있어 많은 소용처가 있었음에도 고무의 보급은 지지부진했다. 고무를 어디에 사용할지 몰랐기 때문이다. 현재 고무가 주로 쓰이는 재료 대부분에 당시에는 동물의 가죽이 사용되었으므로 더더욱 고무의 활용도는 없었다.

그런데 산소의 발견자인 프리스틀리가 연필로 쓴 글씨를 고무로 문지르면 빵보다 더 깨끗이 지울 수 있다는 것을 발견했다. 이 지우개는 브라질에서 수입한 고무보트에서 오려낸 것이었는데 현재 사용되는 고무(rubber)라는 말은 '문지르다(rub)'라는 말에서 유래된 것이다. 당시 영국에서는 고무 지우개를 인도산 고무로 만들었다고 홍보한 탓에 고무의 원산지가 인도로 잘못 알려지기도 했다.

고무는 온도가 높아지면 냄새가 나고 부드러워지면서 말랑해지지만 온도가 낮아지면 굳거나 잘 부서진다. 이런 고무의 특성에 착안한 사람이 스코틀랜드 출신의 찰스 매킨토시(Charles Mackintosh)이다. 그는 인디언들이 고무를 배에 사용한다는 것에 착안하여 두 장의 천에 고무를 칠해 방수가 되는 레인코트를 만들었는데 지금도 영국에서는 레인코트를 '매킨토시' 또는 '맥'이라고 부른다. 매킨토시의 발견으로 모자나 코트뿐만 아니라 엔진, 호스, 장화, 덧신 등으로 용도가 확대되면서 고무 사용량이 증가했다.

불행의 대명사 찰스 굿이어

고무를 얘기할 때 역사상 가장 불운한 발명가 중의 한 명인 찰스 굿이어(Charles Goodyear)를 빼놓을 수 없다. 1800년 코네티컷 주 뉴헤이븐에서 태어난 굿이어는 아버지 소유의 소규모 철물공장에서 일하면서 고무의 중요성을 알았다. 1830년 초 미국에서도 고무 열풍이 불어 닥쳤지만 고무의 방수 기능에도 불구하고 매킨토시의 인기는 금방 수그러들었다. 겨울에는 딱딱하게 굳어 부서지고 여름에는 녹아서 냄새가 고약했다. 누구든지 고무를 안전하게 처리하는 방법 즉 단점만 해결하면 어느 물질보다 시장성이 크다고 생각한 것은 자연스런 발상이다.

영국의 마차 제조업자였던 토머스 핸콕(1786~1865)은 승객의 안전을 위해 방수천을 개발하는 연구에 착수해 고무에서 그 해결책을 찾았다. 그는 1824년 생고무를 기계의 롤러 사이를 따뜻하게 하면서 통과시켜 잘게 부수는 분쇄법을 고안한 데 이어 생고무에 유황을 섞어 무겁게 누르는 '가황법'을 발명했다. 이와 거의 동시에 미국의 헤이우드도 가황법을 발견해 특허를 얻었다. 고무의 활용성에 주목한 찰스 굿이어는 친구인 헤이우드의 가황법 특허를 사들여 본격적인 고무의 문제점 개선에 나섰다.

문제는 굿이어가 정규 교육을 받지 못했다는 점이다. 고무에 대한 기초 지식이 없는 상태에서 그는 무작정 고무를 안전하게 처리하는 방법을 찾기 시작했다. 더운 여름철 고무를 끈적거리게 만드는 것은 수분이 너무 많기 때문이라고 생각한 그는 건조한 가루를 고무에 섞으면 가루가 고무의 수분을 흡수할 것으로 생각했다. 너무나 비효율적인 행동이었지만 어쨌든 그는 잉크, 수프, 크림치즈, 조롱나무에서 채취한 약, 동백기름 등등 생각할 수 있는 것은 무엇이든 고무와 혼합해 보았다. 어쩌다 제대로 된 물질을 발견했다고 생각했지만 여름이면 고무를 입힌 부츠와 의류는 어김없이 눅눅해지고 심한 냄새가 났다. 이 냄새가 얼마나 고약했던지 이웃사람들이 불만을 터뜨렸고 굿이어에게 자금을 대던 사람들도 손을 빼기 시작했다. 그래도 그에게 단념이란 없었다.

그는 연구를 멈추지 않은 끝에 마침내 희망적인 공정을 찾았다고 생각했다. 고무를 질산으로 처리했더니 기온 변화에 상관없이 고무가 눅눅해지거나 딱딱해지지도 않았다. 굿이어의 샘플을 본 한 사람이 후원자로 나섰고 마침 후원자가 고무로 만든 우편가방을 정부에 납품하는 계약을 따냈다. 마침내 성공이 자신에게 찾아왔다고 생각한 굿이어는 완성된 우편가방을 창고에 넣어두고 가족들과 함께 모처럼의 여름휴가를 떠났다. 그러나 휴가에서 돌아와 보니 우편가방은 과거와 마찬가지로 더운 날씨에 녹아내려 형체를 알아볼 수도 없었다.

우연히 가황고무를 발견한 찰스 굿이어

굿이어는 이런 실패에도 좌절하지 않고 계속 실험에 몰두했다. 그러다 우연히 생석회와 마그네시아를 섞어보았더니 가죽과 비슷한 하얀 물질이 생겼다. 그는 자신이 발견한 흰 고무야말로 세상을 바꿀 수 있는 물질이라고 장담했지만 이것에도 큰 단점이 있었다. 흰 고무가 산(酸)에 닿으면 곧 녹아버려 심지어 적은 양의 레몬수가 묻어도 녹아버렸다. 결론은 파산이었다.

비록 파산했어도 집념의 사나이 굿이어가 중도에 중단할 사람은 아니었다. 그가 이와 같이 집착한 것은 고무의 문제를 해결할 방법을 찾는 데 거의 근접했다고 믿었기 때문이다. 1839년 그의 끈기는 결실을 보아 위대한 발견을 이룬다. 당시 그는 유황 가루를 건조제로 삼아 실험하고 있었는데 어느 날 고무와 유황을 테레빈유(turpentine)에 섞어 실험하던 중 끈적한 물질이 형태를 이루는 것을 발견했다. 그가 그토록 찾아 헤매던 성질의 고무가 황과 열에 의해 만들어진다는 것을 확인한 것이다!

그러나 얼마큼의 황이 필요하고 온도는 몇 도에 맞춰야 하는지, 또 다른 숙제가 남았다. 굿이어는 최적의 조건을 찾아내는 데 5년의 세월을 더 보내야 했다. 그러다 우연히 자신이 만든 물질을 뜨거운 난로 가까이 대보았는데 고무가 녹지 않고 마치 가죽처럼 조금만 타는 것을 발견했다. 마침내 덥고 추운 날씨에도 일정한 강도와 탄성과 안정성을 지닌 고무를 발명한 것이다. 그는 이 방법으로 특허를 신청하고 로마신화에 나오는 불의 신 발칸(Vulcan)의 이름을 따서 발카니제이션(Vulcanization, 가황)이라고 명명했다. 이 생성물을 경질고무(valcanite)라고 한다.

훗날 그의 딸은 당시의 정황을 다음과 같이 설명했다.

"방안을 들락거리면서 저는 아버지가 고무의 한 조각을 불 가까이에 대고 있는 것을 얼핏 보았어요. 그때 아버지는 무엇인가를 발견해서 무척 생기가 넘치셨어요. 아버지는 고무 조각을 아주 추운 부엌문 바깥에 못을 박아 붙여 놓았는데, 다음날 아침 그것을 집 안으로 가지고 들어온 아버지는 매우 흐뭇한 표정으로 그것을 쳐다보았어요. 그것은 전날 밤 밖에 내걸기 전의 상태와 똑같이 말랑말랑했지요."

타협이란 절대 없다

역사상 개인 발명가들 중에는 발명과 함께 사업화에도 성공한 인물들이 많다. 웨스팅하우스는 철도용 브레이크를 발명해 큰돈을 벌어 원자력발전소 설계 등으로 유명한 웨스팅하우스사를 설립했고, 헨리 포드도 개량한 가솔린 자동차 시스템으로 포드 자동차를 설립했다. 에디슨도 후에 제너럴일렉트릭(GE)으로 이름이 바뀌는 회사를 설립했고 노벨상을 만든 노벨도 다이너마이트로 거부가 되었다.

그러나 굿이어는 자신의 발명으로 아무런 경제적 혜택을 누리지 못했다. 고무의 실용화라는 세기의 발명을 했음에도 그가 세상에서 가장 불운한 발명가로 꼽히는 것은 그의 발명이 너무나 매력적이기 때문이었다.

그는 사망하기 16년 전인 1844년에 특허를 획득했는데, 그의 발명이 독점적인 특허로 시장에 진출할 경우 경쟁자들에게는 악몽이 될 것이 뻔했다. 경쟁자들은 사소한 것까지 꼬투리를 잡아 특허 분쟁을 일으키고 굿이어를 파멸시키는 데 온힘을 쏟았다. 경쟁자들은 자금이 없는 굿이어가 결국에는 항복하거나 적당한 선에서 타협할 것으로 생각했지만 예상은 빗나갔다. 자신의 발명에 확신이 있었던 굿이어는 결코 타협하지 않았다.

굿이어의 불행에는 그의 성격도 한몫을 한 것으로 추측된다. 경쟁자들이 그에게 악착같이 시비를 건 것은 굿이어의 성공이 자신들에게는 치명적인 손해이기 때문이다. 특허를 굿이어가 갖고 있으므로 경쟁자들은 방어 차원에서 접근했는데 굿이어는 이들을 악당으로만 생각했지 자신의 아이디어를 다른 사람과 공유한다는 생각은 전혀 하지 못한 것이다.

자금 사정이 극도로 악화되자 그는 특허를 파는 것이 아니라 대여라는 아이디어를 사용했다. 물론 헐값에 대여해 줄 수밖에 없었지만 특허를 양도한 것은 아니었다. 굿이어가 특허의 중요성은 물론 자본가인 '갑'과 발명가인 '을'의 차이를 정확하게 알고 있었다는 것을 의미한다. 사실 아무리 좋은 특허를 갖고 있다 하더라도 대여라는 말은 상당히 생소한 단어이다.

굿이어가 나름대로 자신의 특허를 지키는 묘수를 발휘한 것인데 더욱 상황이 악화된 것은 영국의 토머스 핸콕 때문이다. 핸콕은 우여곡절 끝에 굿이어가 만들어낸 새로운 고무의 샘플을 입수한 후 거기서 유황 냄새를 맡고 즉시 자신의 연구실에서 실험을 통해 유황처리법을 발견했다.

당시 영국에서는 굿이어의 특허가 아직 미결 상태에 있었는데 핸콕으로서는 운 좋게도 굿이어의 특허신청서가 영국에 도착하기 두 달 전에 먼저 임시특허를 받아냈다. 발끈한 굿이어가 특허소송을 걸자 특허의 원천기술이 굿이어에 있다는 것을 잘 아는 핸콕은 소송을 취하하면 로열티의 절반을 주겠다고 제안했다. 그러나 굿이어는 그 제안을 거절하고 소송을 계속했지만 결국 패소하고 말았다. 그 결과 미국의 제조업자들은 굿이어로부터 제조면허를 구입해야 했지만 유럽의 제조업자들은 핸콕으로부터 제조면허를 살 수 있었다.

악재는 여기서 그치지 않았다. 굿이어 특허의 중요성을 잘 알고 있는 업자들은 어떻게 해서든 굿이어의 특허를 지연시키기 위해 특허소송을 걸었다. 결론부터 말한다면 굿이어는 32건의 특허소송에서 모두 승소했음에도 소송을 치르느라 전 재산을 모두 날려버렸다. 그의 일생은 소송과 파산으로 점철되었다. 빚 때문에 여러 차례 투옥되었고 1860년 60세로 사망할 때 가족에게 유산은커녕 20만 달러의 엄청난 빚만 남겨주었다.

외형적으로만 보면 굿이어는 끝까지 자신의 발명을 옹호하면서 누구와도 타협하지 않고 불행한 삶을 살았다고 볼 수 있다. 외곬을 고집하는 과학자의 단면을 볼 수 있는데 바로 그 점이 그로 하여금 세계에서 가장 불행한 과학자 중 한 명으로 거론되는 이유이다. 그러나 거꾸로 생각하면 다른 각도로 설명이 가능하다.

19세기 중반에 20만 달러를 빚졌다는 것은 현재로 따지면 최소한 수천만~수억 달러에 달하는 거금에 해당한다. 그 시대에 한 개인이 20만 달러라는 천문학적인 빚을 질 수 있었다는 것은 그의 발명이 워낙 탁월하다는 방증이다. 채권자가 굿이어에게 20만 달러라는 거액을 투자한 것은 그만큼 승산이 있었다는 것을 의미한다.

그러나 자본가와 발명가는 어느 면에서 경쟁자이자 적대자 관계이다. 발명이 우수한 경우 자본가는 그 아이디어를 구입하여 자신이 투자한 이상을 벌어들이려고 하고, 반면 발명가는 자신의 아이디어를 철저하게 지키면서 자본가의 압력으로부터 벗어나려고 한다. 그런데 이것이 간단하지가 않다. 아무리 좋은 아이디어라도 자본가의 자금을 빌리지 않는다면 실현되기 어려운데 이때 자본가는 기본적으로 발명가로부터 각서를 받으려고 한다. 자금을 대줄 테니 발명에 대한 모든 권리를 넘겨달라는 것이다. 당연히 발명가에게는 족쇄가 된다.

굿이어가 자금 확보를 위해 나름대로 묘수를 부려 특허를 대여하면서까지 자신의 권리를 지키려 했던 것도 이 같은 맥락에서이다. 어쨌든 굿이어가 32건이나 되는 특허소송에서 모두 이겼다는 사실은 그만큼 그의 특허의 중요성을 알고 방해꾼이 많았다는 것을 의미한다. 굿이어가 이들의 압력에 굴하지 않고 타협하지 않았다는 것은 결국 자신의 발명 즉 과학의 결실이 훼손되지 않기를 바랐기 때문이다. 그가 작은 유혹에 타협했다면 고무의 보급도 그만큼 늦어졌을지 모른다. 그의 불행은 역사상 중요한 고무의 효용성을 개선하겠다고 생각할 때부터 시작되었다고도 볼 수 있다.

고무 실용법을 발견하고 숱한 소송에서 이겼으면서도 찰스 굿이어는 결국 막대한 빚만 남기고 불행한 생을 마감해야만 했다.

누군가 "굿이어를 과학자라 볼 수 있는가?"라는 질문을 한 적이 있다. 그가 제대로 정규교육을 받지 못한 것은 사실이다. 그럼에도 불구하고 그는 세계적인 발명을 했으며 다소 원시적이고 무식한 방법을 사용했다고 하더라도 그는 남다른 실험과 연구로 성공했다. 한마디로 과학자보다 더 과학적인 방법을 도출한 것이다. 그 스스로 과학자라고 생각하지 않았을지 모르지만 현대인의 눈으로 볼 때 그가 누구보다 앞선 과학적 지식을 가졌음은 물론이다.

물론 굿이어에게도 씁쓸하지만 영광의 순간은 있었다. 1851년 런

현재 굿이어의 이름은 세계 최대의 타이어 제조업체인 굿이어타이어사에 그 이름이 남아 있다.

던 만국박람회와 1855년 파리 만국박람회에서 100퍼센트 고무로 제작된 전시관이 세워져 큰 호평을 받았다. 그런데 프랑스가 굿이어의 특허를 취소하는 바람에 로열티도 받지 못하게 된 굿이어는 박람회장 사용료조차 내지 못해 채무자 형무소에 수감되었다. 그런데 수감 중인 그에게 나폴레옹 3세가 파리 만국박람회의 최우수 금메달과 레지옹 도뇌르 훈장을 수여했다. 굿이어가 형무소에 있었음에도 훈장이 수여된 것은 그를 기업가로서가 아니라 발명가로 높이 평가했기 때문이다. 여하튼 형무소에서 자신의 훈장 소식을 듣고 그는 다음과 같이 말했다.

"인생의 성공 여부를 흔히 돈으로 평가하는 사람들이 많지만 그래서는 안 된다. 사람은 자기가 씨를 뿌렸는데도 아무 수확을 거두지 못할 때 그것을 애석하게 여겨야 한다."

현재 굿이어의 이름은 세계 최대의 타이어 제조업체인 굿이어타이어사에 그 이름이 남아 있고 자동차 경주인 포뮬러1에도 등장한다. 굿이어가 사망한 지 40년 후인 1898년 독일계 미국인 프랭크 사이버링과 찰스 사이버링이 자신들이 세운 회사 이름을 '굿이어 타이어 앤드 러버 컴퍼니'라고 지은 것이다.

그들이 굿이어라는 이름을 사용한 것은 자신들의 제조 기술이 특별하다는 것을 보여주기 위해서이기도 하지만 굿이어의 사망으로 특허료를 지급할 필요가 없다는 것이 가장 큰 이유였다. 그들의 아이디어는 큰 성공을 거두었는데 더욱 그들을 감격하게 만든 것은 회사를 설립한 지 10년 후 그야말로 대박 중의 대박이 터졌기 때문이다. 1908년 컨베이어 시스템으로 자동차를 대량생산하는 포드의 대명사인 모델T에 장착될 타이어를 납품하게 된 것이다. 모델T는 1972년 폴크스바겐사의 딱정벌레차가 추월하기 전까지 전 세계에서 가장 많이 팔린 자동차로 기록된다.

천연고무와 인조고무

고무의 수요가 폭발적으로 늘어나자 천연고무 수급에 가장 큰 타격을 받은 곳은 독일이다. 제1차 세계대전이 벌어지자 영국은 해상을 봉쇄하여 독일로의 고무 유입을 철저하게 막았고, 독일은 1910년 바이에른사의 호프만이 합성한 고무형상 물질(부타디엔, 이스프렌, 디메틸부타디엔을 합성한 것)의 개량을 서둘러 주로 디메틸부타디엔으로 합성고무를 생산하기 시작했다. 바이에른사는 1차대전 중에 자동차와 항공기 타이어용으로 2350톤의 합성고무를 제조했는데 품질이 나빠 자동차 타이어는 펑크도 잘 나는 것은 물론 평균 200킬로미터를 주행하면 갈아끼워야 했다.

제1차 세계대전이 종료되자 독일의 상황은 더욱 나빠졌다. 특히 전쟁의 여파로 해외 식민지를 모두 잃었으므로 산업화에 절대적으로 필요한 고무를 자체 생산하는 방법밖에 없었다. 히틀러는 집권하자마자 합성고무의 생산에 촉각을 세웠는데 1934년 I.G.파르벤사가 부타디엔과 스틸렌이라는 화학물질로 '부나S'라는 합성고무를 만들었다. 이 제품은 1937년부터 생산에 들어가 1943년에는 11만7613톤에 달하는 합성고무를 생산했다. 독일이 궁극적으로 제2차 세계대전을 치를 수 있었던 것도 바로 자체적으로 합성고무를 생산할 수 있었기 때문이다.

합성고무의 생산이 본궤도에 올라서자 학자들은 고무의 특성에 관심을 집중하기 시작했다. 찰스 굿이어가 실용적인 고무를 발명한 지 거의 100여 년이나 지나서이다.

독일의 화학자 슈타우딩거(Hermann Staudinger)는 합성고무에 관심이 깊은 칼 엥글러 교수 밑에서 천연고무의 단일체인 이소프렌을 연구하기 시작했다. 그는 이소플랜의 중합 반응 연구를 계속했고 폴리옥시메틸렌과 천연고무 그리고 폴리스틸렌의 고분자 합성의 연구를 시작했다. 슈타우딩거는 긴 사슬 형태의 분자로 존재하는 천연고무와 콜로이드 상태의 '폴리머(polymer, 고분자)'가 공유 결합되기 위한 조건을 발표했다. 폴리머란 단어는 그리스어에서 유래된 것으로 '많다'라는 'polys'와 '부분'을 뜻하는 'meros'의 합성어이다.

고분자는 간단한 화합물의 화학결합을 되풀이하는 거대분자로 예를 들면 고무 분자의 경우 매우 많은 이소프렌의 단량체(monomer)가 고무나무 속에서 생합성으로 연결되어 있다. 슈타우딩거는 중합체에 관한 고분자 화학 연구로 1953년 노벨 화학상을 받음으로써 자신의 고분자론이 옳음을 증명했다.

나무에서 채취한 천연고무의 구조식이 알려지자 이들 고무분자와 똑같은 합성고무 즉 업그레이드 된 합성고무의 제조가 곳곳에서 시도되었는데 미국은 독일과 다른 방법에 집중했다.

고무 제품 광고

처음에는 천연고무의 단위 구성체인 이소프렌에 대해 연구했다. 그러나 이소프렌을 합성고무의 출발 물질로 쓰기에는 두 가지 문제점이 있었다. 첫째, 이소프렌의 주된 원료가 고무 그 자체라는 것. 둘째, 이소프렌은 중합할 때 제멋대로 작용하여 고무가 아닌 다른 물질이 되기 일쑤였다. 결국 고무의 유연성과 탄력이 부족하여 자동차의 타이어로는 부적격이었다.

그럼에도 많은 학자들이 합성고무를 만드는 연구에 매달렸는데 이 물꼬를 터 준 사람이 캐러더스(Wallace Hume Carothers, 1896~1937)이다.

캐러더스는 자신의 연구실에 있는 아널드 콜린즈에게 아세틸렌에서 얻은 천연 그대로의 혼합물을 정제토록 했는데 콜린즈는 정제물에서 그동안 알려지지 않은 소량의 액체를 발견했다. 콜린즈는 이것을 버리지 않고 주말 동안 실험대 한쪽 구석에 두었다가 월요일 다시 보니 액체가 굳어 있었다. 놀랍게도 이 물질은 고무성질을 가지고 있었고 실험대 위에서 떨어뜨리자 통통 튕기기까지 했다. 이것을 분석해보니 아세틸렌이 중합된 고분자탄화수소가 아니고 전혀 예상하지 못한 염소가 함유되어 있었다. 캐러더스는 이 생성물을 이소프렌과 유사하다 하여 클로로프렌(chloroprene)이라고 명명했고 이후에 듀폰사는 '네오프렌'이라 이름 붙였다.

이 새로운 고무는 천연고무와 달리 기름이나 가솔린, 오존 등에도 놀랄 만큼 내구성이 강했다. 듀폰사는 내구성을 살려 공업용 호스, 구두창, 창문의 개스킷, 튼튼한 공업용 벨트, 전선케이블 커버 등에 사용하는 제품들을 개발했다. 현재 앞뒤 색깔이 다른 2색벨트도 네오프렌으로 만든 것이다.

천연고무를 대체하는 합성고무는 1963년에 노벨 화학상을 수상한 지글러(Ziegler)에 의해 보다 업그레이드된다. 지글러는 폴리에틸렌을 제조할 때 사용하는 촉매제로 이소프렌을 중합하여 천연고무와 거의 유사한 물질을 생산하는 데 성공했다. 그는 금속염화물과 유기 알루미늄화합물을 조합하여 매우 유효한 종합촉매를 개발했는데 그 비밀은 현재까지도 알려지지 않고 있다. 이 종합촉매를 사용하면 이소플렌의 **모노머** 단위를 서로 연결하여 나선형의 고무 고분자로 배열하도록 제어할 수 있으므로 비로소 천연고무와 거의 분별이 안 되는 합성고무를 만들 수 있었다. 오늘날 타이어나 기타 제품에 천연고무를 사용하느냐 합성고무를 사용하느냐는 오로지 합성고무의 원료인 석유 가격에 따라 달라질 정도로 이 둘은 차이점이 없으며 때로는 혼합하여 사용하는 경우도 있다.

모노머(monomer, 單量體)
고분자를 만드는 바탕이 되는 간단한 분자. 이것이 다수 연결한 것이 중합체(고분자)이다

무한한 가능성을 가진 고무

학자가 아니었던 굿이어는 황과 열이 어째서 그토록 천연고무와 잘 반응하는지를 몰랐다. 그는 이소프렌의 구조도 몰랐고 천연고무가 이소프렌의 중합체라는 사실도 몰랐다. 특히 자신이 황으로 그 무엇보다도 소중한 고무의 **교차결합**을 이뤄냈다는 사실조차 몰랐다. 열을 가하면 황 원자들은 교차결합을 형성하는데 이 교차결합들은 고무 분자의 긴 사슬을 고정시키는 역할을 하며 고무의 행렬(matrix) 전체를 온도 변화에 민감하지 않도록 만들어준다. 이와 같은 사실은 굿이어가 행운의 발견을 한 지 75년이 지나서야 영국의 화학자 새뮤얼 슈뢰더 피클스가 고무가 선형(線形) 이소프렌 중합체라는 사실을 발견함으로써 마침내 가황 공정이 밝혀졌다.

> **교차결합(cross-link)**
> 사슬 모양으로 결합해 있는 어떤 원자와 원자 사이에 다리를 걸치듯이 형성되는 결합. 다리결합이라고도 한다.

굿이어의 발견은 현대 문명의 출발점이 되었다. 천연고무에 황을 0.3퍼센트만 넣어도 탄성 허용 온도가 변해 더운 날씨에도 찐득거리지 않고 추운 날씨에도 부스러지지 않는다. 고무밴드를 만드는 데 사용되는 부드러운 고무는 약 1~3퍼센트의 황을 첨가한 것이다. 3~10퍼센트의 황을 첨가하면 교차결합이 더 많이 일어나 유연성이 작아져 타이어에 사용되며, 23~35퍼센트의 황을 첨가하면 고무가 딱딱해진 에보나이트가 되는데 이들은 절연재로 사용된다. 에보나이트는 굿이어의 형제인 넬슨 굿이어가 만든 검은색의 매우 단단한 물질이다.

아직도 고무에 대한 연구는 무궁무진하다. 현대 과학의 꽃이라 볼 수 있는 우주정거장, 우주복, 로켓, 우주 왕복선 등도 필수 부속품으로 고무가 없었다면 존재하기 어려운 첨단 발명품이다. 1986년 1월 우주왕복선 챌린저호가 폭발하여 탑승원 모두 사망했을 때 고무의 연구가 아직 미진하다는 것이 알려졌다. 폭발 원인을 분석한 학자들은 놀라지 않을 수 없었다. 결론은 고무가 가진, 추위에 견디는 내한성의 한계를 간과했기 때문에 발생했다는 것이다.

당시 발사 시점의 기온은 섭씨 2.2도로, 이전에 왕복우주선을 발사할 때의 최저 기온보다 8.3도가 낮았다. 우주왕복선의 고체로켓 모터 후미 부분 조인트에 있던 오링은 그늘진 곳에 있었는데 이곳의 온도는 영하 2.2도로 추정된다. 이렇게 낮은 온도에서 오링은 원래의 유연성을 잃고 원래의 모양으로 복귀하지 못해 압력 가스를 막는 역할을 제대로 하지 못했다. 그 결과 연소 가스가 새어 나와 7명의 우주인들이 목숨을 잃는 폭발 사고로 이어진 것이다. 굿이어가 고무의 실용화 길을 열어주었지만 아직도 인류의 미래를 위해 고무를 좀 더 연구해야 한다는 말이 나온 이유이다.

12

통찰과 데이터로 진실을 밝힌다

이그나즈 젬멜바이스(1818–1865)

헝가리의 의학자. 산모들의 산욕열에 대한 원인을 찾아내어 사망률을 격감시키는 데에 공을 세웠다. 빈 대학에서 의학을 공부, 산부인과를 전공하여 산욕열은 의사들의 오염에 의한 패혈증임을 설명하고 염화칼슘에 의한 소독법을 제창했다. 기존 의학계의 심한 반대로 부다페스트로 은퇴, 후에 정신병원에서 숨졌다.

이그나즈 젬멜바이스 Ignaz Philipp Semmelweis, 1818~1865

소독의 창시자, 정신병원에 수감 중 사망

병원이라면 수술실은 물론 모든 곳에서 철저한 위생이 필수적이다. 영화나 드라마 속의 의사들은 수술하기 전 소독제로 철저하게 손을 씻고 깨끗한 수술복으로 갈아입은 후 환자의 생명을 살리기 위해 최선을 다하는 모습을 보여준다. 그런데 놀랍게도 의사들에게 이러한 위생 관념이 도입된 것은 채 150년도 되지 않았다는 사실이다.

사람의 생명을 구하는 데 있어서 수술이 중요함은 두말할 필요가 없다. 인류 생활에서 언제부터 수술이 시작되었는지 확실하지 않지만 약 2만5000년 전 구석기시대의 두개골에서 외과적 수술의 흔적이 발견되는 것으로 보아 아주 오래 전부터 수술이 행해졌던 것으로 추측된다. 이 두개골에는 예리한 돌을 이용해 구멍을 뚫은 수술 자국이 남아 있었는데 놀라운 것은 수술 후에도 상당히 오랫동안 살았다는 점이다. 구석기인들이 왜 이런 수술을 했는지는 알 수 없지만 수술의 효과를 잘 알고 있음에 틀림없다.

1840년대 초 마취제의 등장으로 수술법도 획기적으로 발달하여 많은 사람들을 고통에서 구했지만 그 부작용 또한 만만치 않았다. 수술에는 성공했다 하더라도 수술 후의 경과가 나빠져 수술에 대한 공포가 사라지지 않은 것이다. 그것은 패혈증 때문인데, 수술 후 회복을 기다리던 환자들이 수술 부위가 곪으면서 열이 나고 통증이 생기며 여러 증상이 나타나다가 결국에는 사망에 이른다. 일단 패혈증이 발생하면 곧 죽음을 의미하므로 수술 의사나 환자들 모두 공포에 떨었는데 놀라운 것은 당시 수술 받은 사람의 거의 70퍼센트가 패혈증으로 사망했다고 한다.

이를 해결할 수 있는 방법이 무균 처리이다. 그런데 멸균이나 소독에 대한 개념은 상당히 오래 전부터 알려져 있었지만 이의 시행은 매우 늦게 시작되었다. 프랑스의 외과의사 파레는 1537년에 난황과 테레빈유를 혼합하여 종상을 치료했는데 이것으로 상당한 효과를 보았다. 난황에는 항미생물제 역할을 하는 라이소자임이 들어 있고 테레빈유는 화학적 소각작용을 일으키는 독성을 갖고 있기 때문이다. 그러나 그의 치료법은 후대로 전해지지 않았다. 패혈증 등의 희생자가 계속 나올 수밖에 없었다는 뜻이다.

치명적인 병을 옮기는 의사들

마취제의 활약으로 고통은 줄었지만 패혈증은 사라지지 않아 의사나 환자 모두 수술 자체가 극도의 기피 대상이었다. 1847년 오스트리아의 빈에서 일하던 헝가리 의사 젬멜바이스(Ignaz Philipp Semmelweis)는 믿기 어려운 사실을 발견했다. 의사가 환자를 살리는 구원자가 아니라 오히려 환자를 병들게 하는 파괴자일지도 모른다는 것이다.

산모가 아이를 출산할 때 신생아가 산모의 좁은 산도를 통과하는 과정에서 산모의 질과 회음부가 찢어지는 상처를 입는다. 출산으로 인한 상처는 저절로 낫는 것이 보통이지만 이 상처를 통해 균이 침입하면 감염과 고열을 일으키는 산욕열(puerperal fever)이 발생하여 상당히 많은 산모들이 사망했다. 당시 유럽에서는 산욕열에 의한 산모의 사망률이 10~30퍼센트에 이를 정도로 공포의 질환이었다.

의사가 불결하여 오히려 환자들에게 치명적인 병을 옮긴다고 생각한 젬멜바이스는 손을 소독하지 않은 의사가 한 환자에게서 다른 사람에게로 산욕열을 전염시키는 것을 알아냈다. 산욕열의 감염 경로를 찾아낸 것이다.

젬멜바이스는 1818년 오늘날의 헝가리 부다페스트에서 독일계 유복한 상인의 다섯째 아들로 태어났다. 당시 그가 태어난 지역은 헝가리어와 독일어가 주로 사용되고 있었는데 그는 독일어를 제대로 구사하지 못했다. 이러한 언어장벽 때문에 그는 연구원이라면 당연시하는 구두발표를 평생 기피하였고 이러한 습관이 만년에 이르러서 비극을 낳는 요인이 된다.

손을 소독하지 않은 의사가 병을 전염시키는 경로라는 것이 밝혀진 뒤로 멸균에 대한 주의가 강조되었다.

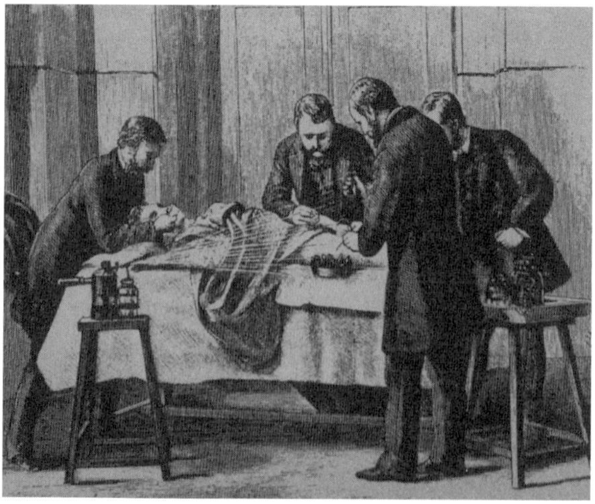

1837년 그는 아들을 정치인으로 키우고 싶어하는 아버지의 바람대로 빈(Wien)대학 법학부에 입학했다. 그러나 해부학 강연을 들은 후 전공을 바꿔 빈과 부다페스트에서 의

학을 공부했다.

젬멜바이스는 대학 시절 빈을 대표하는 두 의사로부터 가르침을 받았다. 한 사람은 병리해부학 교수인 카를 폰 로키단스키(Carl von Rokitansky)인데, 그는 인체 기관이나 조직에서의 변화가 외부로 나타나 임상적 증상이 된다는, 당시로서는 파격적인 학설의 주창자였다. 임상의는 시체 해부를 하지 않는 것이 관례임에도 로키단스키는 45년 동안 일주일에 7일, 하루에 2번씩 평생 3만 번 이상 검시 해부를 했다. 그의 이러한 열정과 연구 태도는 세포병리학의 아버지로 불리는 루돌프 비르효가 '병리해부학의 **린네**'라고 부를 정도였다.

린네(Carl von Rinné)
스웨덴의 식물학자로 생물 분류법인 이명법의 기초를 마련했다.

또 한 사람은 로키단스키와 함께 빈 현대의학의 창시자라고 불리는 조셉 스코다(Joseph Skoda)이다. 그는 진단과 예방에 중점을 두었는데, 임상적 추론을 세운 다음 그것을 예방에 응용하는 위생학적 조치를 강조했다.

두 사람의 지도를 받고 대학을 졸업한 젬멜바이스는 1846년 빈 최초의 종합병원인 출산전문 산부인과의 조수로 시작해 1849년까지 근무했다. 그런데 병원에서의 그의 앞날에 먹구름이 드리워 있었는데 그의 상관이 무능하기로 소문난 요한 크라인이었다. 어느 곳이나 악역을 맡은 상관이 있게 마련이지만 크라인은 의사가 산욕열을 감염시킨다는 그의 연구 성과를 끝까지 인정하려 들지 않았다. 오히려 비웃기까지 했다. 젬멜바이스가 의학사상 중요한 발견을 했음에도 상사의 편협한 성격 때문에 불행한 미래가 결정되었다고 한탄하는 학자들도 있을 정도이다.

병동 간 사망자가 달랐다

젬멜바이스가 의학사에 길이 남을 중요한 발견을 하게 된 데는 남다른 통찰력을 가졌기 때문이었다.

당시 귀족이나 부유층들은 집에서 출산을 했지만 일반 서민들은 병원에서 출산했고 그도저도 아닌 사람은 길거리나 공원에서 아이를 낳았다.

1843년 미국 하버드대학 해부학과 교수인 홈스는 산모에게 발생하는 질환인 산욕열의 원인이 세균이라는 사실까지는 밝혀냈지만 발생 경로가 명확하지 않고 출산시 출혈 때문에 일어난다고만 알려졌다. 그런데 산욕열에 걸려 사망하는 산모는 병원에서 출산하는 경우에만 있었다. 병원에도 들어가지 못하고 아무데서 아이를 낳은 산모가 산욕열에 걸리는 경우는 없었다.

병원에서 분만한 산모에게서만 산욕열이 발병한다는 것을 발견한 젬멜바이스는 그 원인이 병원에 있는 '그 무엇' 때문이라고 결론 내렸다. 그는 사망한 환자들을 상세하게 관찰하고 이를 통계적으로 분석하기 시작했다.

그런데 곧 놀라운 자료가 쌓이기 시작했다. 젬멜바이스가 근무하는 빈 종합병원에는 산부인과 병동이 제1병동과 제2병동이 있었는데 두 병동은 가까이 붙어 있었다. 제1병동에는 학문적으로 교육받은 의사들과 의대생들이 근무하면서 신생아를 받았고 제2병동에는 정식 교육을 받지 않은 산파들이 아이를 받았다. 그런데 제1병동보다 오히려 제2병동의 사망률이 훨씬 낮았다. 의사가 전문적인 지식인임을 감안하면 제1병동에서의 산모 사망률이 제2병동보다 낮아야 했는데 오히려 그 반대였다.

젬멜바이스는 우선 고대 의학자 갈레노스가 말한 대기 중의 '무엇'으로는 사망률의 차이를 설명할 수 없다고 보았다. 제1병동이나 제2병동이나 모두 같은 공기로 숨을 쉬고 있기 때문이다. 특히 산모들은 모두 안전한 병동에 들어가기를 원했기 때문에 전문의가 담당하는 제1병동이 아닌 제2병동을 선호했다.

이그나즈 필립 젬멜바이스(1864)

예상외의 결과에 놀라 면밀히 상황을 분석하던 중 매우 이상한 사건이 일어났다. 젬멜바이스의 선배 의사인 야코프 콜레츠카가 시신을 부검하던 중 실수로 생긴 작은 상처 때문에 감염으로 사망한 것이다. 콜레츠카의 죽음은 젬멜바이스에게 큰 충격을 주었으나 이 사건은 산욕열의 수수께끼를 해결해 주는 실마리가 되었다.

여러 가지 정황을 검토한 젬멜바이스는 상식적으로 이해되지 않는 선배의 사망을 다음과 같이 유추했다. 그의 선배는 '부검 도중 메스를 다루다가 상처를 입은 것이 원인이 되어 사망했다는 것'이다. 논리적으로 환자의 몸에서 나온 미지의 물질이 상처를 통해 선배의 몸속으로 들어갔고 이것의 독성으로 인해 사망했다는 것이다. 실제로 콜레츠카의 시신을 부검한 결과 산욕열로 사망한 산모에게서 나타난 증상과 유사했다.

이런 상황을 뒤집어보면 다소 놀라운 결론이 도출된다. 산욕열은 거꾸로 의사로부터 산모에게 독성이 전염되었을지 모른다는 것.

그가 이와 같이 역발상을 할 수 있었던 것은 제1병동으로 출산일을 지정받은 임산부 중에서 마침 병상이 없어 그날 입원을 거절당해 병원 밖에서 출산한 산모는 산욕열에 걸리지 않았다는 것을 발견했기 때문이다.

여하튼 그는 제1병동의 의사들은 시체를 만지거나 감염성 질환 환자들이 사용한 기구 등을 다루다가 아무런 조치 없이 분만실로 들어간다는 사실을 발견했다. 당시에는 감염원에 대한 개념은 없었지만 경험적으로 전염병에 대한 지식은 어느 정도 있었으므로 젬멜바이스는 제1병동 분만실에 근무하는 의사들에게 소독을 강조했다. 물로만 씻을 것이 아니라 시체에서 묻어온 모든 물질이 씻겨나갈 때까지 염화칼슘액으로 손을 박박 씻으라고 말했다. 그러자 놀랍게도 제1병동에서 제2병동보다 산욕열로 사망하는 산모의 숫자가 낮아졌다. 그는 환자와 접촉하는 모든 도구를 포함해 소독 범위를 확대한 후

젬멜바이스가 소독을 실시하기 전후의 산욕열 발생 그래프(1841–1849)

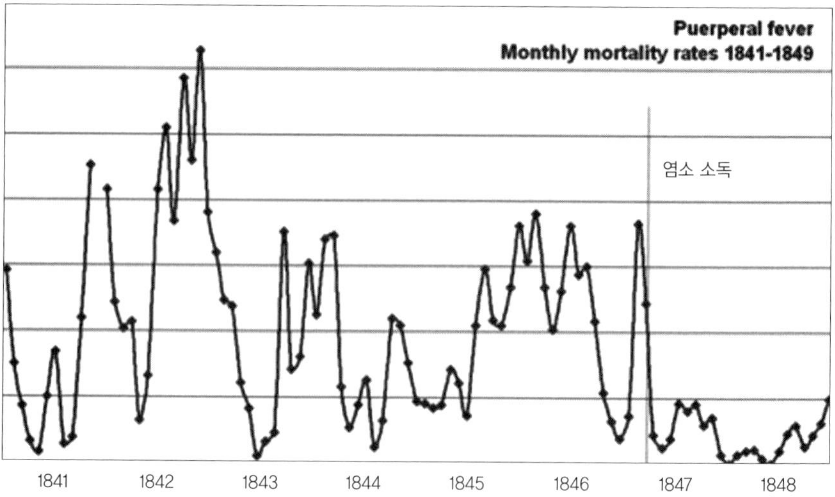

산욕열로 인한 월별 사망률을 모두 기록했다. 소독 후 산욕열 발생이 현저히 줄어든 것을 확인한 그는 1848년 자신의 이론이 옳았음을 문서화할 수 있었다.

게르하르트 벤츠미가 당시의 일을 다음과 같이 적었다.

'산모와 접촉해야 하는 사람은 누구라도 미리 철저히 청결조치를 취하고 나서 두 손을 염소 소독액으로 한 번 더 깨끗하게 씻도록 했다. 결과는 기대를 저버리지 않았다. 1847년 4월만 하더라도 그가 책임지고 있던 병원에서 산욕열로 사망한 산모의 비율이 100명 중 18명이나 되었다. 하지만 5월 들어 그가 강조한 조치를 취한 뒤 사망한 산모는 6월에는 100명 중 2명, 7월에는 100명 중 1명이었다.'

젬멜바이스의 발견은 세균이 부패의 원인임을 밝힌 루이 파스퇴르보다 9년 전이며, 상처 감염은 세균이 원인이므로 의사의 손을 통해 전염할 가능성이 있다고 조지프 리스터(Joseph Lister)가 주장한 1867년보다 20년 앞섰다.

그런데 젬멜바이스가 중요한 발견을 했음에도 청결조치가 곧바로 보급되지 않았는데, 그 이유에 대해 학자들은 그가 두 가지 면을 간과했기 때문으로 분석한다. 첫째, 이와 같은 산욕열의 외부적인 결과에만 치중했지 현미경을 통한 병리학적 이론이 뒷받침되지 않았다는 점이다. 단지 염소 소독은 사망률 감소에 효과가 있다는 사실만 보여주었을 뿐 그 과정이나 메커니즘의 설명이 결여되어 특별한 증거를 요구하는 의학자들로부터 확신을 얻지 못한 것이다.

두 번째는 오로지 젬멜바이스의 개인적 성향 때문이다. 젬멜바이스는 의학에도 관심이 있었지만 동시에 정치적인 문제에도 깊이 관여했다.

1848년 프랑스 2월 혁명의 여파로 유럽 전역에서 자유주의 열망이 높아지기 시작했다. 오스트리아도 예외는 아니어서 그해 3월 13일 빈에서는 시민의 권리와 표현의 자유를 주장하는 대규모 시위가 일어났다. 이 시위는 의과대학생과 젊은 의대 교수들이 주축이 되었는데 젬멜바이스도 이에 적극적으로 가담하여 오스트리아 제국 합스부르크 왕가를 타도하는 데 앞장섰다. 그 사건으로 젬멜바이스의 상관들을 화나게 만들었는데 그는 30대 초반의 세상물정 모르는 애송이였다.

그의 정치적인 성향이 과격하다고 생각한 빈 종합병원 측은 정치 의사는 환자를 돌볼 자격이 없다며 젬멜바이스와의 계약기간이 만료되자 곧바로 그를 해고했다. 1849년 3월, 그의 나이 33살 때였다. 그러나 그의 정치 경력은 차치하더라도 그가 발견한 의학적인 업적은 대단한 성과였다. 그러므로 일부 교수들의 지지를 받으며 1850년 5월 빈의 의학협회의 공개토론에서 자신의 발견을 발표할 수 있는 기회를 얻었다. 그의 설명이 끝나자 의장은 반대자들의 비판에도 불구하고 젬멜바이스의 주장이 설득력이 있다는 취지의 보고를 했다.

그런데 이때도 젬멜바이스는 큰 실수를 범한다. 중요한 강연회임에도 자신의 주장을 논문으로 제시하지 않은 것이다. 젬멜바이스가 까다로운 논문을 작성할 정도로 독일어에 능숙하지 못했다는 점도 있지만 그가 빈에서 의대를 졸업했다는 사실을 감안하면 이런 실수는 전적으로 젬멜바이스의 불찰이라고 볼 수 있다. 설상가상으로 젬멜바이스가 자신의 논지를 정확하게 활자화하지 않은 반면 반대파는 토론회에서의 패배를 설욕하기 위해 산욕열이 계절 변화 때문일지도 모른다며 사체 감염을 부정하는 논문을 발간했다. 학계에서는 논문을 매우 중요시하므로 산욕열에 대한 논쟁은 반대자들에게 유리하게 전개되었다.

실업자가 된 젬멜바이스는 새 직장을 찾아야 했다. 강사 자리라도 찾았는데 학교 측에서는 그의 능력을 감안하여 채용은 해주지만 그의 정치적인 성향 등을 빌미로 이런저런 조건을 붙였다. 다소 이해할 수 없는 일은 강의를 하더라도 사망자 시신에 대한 실험은 할 수 없다는 것이다. 젬멜바이스의 손을 묶어 놓겠다는 뜻으로, 뒤집어 말하면 젬멜바이스가 능력있는 의사임은 분명하므로 사고만 치지 않고 조용하게 의사로서 직무를 충실히 하면 받아들이겠다는 뜻이었다. 그러나 다혈질의 젬멜바이스는 이들과 더 이상의 상종을 거부하고 부다페스트로 돌아갔다.

고향 부다페스트로 돌아온 젬멜바이스는 1851년부터 세인트 로후스(St. Rochus) 병원에서 무보수 수석의사로 일한 뒤 5년 뒤에 부다페스트대학교의 조산학과 교수로 초빙되었다. 그가 부다페스트로 돌아온 1850년에는 로후스 병원에 산욕열이 만연해 있었지만 그가 근무하기 시작한 이후 산모의 사망률이 현저하게 떨어졌다. 1851~1855년 동안 933명의 신생아가 태어났는데 산욕열로 사망한 환자는 8명에 불과했다. 로후스 병원에서의 눈에 띄는 성과가 있었음에도 그가 발견한 살균 효과의 보급은 지지부진했다.

1857년 젬멜바이스는 취리히대학의 교수 자리를 거절하고, 그해 성공한 무역상의 딸인 스무 살의 마리아 바이덴호퍼(Weidenhoffer)와 결혼해 다섯 아이를 두었다.

그는 계속 자신의 논지를 주장하면서 무균처리가 산욕열로 인한 사망률을 감소시킨다는 내용의 《산욕열의 원인, 개념과 예방(1861)》을 출판했다.

그런데 그 책에 대한 부정적인 평가가 늘어나자 정신적 충격을 받은 젬멜바이스는 심각한 우울증에 시달렸다. 그런데 젬멜바이스에게도 문제가 있었다. 그는 산부인과 의사들을 설득하려는 노력보다 자신의 주장만이 옳다는 태도를 견지하면서 자신의 이론을 받아들이지 않는 의사들을 맹공격하는 데 열중했다는 점이다. 그는 유명 산부인과 전문의들에게 공개서한을 보내 그들을 '냉혹하고 비양심적인 살인마들'이라고 불렀다. 그 편지들은 괴로움과 절망, 분노로 가득차 있었는데, 편지 곳곳에 당대 의사들에 대한 비판과 모욕적인 글로 가득했고 반대파 의사들을 살인자라고 심하게 몰아붙였다.

사실 당대의 의사들이 젬멜바이스의 주장을 곧바로 받아들이지 않은 데는 의사들의 자존심도 한몫했다. 그들은 수술 전문가인 의사를 감염의 원인이라고 주장한다는 것 자체를 모욕으로 받아들였다. 그들은 몸 안의 어떤 원인으로 인해 자연 발생적으로 감염을 일으킨다고 믿었기 때문이다.

젬멜바이스의 이러한 공격적인 행동은 의사협회를 자극하기에 충분했다. 게다가 그는 지나치게 술을 많이 마셨고 가족에게서 떨어져 창녀촌에서 보내는 시간이 많아졌다.

공격적인 처신과 정치적 성향으로 그는 결국 의학계에서 쫓겨나고 부다페스트대학의 교수직도 내놓아야 했다.

1865년 젬멜바이스 가족이 친구를 방문했을 때 그는 이상한 행동을 하는 등 심각한 정신이상 증세를 보였다. 7월 30일 친구들은 그에게 '새로운 연구소'를 방문한다고 꾀어 그를 빈의 정신병원에 입원시켰다. 젬멜바이스는 곧 무슨 일이 일어났는지 알아챘고 정신병원을 탈출하려고 시도했지만 경비원들에게 붙잡혔다. 구속복을 입은 채로 그는 독방에 갇혔고 심한 구타와 찬물세례를 받았다. 2주일 후인 8월 13일 그는 사망했다. 사인은 내부 손상에 의한 패혈증이었다.

그런데 근래 들어 그의 사망 요인으로 두 가지가 추가로 거론되고 있다. 매독과 알츠하이머병이다. 그의 사망요인으로 이들 병을 추정하는 것은 사망 100년이 지나 유해를 발굴하여 X선 촬영 등으로 추정한 것이다.

그야말로 의학의 선구자라고 볼 수 있는 젬멜바이스는 47살의 젊은 나이에 목숨을 잃었지만 다행한 것은 그가 죽은 뒤 병원에서 그의 주장을 채택하기까지는 그리 오랜 시간이 걸리지 않았다는 점이다. 그의 이론이 보급되지 않은 것은 살균 자체가 나빠서가 아니라 젬멜바이스라는 개인에 대한 부정적인 인식이 큰 요인으로 작용한 것도 사실이다. 그가 사망했기 때문에 그의 주장대로 살균을 한다고 해서 문제가 될 일은 아니었다.

젬멜바이스를 과학의 희생자로 거론하는데 이의를 제기하는 사람은 아마도 없을 것이다. 그가 인류를 위해 위대한 발견을 한 것도 인정한다. 문제는 자신이 밝혀낸 그 위대한 발견이 세상에 받아들여지기 위해 그가 힘겹게 싸운 방법론 때문에 그의 이론이 접목되는 것도 늦어졌고 당사자로서는 생전에 조롱과 경멸만 받았다. 그 결과 불행한 죽음을 맞이해야 했다.

불결하기 짝이 없는 수술 장면을 목격하다 젬멜바이스가 영욕의 세월을 보내다 사망한 것과는 대조적으로 의학의 역사는 빠뜨릴 수 없는 또 한 명의 명인을 배출하는데 이 사람이 조지프 리스터(Joseph Lister, 1827~1912)이다. 유니버시티 칼리지 런던 의과대학생 시절이던 1846년 12월 그는 마취된 환자의 수술 장면을 참관했다. 젬멜바이스가 산욕열 사망자의 숫자를 토대로 소독의 중요성을 강조하기 직전의 일이다.

집도의는 평소와 마찬가지로 몇 달 동안이나 세탁하지 않은 불결한 상의와 에이프런을 걸치고 수술실로 들어갔다. 잠시 후 집사 일을 하던 프레더릭 처칠이라는 환자가 수술실로 옮겨졌는데 괴사된 넓적다리의 절단 수술을 받기 위해서였다.

에테르에 적신 스폰지 흡입장치를 이용해 마취제가 투입된 환자는 곧바로 마취 상태에 들어갔고 집도의는 톱니 모양의 시술용 메스로 통증없이 환자의 넓적다리를 절개했다. 이 장면은 본 리스터는 마취제를 사용한 수술은 대성공했으나 공개적인 수술이었음에도 비위생적인 수술실 상태에 깜짝 놀랐다. 그런 환경에서 수술을 받는 환자들은 수술보다도 세균 감염에 의해 상태가 더욱 악화될 것이라고 생각했다. 당시 영국에서 성공적으로 수족 절단 수술을 받았는데도 3명 중 한 명 꼴로 환자들이 사망했는데 대부분 수술 후 감염되는 패혈증이 원인이었다. 특히 패혈증은 상처 악화로 악취가 심했는데 당시 많은 의사들은 악취가 감염을 일으킨다고 생각했고 사망도 악취 때문이라고 생각했다.

그런데 어느 누구도 냄새를 제거하는 문제를 해결하려고 생각하지 않았다. 이때 선구적인 사고를 가진 여성이 등장하는데 바로 램프를 든 전설적인 숙녀 플로렌스 나이팅게일이다. 그녀는 비누와 따뜻한 물 그리고 햇볕이 필요하다고 역설했다. 하지만 그녀는 고귀한 집안의 딸로 전장에 투입된 간호사이지 의사는 아니었다. 그녀의 말은 무시되었다.

조지프 리스터는 페놀에 의한 무균 수술법을 고안했다.

수술 후 환자들의 사망 원인에 대해 의사들도 잘 몰라 갈팡질팡하고 있을 때 매사를 꼼꼼하게 분석하는 리스터는 불결한 병동에 떠도는 세균이 감염의 원인이라고 추정했다. 그러나 일개 의과대학생에 지나지 않던 당시에는 자신의 생각을 실천에 옮길 수 없었지만 20년 후 드디어 자신의 이론을 실험할 기회가 찾아왔다.

1861년 글래스고의 왕립진료소로 발령받은 리스터는 5년 동안 환자의 약 50퍼센트가 패혈증으로 사망한다는 사실에 주목하면서 자신의 가설을 실험하기로 결심했다. 그런데 1865년 프랑스의 루이 파스퇴르가 공기 중의 미생물 즉 병원균에 의해 질병이 전염된다고 발표한 것이다.

리스터는 곧바로 자신이 생각한 방부제 사용 실험에 착수했다. 그는 당시 하수구의 악취 정화제로 주로 사용되던 석탄산(페놀을 녹인 수용액)을 방부제로 선택했다. 1865년 8월 리스터는 복합골절 환자의 환부를 석탄산으로 소독하고 다리에 부목을 대어 붕대로 감았다. 4일 후 붕대를 풀어보니 화농의 기미가 전혀 없었다. 그후 방부제 도포를 계속하자 환부가 아물기 시작했고 골절된 지 6주가 지나자 환자는 완쾌하여 걸어서 퇴원했다. 리스터는 자신있게 다음과 같이 적었다.

'파스퇴르의 연구가 공기 감염은 산소나 그 어떤 기체 성분이 아니라 그 속에 떠도는 미생물 때문이라는 점을 증명했을 때, 나는 공기를 차단하지 않고도 부유 입자를 파괴할 수 있는 물질을 발라서 다친 부위의 부패를 막을 수 있다는 생각을 떠올렸다.'

인간의 피부는 매우 단단한 보호 장벽이므로 세균을 직접 피부에 발라도 대개의 경우 병이 일어나지는 않는다. 세균이 피부 상벽을 뚫고 인체 안으로 침투하는 것이 간단치 않기 때문이다. 그런데 아무리 철옹성과 같은 피부라도 상처가 생기면 얘기가 달라진다. 상처로 인해 피부에 틈이 벌어지면 그 사이로 세균이 얼마든지 침입할 수 있다. 이때 중요한 것은 상처의 크기보다 상처에 닿는 것들에 어떤 균이 묻어 있는가이다. 리스터는 환부에 직접 닿는 물건을 소독해 가능한 한 상처를 깨끗하고 안전하게 유지해야 한다고 주장했다. 한마디로 방부제 사용뿐만 아니라 방부제를 도포하는 붕대 등도 소독해야 한다는 것이다.

현대 병원에서는 이를 위해 두 가지를 병행한다. 소독과 멸균이다. 소독(disinfection)은 살아 있는 미생물을 제거하는 물리화학적 절차이고, 멸균(sterrilization)은 살아 있는 미생물뿐 아니라 아포(포자)까지 제거하는 보다 더 적극적인 방식이다. 예를 들어 주사를 놓기 전에 알코올 솜으로 피부를 닦는 것은 소독이며 수술용 메스를 고온

고압기에 넣고 끓이는 것은 멸균이다. 보통 피부 소독에는 75퍼센트의 알코올이나 10퍼센트 포비돈-요오드 용액(소위 빨간약)이 많이 이용된다. 알코올은 미생물의 단백질을 변성시키고 포비돈-요오드 용액은 미생물의 단백질뿐만 아니라 DNA의 구조까지 망가뜨리는 성질을 갖고 있다.

리스터의 청결 치료법은 곧 놀라운 결과를 보였다. 절단 수술로 인한 사망률이 50퍼센트에서 15퍼센트로 급감했다. 병원에서의 혁신적인 청결운동의 일환으로 더러워지면 금방 눈에 띄는 흰색 가운을 입게 된 것이나 환부를 감싸는 데 거즈가 사용되기 시작한 것도 그의 공로이다.

리스터의 방부치료 가치를 최초로 인정한 국가는 독일인데, 1870~1871년 프로이센-프랑스 전쟁 때 독일의 외과의사들이 처음으로 방부치료법을 사용했다. 리스터는 1871년 9월 빅토리아 여왕의 왼쪽 겨드랑이에 난 커다란 종기를 절개하는데 성공함으로써 왕실로부터 공식적인 인정을 받았다. 그날 여왕은 다음과 같이 일기에 적었다.

'커피를 한 잔 마신 후 장시간에 걸쳐 소름끼치는 드레싱 치료를 받았다. 주치의인 마셜 박사가 리스터 박사를 도왔고 붕대를 풀기 전과 드레싱을 하는 동안 살균을 위해 그의 위대한 발명품인 석탄산 분무기가 사용되었다.'

리스터는 1897년 남작 작위를 받았고 1902년에는 그해에 제정된 메리트 훈위를 수여받은 12명 중의 한 명에 포함되었다. 그는 훗날 당시의 수술에 자부심을 갖고 다음과 같이 말했다.

"나는 여왕의 몸에 칼을 댄 유일한 사람이다."

20세기 초 영국과 독일에서 개발된 무균처리법은 박테리아를 소독하는 살균법과 달리 완전한 무균 상태에서 치료하는 것이다. 무균치료법은 우선 수술 전에 환자의 절개 부위를 소독하고 나머지 신체 부분을 살균한 타월과 시트로 감싼다. 수술 의사들은 소독한 가운, 장갑, 마스크를 착용하고 수술에 사용되는 모든 기자재는 화학적인 방법이나 열로 살균 처리한다. 현재의 병원에서 사용되는 방법대로이다.

의학의 역사상 중요한 소독의 필요성을 역설한 젬멜바이스는 대표적인 과학의 희생자로 거론되지만 리스터는 의학사에서 살균과 멸균을 접목시킨 위대한 의학자로 인정된다. 엄밀한 의미에서 소독과 멸균의 중요성이 병원에서 정착되기 시작한 것은 리스터가 큰 공헌을 세웠지만 과학에서는 제일 먼저 아이디어를 도출한 사람을 우선시한다는 것이다. 불운하게 사망한 젬멜바이스라는 이름이 현재까지 전해진다는 것이야말로 이러한 과학의 덕목 때문에 가능한 일이다.

그런데 놀라운 것은 고대 그리스의 외과의사들은 수술하는 사람의 손과 수술도구의 청결이 중요하다는 것을 알고 있었다는 점이다. 어찌된 일인지 이러한 정보는 망각의 늪에 빠져 19세기까지 어느 누구도 생각하지 않았지만 젬멜바이스와 같은 과학자가 있었기 때문에 되살아났다는 데 현대인들은 감사해야 할 것이다.

13

그 엄마에 그 딸, 퀴리

마리 퀴리(1867–1934), 이렌 퀴리(1897–1956)

마리는 남편과 함께 최초의 방사성 원소 폴로늄과 라듐을 발견. 두 번의 노벨상 수상. 첫째딸 이렌은 인공방사능 원소를 발견한 공로로 1935년에 노벨 화학상을 수상. 1965년에는 마리의 둘째 사위 라뷔스가 활동하던 국제연합어린이기금(UNICEF)이 노벨 평화상을 탐으로써 퀴리 집안은 4개의 노벨상을 수상했다.

마리 퀴리와 이렌 졸리오 퀴리

Marie Curie, 1867~1934 Irène Joliot-Curie, 1897~1956

대를 이은 노벨상 수상, 방사능 중독에 의한 백혈병 사망

현대문명이 만든 단어 중에서 가장 부정적으로 인식되는 것 중 하나가 '방사능'이다. 국내에서 원자력발전소 건설은 물론 재처리 시설을 설치한다고 할 때마다 주민들이 결사적으로 반대하는 것도 방사능 때문인데 이 방사능이 인간에게 알려지기 시작한 것은 고작 100여 년에 지나지 않는다.

1892년 레나르트(Philipp Eduard Anton von Lenard)는 크룩스관을 사용한 실험에서 얇은 알루미늄 막을 투과하는 음극선을 발견했다. 음극선은 직접 눈으로 볼 수는 없지만 형광물질이 칠해진 스크린에 비추면 스크린에 형광이 발생하므로 검출할 수 있었다.

뢴트겐도 레나르트가 발견한 형광 현상을 재현하는 실험을 하고 있었다. 1895년 11월 8일 뢴트겐은 산란된 형광이 유리관의 벽면에서 유출되는 것을 철저히 막기 위해 두꺼운 검정 종이로 크룩스관을 덮었다. 그런 후 실험실의 불을 끄고 크룩스관의 전원을 켰다. 그러자 가까이에 두었던 백금시안화바륨을 바른 스크린이 도깨비불처럼 희미한 빛을 내기 시작했다. 이전에 단 한

번도 언급된 적이 없는 무언가가 크룩스관에서 나와 1미터 이상의 공기를 통과하여 형광 스크린을 빛나게 한 것이다. 뢴트겐은 정체를 알 수 없는 이 불가사의한 방사선을 X선이라고 불렀다.

그는 실험을 계속하여 X선이 천 페이지에 달하는 책도 통과하는 것은 물론 나무, 고무 그 외의 많은 물질들을 통과할 수 있다는 것을 알았다. 반면에 이 X선을 차단하려면 적어도 1.5밀리 두께의 납으로 X선의 진로를 막아야 하는 것도 발견했다. 여기서 뢴트겐은 아주 중요한 아이디어를 떠올렸는데, 광선이 사진 건판에 감광되어 사진이 찍히듯이 X선도 건판에 감광될지 모른다고 생각한 것이다. 그는 X선이 통과하는 길목에 사진 건판을 놓고 아내의 손을 그 사이에 놓도록 했다. 건판을 현상하자 그의 예상대로 손가락뼈가 똑똑히 나타난 사진을 얻을 수 있었다. 뼈 둘레의 근육의 모습은 희미하게 나타났다. 역사상 최초로 산 사람의 뼈가 사진으로 찍힌 순간이었다!

뢴트겐은 X선을 발견한 후 뷔르츠부르크 물리의학협회에 자신의 발견에 대해 〈신종 방사선에 관하여〉라는 제목으로 보고서를 제출했다. 그의 논문을 접수한 협회는 그 중요성을 알아차리고 곧바로 협회기관지에 게재하도록 서둘렀다.

X선이 발견되었다는 소식은 빠른 속도로 퍼져나갔다. X선의 발견 소식이 전 세계로 확산되기까지는 불과 15~20일밖에 걸리지 않았다. 다음해인 1896년 1월 23일 뢴트겐이 구두로 자신의 논문을 발표했을 때는 이미 전 세계의 학자들이 그의 발견 내용을 알고 있었다. 더욱이 이 기간 동안에는 크리스마스와 신년휴가 등이 끼어 있었는데, 이 사이에 그의 논문이 심사되고 발간이 결정된 후 교정을 거쳐 실제 인쇄에 들어가고, 저자에게 우송함과 동시에 신문에 발표되기까지 일사천리로 진행되었다. X선의 발견이 준 충격은 그만큼 대단한 것이었다.

특히 발표장에서 당시 80세인 스위스의 해부학자이자 동물학자인 쾰리커(R. Kölliker)가 실험 대상을 자청하고 나섰다. 쾰리커는 현미경을 이용해 난자나 정자가 세포임을 확인했고, 신경섬유가 가늘고 길게 뻗은 세포임을 밝힌 사람이다. 뢴트겐은 그의 손을 X선으로 찍어서 사람의 손가락 뼈가 똑똑하게 나타난 것을 보여주어 청중들을 경탄케 했다.

이후 단 1년 동안에 X선에 관한 논문이 1천여 편, 단행본은 50권 가량 출판되었고, 1897년에는 뢴트겐협회가 결성되었다. 그해 11월 5일 뢴트겐협회에서 톰슨(Elihu Thompson)이 발표한 내용은 이 당시의 상황을 가장 적절하게 표현하고 있다.

"발견의 역사상 이것만큼 즉각적이고 널리 과학적으로 응용된 전례는 없다."

뢴트겐이 사람을 해부하지 않은 채 살아 있는 사람의 뼈를 보았다는 소문은 대중들에게 많은 두려움과 오해를 불러 일으켰다. 뉴저지 주의 한 정치가는 오페라 극장의 쌍안경에 X선 사용을 금지하는 법안을 제출할 정도로 X선이 개인의 사생활을 없애버릴지도 모른다는 우려가 널리 퍼졌다. 런던의 란제리 제조업체는 'X선이 통과하지 않음을 보증하는 속옷'을 광고했다.

그러나 이러한 두려움은 근거 없는 것이었고 곧 X선의 유용성이 속속 나타났다. 뉴햄프셔 주의 한 병원에서 X선으로 골절을 진단했고 베를린의 어느 의사는 손가락에 꽂힌 유리 파편을 X선으로 찾아냈다. 리버풀의 의사는 X선으로 소년의 머리에 박힌 탄환을 확인했고 맨체스터의 교수는 총 맞은 여자의 머릿속을 촬영했다. 이후 X선이 응용된 속도는 타의 추종을 불허했다. 과학과 의학 분야에서의 X선이 가진 잠재력을 파악한 노벨상 위원회가 1901년 제1회 노벨 물리학상 수상자로 뢴트겐을 선정한 것은 그의 업적이 최초의 수상자라는 명예에 걸맞은 때문이었다.

인류를 획기적으로 도약시킨 방사능

뢴트겐에 의해 X선이 발견된 다음해인 1896년, 앙리 베크렐(1852~1908)이 '방사선'을 발견하고 곧바로 퀴리 부부의 라듐 발견으로 '방사능'이라는 단어가 태어난다.

인류사에 가장 큰 공헌을 한 발견이 거의 동시에 일어난 것이다. X선에 의해 과학의 획기적인 발전을 이룰 수 있었던 것처럼 방사능으로 과학은 또 한 번의 비약적인 발전의 계기를 얻었다. 마치 누군가가 X선 하나만이 아닌 **방사선과 방사능**도 함께 알려줌으로써 인류가 보다 획기적으로 도약할 수 있도록 도와주는 듯했다.

> **방사선과 방사능**
> 방사선(radiation)은 방사성 원소의 붕괴에 따라 방출되는 전자기파를 말하고, 방사능(radioactivity)은 방사선의 세기를 말한다.

뢴트겐이 X선을 발견했다는 소식을 들은 세계의 과학자들은 모두 놀라면서 그 현상을 재현하려고 했다. 파리에 있는 에콜 폴리테크닉의 물리학 교수였던 베크렐도 예외는 아니었다. 베크렐은 **형광물질과 인광물질**이 동시에 X선도 방사하고 있는 것이 아닌가 라는 생각을 했다. 우라늄 원자를 포함하고 있는 황산칼륨우라늄염(potassium uranyl sulfate)이라는 형광물질이 X선을 포함하는지를 알아보기 위해 베크렐은 검은 종이로 싼 사진 건판 위에 황산칼륨우라늄염을 얹어 햇빛에 노출시켰다. 자외선이 황산칼륨우라늄염의 형광물질을 들뜨게 할 수 있도록 하기 위해서였다. 몇 시간 후에 종이를 펼치자 그가 예상했던 대로 건판이 검게 변해 있었다. 베크렐은 이 실험 결과를 토대로 음극선관을 사용하지 않고도 X선을 만드는 것이 가능하다고 생각했다.

> **형광물질과 인광물질**
> 형광물질은 빛을 쬐면 빛을 발하지만 어두운 곳으로 옮기면 이 형광은 없어진다. 반면 인광물질은 빛의 쬐기를 중단한 후에도 잠시 동안 빛을 낸다

그후 베크렐은 검은 종이로 사진 건판을 싸서 우라늄염과 함께 어두운 서랍 속에 넣어 두었다. 며칠 후 그가 다시 건판을 꺼내 보았을 때 놀랍게도 건판은 전보다 심하게 감광되어 있었다. 이것은 빛을 쬐지 않더라도, 즉 형광이나 인광의 발광과는 관계없이 우라늄염이 X선이 아닌 다른 방사선을 내고 있다는 것을 의미했다. 자체적으로 물질에서 방출되는 방사선이 최초로 확인된 것이다.

베크렐을 더욱 놀라게 한 것은 우라늄에 의해 방출되는 방사선이 우라늄의 화학적 상태나 물리적 조건에 영향을 받지 않는다는 것이다. 그는 순수한 우라늄이 우라늄염보다 더 강한 방출 물질인 것으로 보아 우라늄 자체가 방사선의 근원일지 모른다고 생각했다. 그러나 베크렐의 발견이 의미하는 엄청난 중요성을 알아차린 사람은 당시에는 거의 없었다.

베크렐의 발견은 마리 퀴리(Marie Curie)에 의해 그 진가가 발휘되기 시작한다. 마리 퀴리의 이름 앞에는 여성 과학자를 대표하는 '최초'라는 수식어가 항상 따라다닌다. 여성 최초의 노벨상 수상자, 최초로 노벨상을 두 번이나 받은 사람, 여성 최초의 소르본대학 교수, 프랑스 의학아카데미 최초의 여성 등이다.

마리 퀴리는 1867년 11월 7일 바르샤바에서 블라디슬라브와 브로니슬라바 슬로도프스키의 다섯 자녀 중 막내로 태어났다. 어린 시절 그녀의 이름은 마냐 스클로도프스카(Manya Sklodowska)였다. 증조할아버지와 할아버지는 지방귀족이었지만 아버지 대에 와서 가세가 완전히 기울어 아버지는 물리 교사로 어머니는 기숙학교 교장을 지냈다. 어머니는 마냐가 열 살 때 세상을 떠났는데 독실한 가톨릭 신자였던 어머니의 죽음을 겪은 뒤 그녀는 종교에 회의를 품고 평생 무신론자로 지냈다.

당시 폴란드는 독립국이 아닌 러시아의 지배를 받고 있었는데 러시아는 폴란드 문화 말살 정책으로 폴란드 말도 쓰지 못하게 했다. 그녀의 아버지는 이런 정책에 반발하여 결국 교사직을 박탈당했고 집안의 경제 사정은 급격히 악화되어 식구들은 병 치료도 제대로 받지 못할 정도였다. 어머니는 결핵으로 죽었고 큰 언니는 장티푸스로 죽었으며 마냐도 기관지염을 자주 앓았다.

이러한 성장배경으로 인해 마냐는 김나지움에서 부당한 대우를 받아야 했다. 1883년 마냐는 전 과목에서 1등으로 김나지움을 졸업했지만 대학교에 들어갈 가능성이 원천적으로 봉쇄되어 있었다. 당시 폴란드에서 여자를 받아주는 대학교는 없었다. 그녀는 체제 전복을 꿈꾸는 여성해방론을 따르며 비밀리에 '이동대학교(flying university)'에 관계했다.

딸의 건강을 염려한 아버지는 마냐를 시골로 요양을 보냈다. 전해지는 이야기로는 마냐가 공부만큼이나 노는 것도 좋아했다고 한다. 그녀는 수영, 낚시, 폴란드 춤도 즐겼는데 훗날 그녀는 "당시가 결혼 전에 가장 행복했던 시절이었다"라고 회고했다.

1886년 18세가 된 마냐는 프랑스에서는 여자도 대학교에 들어갈 수 있다는 정보를 듣고 파리에서 공부를 하자고 언니 브로냐를 설득했다. 방법은 독립심이 강한 그녀다웠다. 마냐가 유학 비용을 마련하기 위해 가정교사로 일하면서 우선 언니를 파리로 보내면 언니가 자리를 잡은 뒤 마냐를 파리로 초정한다는 계획이었다. 그들의 약속은 지켜져 마냐는 5년 동안 가정교사 노릇을 했고 언니 브로냐는 파리에서 의사 자격시험에 합격하고 폴란드 유학생 카디미르 도르스키와 결혼한 뒤 마냐가 파리에서 공부할 수 있도록 초청한다. 마침내 마냐는 1891년 프랑스로 건너가 파리대학의 입학 허가를 받았는데 이때 자신의 이름 마냐를 프랑스식인 '마리'로 바꾸었다. 1893년 여자로서는 처음이자 수석(수마 쿰 라우데르)으로 소르본대학에서 물리학 학위를 받고 1894년에는 2등으로 수학과를 졸업했다.

원래는 공부를 마치고 폴란드로 돌아갈 계획이었지만 잠시 폴란드를 방문했을 때 조국의 상황이 매우 비관적이라는 것을 절감하고 프랑스에 남기로 결심했다. 그 무렵 이미 과학계에서 이름을 떨치고 있던 35세의 노총각 화학자 피에르 퀴리(Pierre Curie)를 만난다. 의사의 아들인 피에르는 마리보다 8살이 많았는데 고등물리화학연구소에서 실험을 지도하는 한편 결정구조에 관한 연구를 하고 있었다. 피에르 퀴리는 1880년 형 조제프와 함께 압전기(押電氣) 효과, 즉 어떻게 결정체가 압력을 받아 전기를 생산하는지를 발견했으며 자기(磁氣)에 대해서도 연구했다. 그는 자성을 띠는 물체의 자기화가 일어나는 정도는 절대온도에 반비례한다는 사실을 발견하고 '퀴리의 법칙'이라 명명했고 '퀴리점'을 확립하는 등 자성물리학의 기초를 확립했다. 그러므로 물리학에서 말하는 '퀴리 온도'의 퀴리는 마리가 아니라 피에르를 의미한다. 한마디로 피에르 퀴리는 당대는 물론 현재도 학문적으로 최고 수준의 과학자로 마리 퀴리에 의해 오히려 공적이 가려진 사람이다.

1895년 결혼식을 올린 두 사람은 결혼 예물을 살 돈으로 자전거를 구입하고 신혼여행으로 프랑스 지방을 여행했다. 당대의 천재로 알려진 피에르 퀴리가 마리와 결혼하게 된 것은 두 사람의 관심사와 가치관이 같았기 때문이다. 두 사람은 화학에 대한 열정을 갖고 있었고 '정신적 자세'도 같았다. 정신적 자세란 연구원으로서의 덕목은 자연현상을 규명하는 지식을 위해 종사해야지 재정적 관심이나 기술적, 경제적 사용을 바라서는 안 된다는 것이다. 두 사람은 결혼식도 교회에서 올리지 않았고 결혼반지조차 교환하지 않았다. 결혼 후 그들은 파리의 글라시에르 가(街)의 세간살이도 없는 아파트에서 살았는데 마리가 살림을 썩 좋아하지 않았기 때문이다.

그들이 결혼한 1895년은 과학사에서 매우 중요한 해로, 빌헬름 뢴트겐이 X선을 발견했고 곧바로 앙리 베크렐이 우라늄의 신비로운 성질을 발견했다. 1897년 베크렐이 마리 퀴리에게 박사학위 논문으로 자신의 연구를 계속하도록 권유하자 마리는 이를 받아들인다. 베크렐이 제시한 학위논문 주제는 퀴리 부부의 인생을 극적으로 바꾸어 놓았다.

퀴리 부부의 억척스런 연구

마리는 우선 당시 알려져 있던 모든 원소 및 혼합물을 대상으로 방사능이 있는지를 조사했다. 그리고 곧 토륨(thorium)이라는 원소와 그 혼합물도 베크렐선(방사능)을 방출한다는 사실을 발견했다. 그러나 다른 물질 중에서는 마리가 추후에 방사능이라고 명명한 독특한 성질을 가진 것은 없었다. 끈질긴 실험 끝에 마리는 그 현상은 화학적 성질의 것이 아니라 원자 자체의 내부에서 일어나는 새로운 현상이라는 사실을 발견했다.

1898년 마리 퀴리는 독일 보헤미아의 요아힘슈탈 지역에서 채굴된 산화우라늄을 함유한 역청우라늄 광석 샘플을 샅샅이 조사하면서 순수한 우라늄보다 훨씬 큰 방사능을 갖고 있다는 사실을 발견했

결혼식을 올린 피에르와 마리 퀴리는 결혼 예물을 살 돈으로 자전거를 구입하고 신혼여행으로 프랑스 지방을 여행했다(1895).

다. 이것은 역청우라늄 광석 안에 또 다른 원소가 들어 있다는 것을 의미했다. 그녀는 그 원소가 우라늄보다 훨씬 강한 방사능을 갖고 있음에도 역청우라늄 광석 안에 아주 소량밖에 함유되어 있지 않기 때문에 그동안 학자들이 화학분석을 하면서 그것을 탐지해내지 못했다고 판단했다. 역청우라늄 광석에서 특별히 강한 방사선이 나오게끔 만드는 물질을 분리해내겠다는 분명한 목표가 생긴 것이다.

사실상 마리가 이 연구를 시작할 때인 1898년 4월만 해도 자신들의 작업이 얼마나 엄청난 일이라는 것을 알지 못했다. 다행히 마리가 피에르 퀴리를 설득하여 그의 주전공인 결정(結晶) 연구를 당분간 중단하고 마리의 실험에 참여토록 했다. 피에르의 합류는 중대한 역할을 한다. 실험 장비를 어떻게 확보하는가가 실험의 성패를 좌우하는 관건인데 피에르는 실험에 필요한 기구들을 직접 고안하여 제작했다. 사실 그들의 끈질긴 실험은 피에르가 합류했기에 가능했다는 훗날의 지적도 틀린 말은 아니다.

말이 연구지 우라늄 연구는 완전 중노동이었다. 특히 연구를 위한 역청우라늄 광석을 실험실까지 가져가야 하는데 깐깐한 대학 당국 때문에 광석은 대학 정문까지만 배달되었고 그곳에서 실험실까지 운반하는 것은 피에르의 몫이었다. 피에르는 하루 종일 무거운 광석을 담은 부대를 등에 지고 실험실과 정문 사이를 왕복했다. 그들은 자신들이 찾으려는 물질이 역청우라늄 광석 안에 1퍼센트 정도 들어 있을 것으로 추측하며 실험에 임했다. 그러나 나중에 밝혀졌지만 그 물질은 1만 분의 1퍼센트도 들어 있지 않았다.

그들의 억척스러운 노력은 곧바로 성과를 얻기 시작했다. 6월이 되자 미량의 미세한 흑색 분말을 얻었는데 이 분말은 우라늄보다 150배나 강한 방사능을 지니고 있었다. 정제의 강도를 높이자 분말의 방사능도 더욱 강해져 무려 400배나 되었다. 마리는 자기가 발견한 새 원소를 조국 폴란드의 이름을 따서 '폴로늄'이라고 명명했고 7월에 자신의 발견을 발표했다. 몇 달 후 그들은 그 분말로부터 폴로늄을 분리하는 데 성공했다. 그런데 전혀 예상치 못한 일이 벌어졌다. 폴로늄을 분리했는데도 남은 물질이 여전히 방사능을 띠고 있었다. 역청우라늄 광석에는 미지의 원소가 하나가 아니라 둘이 들어 있었던 것이다!

두 번째 원소는 극미량이기 때문에 그것을 순수한 형태로 분리해 내는 데는 또 다시 여러 달이 걸렸다. 불순물이 함유되어 있는 상태에서도 그 물질의 방사능은 우라늄의 900배나 되었으며 추후의 정확한 실험에 의해 무려 300만 배 더 강한 방사능을 갖고 있음이 밝혀졌다. 라듐의 발견이다. 그들이 라듐 0.1그램을 추출하는데 사용한 접시만 해도 5000개가 넘었다니 말 그대로 고통의 산물이 아닐 수 없다.

퀴리 부부가 이와 같이 엄청난 추출 작업을 해야 했던 이유는 방사성 물질을 농축하려면 미묘한 용해도 차이를 이용한 단순반복적인 농축법 이외에는 다른 방법이 없기 때문이다. 제2차 세계대전 때 **맨해튼 프로젝트**로 원자폭탄을 만들 때도 우라늄 235를 농축시켜야 했는데 이때 사용한 방법이 퀴리 부부가 채택했던 바로 그 방법이었다.

맨해튼 프로젝트
제2차 세계대전 중 미국이 비밀리에 추진한 원자폭탄 제조 계획. 인류사상 최초로 히로시마에 사용된 원자폭탄도 맨해튼 프로젝트의 결실이었다.

학문의 발전 초기에는 아무리 유명한 학자들이라 해도 이와 같은 명제를 결정했다면 고통스런 작업 이외에는 방법이 없었다. 바꿔 말하면 이런 길을 걷기로 결심하는 것 자체가 만만치 않다는 것을 의미하는데 여하튼 퀴리 부부는 이에 도전했고 결국 성공한 것이다.

두 번의 노벨상 수상

베크렐과 퀴리의 발견이 중요한 것은 X선과 유사하면서도 뚜렷이 구분되는 차이점을 확인했다는 점이다. X선은 진공유리관 속의 양 전극 사이를 흐르는 전압을 차단시키면 즉시 사라지지만 우라늄과 라듐 등은 전압과 상관없이 계속해서 같은 강도의 '광선'이 나왔다. 이 특이한 광선은 온도나 그 어떤 외부적 요인에도 영향을 받지 않았다. 더구나 방사능 물질에서 나온 방사선은 X선보다 투과성이 더 크고 에너지도 더 컸다. 이 방사선은 나중에 감마선으로 밝혀졌다. 마리는 이 광선이 스스로 발생한 것이라고 주장하며 우라늄을 비롯해 폴로늄이 이상한 현상을 일으키는 것을 '방사능'이라고 부르자고 제안했다.

엄밀한 의미에서 X선을 포함한 방사선을 처음으로 발견한 사람은 뢴트겐과 베크렐이다. 그러나 사람을 살리기도 죽이기도 하는 방사선 분야에서 마리 퀴리가 더욱 중요시되는 것은 그녀가 방사선이라는 것이 몇몇 원소에 한정되는 드문 현상이 아니라 자연에서 흔히 보이는 현상이라는 것을 알렸기 때문이다. 또한 방사능은 화학반응에는 영향을 받지 않는다는 것을 밝혀냈다. 즉 방사능은 화학적인 것이 아니라 원자의 근본적인 상징이라는 것이다. 마리는 이를 근거로는 '방사능', '방사능이 있는', '분열', '변환'이라는 말을 만들었고 이들의 이론적인 토대를 세웠다.

1903년 5월 박사학위를 받은 마리는 피에르와 함께 11월 영국왕립학회가 주는 유명한 험프리 데이비상을 받았다. 그뿐이 아니었다. 데이비상을 받자마자 피에르, 베크렐과 함께 노벨 물리학상을 수상한 것이다. 이후 마리는 그야말로 신화적으로 신분이 바뀐다. 그러나 그들의 건강이 나빠져 노벨상 수상식에는 참석하지 못했다. 다음해에 대학에서 강의를 맡았고 1905년에는 피에르가 과학아카데미 회원으로 선출되었다. 그러나 1906년 4월 피에르가 파리 거리를 건너다가 마차에 치여 사망했다. 남편이자 공동 연구자인 피에르의 사망은 그녀에게 큰 슬픔을 주었지만 마리는 피에르가 소르본대학에서 맡고 있던 강좌를 이어받아, 소르본 역사상 최초의 여성 정식 교수가 되었다. 노벨상 수상자인 그녀의 첫 강의는 파리의 화젯거리로 강의실은 초만원이었고 신문들도 대대적으로 보도하여 그녀는 당대의 명사로 떠올랐다. 1906년 11월 퀴리재단이 설립되었고 1908년 마리는 소르본대학 개교 650년 만에 최초의 여성 정교수로 임명되었다. 또한 1910년 그녀의 가장 기념비적인 업적인 1000페이지에 달하는 방사능에 관한 종합교과서 《방사능론Treatise on Radioactivity》을 출판했다.

그런데 마리는 노벨상 수상자로서 품위를 손상시키는 스캔들에 휘말린다. 1911년 11월 피에르의 옛 제자이자 가족끼리도 잘 아는 5살 연하의 기혼자 폴 랑주뱅(Paul Langevin)과의 연애사건이 터진 것이다. 퀴리의 성공을 시기하는 사람들도 적지 않았으므로 언론의 대대적인 공격이 이어졌다. 어떤 프랑스 신문은 폴란드 출신의 늙은 과부가 프랑스의 전도유망한 젊은 남자를 유혹하여 파멸시키고 있다고 비난했다. 결국 두 사람의 로맨스는 망신만 당하고 끝이 난다.

이런 소동 속에서 마리 퀴리는 1911년에 새로 발견된 원소들의 화학적 성질을 밝혀낸 공로로 두 번째로 노벨 물리학상을 받았다. 1903년의 첫 번째 노벨상은 퀴리 부부가 처음 발견한 라듐 화합물이었고 두 번째 받은 것은 순수한 라듐을 분리한 공적으로 받은 것이다.

두 번째 노벨상은 마리를 따라다니던 구설수를 한방에 날려버렸다. 원래 1903년 노벨상위원회는 노벨상 수상자로 피에르 퀴리를 단독으로 점찍었는데 그 당시 심사위원 중 한명이 수상자 발표 전에 피에르에게 그 사실을 귀띔했다. 당시 피에르는 압전기(壓電氣) 연구로 세계적인 명성을 갖고 있던 터라 이것으로 노벨상을 받을 것이라고 예상했는데 노벨상위원회 측에서는 방사능 물질 발견으로 정했다는 것이다. 피에르는 자신이 단독 수상자라는 이야기를 듣고 마리와 공동으로 노벨상을 받아야 한다고 강력히 주장했다. 결국 두 사람의 공동 수상으로 결정되었지만, 당대 학자들 시각은 마리가 남편을 잘 둔 덕에 노벨상을 받았다는 생각이 지배적이었다.

마리와 피에르의 연구에서는 피에르가 좀 더 공로가 컸던 것이 사실이다. 과학에서는 정확한 측정을 기본으로 하는데 상당 부분의 노벨상 수상자들은 측정기기를 직접 고안하여 수상했다. 그런데 퀴리 부부가 라듐, 폴로늄 등을 발견할 수 있었던 것도 피에르가 직접 측정기기를 만든 덕분이었다. 학자들은 마리는 단지 라듐을 추출하는 단순작업만 했으므로 노벨상을 받을 자격이 안 되는데도 피에르의 간청으로 노벨상을 받았다고 혹평했다. 이 점이 항상 마리의 콤플렉스로 작용했는데 1911년 단독으로 두 번째 노벨상을 수상함으로써 그동안의 구설수를 말끔하게 씻어버린 것이다.

마리 퀴리의 이름 앞에는 '최초'라는 단어가 항상 따라다닌다. 여성 최초의 노벨상 수상자, 최초로 노벨상을 두 번이나 받은 사람, 여성 최초의 소르본대학 교수, 프랑스 의학아카데미 최초의 여성 등이다.

스웨덴에서 노벨상을 받고 돌아오자마자 마리는 쓰러졌다. 심각한 신장염에 걸려 수술을 했고 회복되는 데 2년이 걸렸다. 다시 건강을 되찾은 그녀는 제1차 세계대전 동안 직접 이동방사능 서비스시스템을 조직하여 전장을 누볐다. 그녀에 의해 무려 100여 만 명 이상의 군인들이 X선 사진을 찍을 수 있었다. 전쟁이 끝난 후에도 그녀는 사망하기 전까지 방사능에 대한 연구를 놓지 않았다.

만병통치약으로 변한 라듐

라듐이 발견된 초창기에 믿기지 않을 정도로 라듐에 대한 열풍이 불었다. 당시 라듐은 보석의 색깔을 아름답게 만들 수 있고 산소를 치료 효과가 있는 오존으로 변화시키는 것은 물론 물을 산소와 수소로 분리해준다고 알려졌다. 더구나 라듐으로 원하는 만큼 금을 만들어낼 수 있으며 나병이나 매독 같은 질병들도 치료할 수 있다고 선전되었다. 심지어는 망막에만 결함이 없다면 장님들도 다시 시력을 회복할 수 있다는 소문도 따라다녔다.

이와 같은 '마법의 물질'을 어떠한 가격을 치르더라도 갖고 싶어하는 사람들이 폭증했고 1902년 1그램에 1만5000마르크였던 라듐의 가격이 3년 뒤에는 10배로 뛰어올랐다. 파리에서는 이후 3개월 동안 15만 마르크에서 25만 마르크로 뛰어오르기도 했는데 손쉽게 일확천금을 노리는 투기꾼들에게 라듐 사업은 수지맞는 투자였다.

라듐 가격이 폭등하자 마리 퀴리에게 역청우라늄 광석을 공급하던 요아힘스탈 광산은 파산의 위기에서 벗어나 오랫동안 라듐 최대 생산지의 지위를 누렸다. 이후 미국과 콩고 특히 카탕카 지방(오늘날 샤바)에서 다량의 우라늄이 발견되자 라듐을 취급하는 회사들도 속속 설립되었다. 처음에는 서로 가격으로 경쟁하더니 그들끼리 독점을 모의한 뒤 라듐 가격을 1그램당 무려 75만 마르크까지 제시하기도 했다.

그런데 문제는 라듐이 천사의 물질만은 아니라는 점이다. 라듐이 건강에 해를 끼친다는 것은 곧바로 관찰되었다. 베크렐은 마리 퀴리가 추출한 라듐을 며칠 동안 조끼 주머니에 넣고 다녔는데 이 라듐 때문에 젖꼭지 옆에 궤양이 생겼다. 이 상처는 여러 달이 지나도 낫지 않았는데 1908년 베크렐이 사망한 원인도 이 때문으로 추정된다.

베크렐의 이야기를 듣고 피에르 퀴리는 이런 부작용을 검증하기 위해 직접 자신의 팔뚝에 소량의 라듐을 묶었는데 몇 시간 후에 붉은 반점이 생기고 4일 후 물집이 생기고 5일째에는 궤양으로 전이되더니 쉽게 치료되지 않았다. 쥐에게 라듐을 쏘이는 실험을 하자 쥐들은 마비 증세를 보이다가 경련을 일으키며 죽어갔다. 그러나 이러한 부작용은 라듐 열풍에 파묻혀 완전히 무시되고 있었다. 각국에서 방사능이 함유된 압박붕대, 솜, 진흙, 입욕제, 연고, 치약 등이 불티나게 팔려나갔다.

시간이 지나자 무차별적으로 사용되던 라듐의 피해 사례가 속출하기 시작했다. 브라질의 한 커피 재벌은 라듐이 함유된 물을 지속적으로 마신 후 극심한 고통에 시달리다가 사망했는데 사체를 부검한 결과 그의 몸에서 무려 30밀리그램이나 되는 라듐이 검출되었다. 개구리와 쥐, 토끼, 돼지, 양, 닭, 개, 원숭이와 같은 동물들에 대한 실험을 통해 라듐에는 건강을 해치는 치명적인 물질이 함유되어 있다는 연구 결과들이 쏟아져 나오기 시작했다.

결론적으로 라듐과 폴로늄을 발견한 퀴리 가족의 건강도 노벨상 수상처럼 그렇게 화려하지만은 않았다. 오랜 시간 라듐을 연구한 마리 퀴리는 엄청난 양의 방사능에 노출되었다. 마리는 붉게 타는 방사능 물질을 부부 침대 머리맡에 두기도 했다고 적었다. 그녀는 셔츠의 주머니나 바지의 뒷주머니에 라듐염이 들어 있는 시험관을 넣고 다녔기에 주머니가 있는 곳마다 불에 덴 흔적이 있었다고 한다. 라듐염 시험관을 모든 사람들에게 보여주려던 그러한 행동은 지금 생각해보면 무지로 인한 용감성과 열정 때문이었다. 피에르 퀴리도 같은 상황이었지만 마차 사고로 일찍 사망하여 그에 대한 라듐의 피해 사실이 남아 있지 않을 뿐이다. 여하튼 마리는 라듐 추출 실험 당시에 노출되었던 방사선 때문에 손과 손가락에 커다란 화상을 입었다. 특히 오른쪽 손가락은 화상이 심하여 펜을 잡을 수 없을 정도였다.

만병통치약으로 알려진 1918년의 라듐 광고

그러나 그녀는 피로감이나 오래 전부터 시달려 온 통증들이 오랜 동안 열악한 환경에서 연구에 매진했기 때문에 생긴 과로의 여파라고만 생각했다. 시력 장애가 생기면서 1923~1930년 동안 네 차례나 백내장 수술을 받았다. 백내장은 방사능 영향으로 생기는 첫 징조이다. 퀴리는 처음엔 자신의 병이 방사선의 영향 때문이라고 생각하지 않았지만, 뒤늦게 방사능의 영향이라는 것을 간파했을 때는 이미 너무 늦었다.

1931년 결국 만병통치약 라듐은 시판이 전면 금지되었다. 마리 퀴리는 1934년 알프스의 한 요양원에서 사망했는데 병명은 방사능 노출에 의한 백혈병이다. 사위인 졸리오가 마리의 실험 노트를 조사해 보니 엄청난 양의 방사선으로 오염되어 있었다. 1894년 이후 40년 동안 연구생활 중 그녀가 쏘인 방사선 양은 약 200Sv(시버트)로 추정하는데 이것은 일상생활에서 받는 방사선 양의 600억 배에 해당한다. 그녀의 둘째딸 이브 퀴리는 어머니 퀴리의 전기에서 이 사실을 분명하게 적었다.

'그녀의 혈전 증세는 정상이 아니었다. 무엇이 그런 해를 초래한 것일까. 35년 전부터 마리 퀴리는 라듐을 다루어왔고 거기서 방출되는 에마나치온(라돈)이란 위험한 기체를 들이마셨다. 게다가 전쟁 중에는 위험한 X선에까지 노출되었다. 혈액 상태의 가벼운 변화, 아물다가 곪기를 반복하는 것은 물론 손의 화상 등 많은 현상은 그녀에게 일어난 심각한 증상들 축에도 들지 못하는 사소한 것이었다.'

많은 사람이 마리의 죽음을 애도했는데 그중에서 아인슈타인은 다음과 같은 감동적인 글을 남겼다.

'힘과 의지와 순수함. 자신에 대한 철저한 엄격함. 뚜렷한 주관. 그리고 흔들리지 않는 판단력 등 이 모든 것이 한 개인에게서 발견된다는 것은 극히 드문 일이다. (…) 그녀가 위대한 과학적 업적을 성취할 수 있었던 것은 대담한 직관에 의한 결과가 아니라 상상할 수조차 없을 정도의 어려움 속에서 헌신적으로 집요하게 파고든 노력의 결과이다.'

이렌 퀴리, 어머니의 뒤를 잇다

퀴리 가문은 초창기 노벨상을 가장 많이 받은 것으로도 유명하다. 그녀의 딸 이렌 퀴리(Irene Joliot Curie)와 사위 프레데릭 졸리오 퀴리(Frederic Joliot Curie, 1900~1958)도 마리 퀴리의 연구를 계속하여 1935년 공동으로 노벨 화학상을 수상했다. 더구나 1965년에는 마리 퀴리의 둘째 사위인 라뷔스가 활동하고 있던 국제연합어린이기금(UNICEF)이 노벨평화상을 받음으로써 퀴리 가문이 직·간접적으로 수상한 노벨상이 4개나 된다.

1897년 파리에서 태어난 이렌은 퀴리 부부가 일하는 동안 주로 외할아버지인 으젠 퀴리가 돌봐주었다. 이렌이 일곱 살 되던 해 여동생 이브가 태어났다. 그로부터 16개월 후 피에르 퀴리가 마차에 치어 숨지자 마리 퀴리가 두 딸들을 키웠는데 그녀는 딸들에게 요리와 바느질은 물론 수학과 과학을 가르쳤다.

이렌이 초등학교를 졸업하자 마리 퀴리는 동료 교수들을 설득하여 사립학교 공동체를 설립했는데 여섯 명의 대학교수 자녀 열 명이 그 학교에 입학했고 교수들이 일주일씩 돌아가며 담임교사를 맡았다. 학습 과목은 문학, 미술, 수학, 과학, 영어, 독일어 등이었다. 1911년 마리 퀴리가 두 번째 노벨상 수상했을 때 동행했던 14살의 이렌은 스웨덴에서 자신의 어머니가 극진한 대우를 받는 것을 보고 감탄했다. 24년 후인 1935년, 이렌 역시 같은 장소를 방문해 어머니와 함께 왔었던 일을 회상했을 것이다. 그런데 마리 퀴리는 딸과 사위의 노벨상 수상 소식을 듣지 못했다. 1년 전에 사망했기 때문이다.

이렌은 마리 퀴리의 교육 영향을 많이 받아 적극적이고 활동적이었다. 해마다 여름이면 큰 배낭을 메고 등산을 했다. 또 유행의 도시 파리에 살면서도 활동하기에 편한 넓은 치마를 좋아했다. 뿐만 아니라 말수가 적었고 말투는 매우 직설적이었다.

원래 철강회사에서 근무하던 졸리오는 물리학자 랑쥬뱅의 소개로 마리 퀴리의 라듐연구소 조수가 되었고 이렌도 마리 퀴리의 조수로서 방사능 연구에 종사하면서 두 사람은 사랑이 싹터 1926년 결혼했다.

이렌과 졸리오는 비방사성 원소가 실험실에서 방사성 원소로 변환될 수 있음을 입증하는 인공 방사성을 발견한 공로를 인정받아 노벨상을 수상했다. 그런데 1934년에 채드윅(James Chadwick, 1891~1974)이 중성자 발견의 업적으로 노벨물리학상을 수상했다는 것을 주목할 필요가 있다.

1930년 보테와 베커는 벨륨(Belium)에 알파선으로 충격을 가하면 그때까지 알려지지 않은 형태의 특이한 방사선이 발생한다는 것을 발견했다. 벨륨선이라 명명된 이 방사선의 특징은 투과력이 강하고 몇 센티미터 두께의 청동벽을 쉽게 통과하며 투과 중에 속도가 줄지 않는다는 것이다. 이렌 퀴리는 단단한 물질을 이용해 이 방사선을 포착하는 것이 쉽지 않다는 것을 발견하고 연한 물질을 이용하자는 발상의 전환을 한다. 이렌과 졸리오는 다음과 같은 결론을 얻었다.

밀랍에 방사선을 충돌시키면 벨륨선이 발생되는 대신 강한 흐름을 가진 양성자가 튀어나오므로 그들은 양성자의 에너지를 측정하여 아주 큰 값을 가지는 벨륨선의 에너지를 계산했다. 당시에 이미 알려진 원자들의 충돌이론에 의하면 두 입자가 충돌할 경우 정지해 있는 입자에 다른 입자가 충돌하면 이 입자들은 질량비에 따라 튕겨나가는 현상이 다르게 나타나며 두 입자의 질량이 같은 경우에는 두 입자가 서로 바뀌게 되는, 즉 날아온 입자는 완전히 멎고 정지해 있던 입자가 튀어나간다. 바로 중성자이다.

그런데 이렌과 졸리오는 자신들이 중성자를 발견했다는 사실을 알지 못했다. 한마디로 그들은 1934년에 노벨물리학상을 수상하는 채드윅에 버금가는 연구를 했음에도 그것이 무엇인지를 규명하지 못해 큰 업적 하나를 놓친 것이다. 학자들은 이렌과 졸리오가 자신들이 중성자를 발견했다는 것을 알고 논문을 제출했더라면 1934년 노벨물리학상과 노벨화학상을 동시에 수상하는 전대미문의 진기록을 남길 수 있었으리라고 추정한다.

반면에 그들은 1934년 얇은 알루미늄 막에 폴로늄에서 나오는 알파선을 쪼이면 양성자들이 튀어나올 것으로 기대했다. 그런데 양성자는 나오지 않고 중성자와 양전자들이 튀어나왔다. 얼마 후 그들은 알루미늄에서 중성자는 더 이상 방출되지 않지만 양전자는 계속 방출되는 것을 발견했다. 그것은 폴로늄에서 방출된 알파 입자와는 별도로 알루미늄 핵 내부에서 특별한 현상 즉 새로운 방사능의 존재를 의미했다.

원래 알루미늄은 방사성 원소가 아니다. 그런데 알루미늄 핵이 폴로늄에서 방출된 알파 입자와 충돌하면 인(P)의 동위원소와 중성자가 생성된다. 인의 핵은 매우 불안정하기 때문에 곧 방사성 붕괴를 일으켜 양전자를 방출하면서 안정된 원소인 규소로 변한다. 즉 방사성 원소가 아닌 알루미늄이 인공적으로 방사성을 지니게 된 것이다.

이 말은 안정된 원소라 하더라도 고속의 알파입자, 양성자, 전자, 감마선 등을 쪼여 주면 방사성 원소를 만들 수 있다는 것을 의미한다. 이 연구로 과학과 의학 그리고 산업에 큰 가치가 있는 새로운 수백 종의 방사능 물질을 만들 길이 열렸다.

그들의 연구는 역사에서 매우 중요하게 다루어진다. 1934년 1월 졸리오 퀴리 부부가 인공방사능 물질에 대해 논문을 발표하는 자리에 이탈리아의 페르미(Enrico Fermi, 1901~1954)가 있었다.

페르미는 졸리오 퀴리의 발표를 듣고 원소의 원자핵에 알파선보다 중성자를 충돌시키는 것이 더 강한 반응을 일으키고 같은 중성자라도 미리 밀랍이나 물로 감속시킨 것을 충돌시키면 일반적인 중성자보다 약 100배나 큰 방사능을 일으킬 수 있다고 생각했다. 그는 당시까지 알려진 가장 무거운 원소인 우라늄에 중성자를 충돌시키면 우라늄보다 큰 원자번호를 가진 초우라늄 원소가 만들어지는 것을 발견했고 이를 토대로 1938년 노벨 물리학상을 받았다. 그후 페르미는 1945년 일본의 히로시마와 나가사키에 투하되는 원자탄을 개발하는 데 중추적인 역할을 한다.

그런데 흥미로운 것은 1927년 이렌이 낳은 딸 엘렌은 나중에 랑쥬뱅의 손자와 결혼하는데, 그 랑쥬뱅이 바로 마리 퀴리와 염문을 일으켰던 인물이다. 손자 손녀 대에 이르러 사랑이 맺어진 것이다.

마리 퀴리와 두 딸 이렌과 이브. 둘째딸 이브는 프랑스 최고훈장 레지옹 도뇌르를 받은 작가로 마리 퀴리의 전기를 썼고 102세까지 살았다.

두 차례에 걸쳐 노벨상을 수상한 마리 퀴리가 워낙 유명해서 그녀의 그늘에 가려졌지만 이렌과 졸리오의 연구 업적도 대단한 것이다. 여하튼 노벨상은 그들의 인생을 크게 바꾸어 주었다.

이렌 퀴리는 1935년 노벨상을 수상한 후 1936년 프랑스 최초의 여성 장관이 되었다. 그녀는 프랑스의 여권을 신장시킬 수 있는 기회로 생각하여 수락했지만 장관인 그녀는 투표에 참여할 수 없었다. 프랑스에서는 1946년이 되어서야 여성에게 참정권이 주어졌기 때문이다. 1937년 이렌은 소르본대학의 자연과학부 교수가 되었고 1946년부터 1951년까지 프랑스원자력위원회의 위원으로 활동했으며 1947년에는 라듐연구소의 소장이 되었다. 그녀는 방사능 연구는 물론 원자탄 금지, 난민 보호, 여권 신장 등을 적극적으로 전개했다.

1937년 졸리오는 콜레주드프랑스의 물리학 교수가 되었고 제2차 세계대전 중인 1940년 프랑스가 점령되자 당시 가장 적극적인 파시

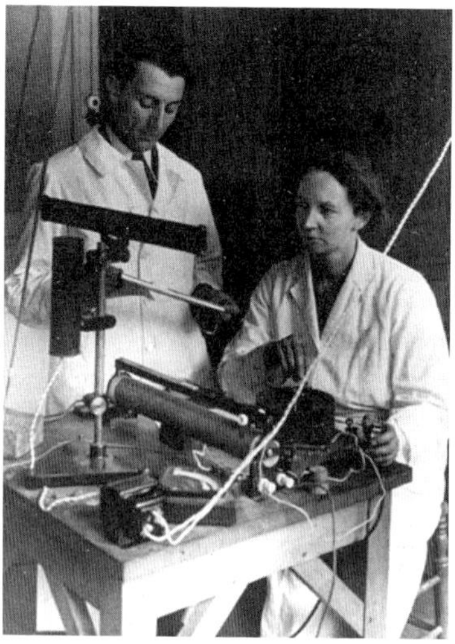
이렌과 남편 졸리오

즘 반대 단체인 프랑스 공산당에 입당했고 레지스탕스에 적극적으로 가담했다. 그가 교수로 있던 콜레주드프랑스에 있는 그의 실험실은 폭탄 제조소와 무기고로 사용되었다. 제2차 세계대전이 끝나자 프랑스의 영웅으로 떠오른 졸리오는 레지옹도뇌르 훈장과 무공십자훈장을 받았다. 1945년에는 프랑스 원자력청 장관에 임명되어 중수로를 사용한 프랑스 원자력 발전소를 건설했다. 또한 1950년에는 세계평화평의회 의장으로 취임하여 세계평화운동에 앞장섰다.

이렌 퀴리도 방사능에 과다 노출된 결과로 1956년 백혈병으로 사망했다. 1931년 만병통치약 라듐의 시판이 금지된 이후, 투명한 광선을 발하는 라듐이 정말 위험한 물질이라는 것을 깨닫는 데 30년이나 걸린 셈이다. 1그램의 라듐 안에서 매초 370억 번의 원자핵 분열이 일어난다는 사실을 보면 1그램의 라듐이 발하는 빛이 얼마나 엄청난 방사능을 지니고 있는지를 알 수 있다.

당시는 과학자들과 발명가들 간에 특허권 싸움이 치열할 때였는데 마리는 자신의 발견을 특허 신청하지 않았다. 이에 대해 퀴리는 다음과 같이 적었다.

'말도 안 되는 일이다. 과학정신에 위배된다. (…) 물리학자들은 언제나 자신의 결과를 완전히 공개한다. 우리의 발견으로 언젠가 부를 축적할 수 있을지라도 이익을 추구해선 안 된다. 라듐으로 질병을 치료할 수 있더라도 나는 라듐을 이용해 개인적인 욕심을 채우지는 않겠다.'

그녀는 자신이 발명 특허를 신청하지 않은 이유로 인류에게 공통으로 돌아가야 할 연구 업적을 개인의 재산으로 만들 수 없다고 말했다. 전형적인 과학자의 모범이다. 미국은 퀴리 부부의 제조법에 특허가 없다는 사실을 적절히 활용했다. 세계 최대의 공업력을 바탕으로 대량으로 광석을 처리하여 라듐, 우라늄, 코발트 등 미량 방사성 물질을 농축하는 국가가 되었다. 히로시마, 나가사키에 떨어진 핵폭탄도 이 농축 기술을 사용해 만들어졌다.

마리 퀴리와 같은 생각을 한 또 다른 과학자는 X선을 발견한 뢴트겐이다. 그 역시 마리와 똑같은 생각으로 특허를 신청하지 않았다.

마리 퀴리와 이렌 퀴리는 방사능의 위험을 잘 모르고 연구에 몰입해 노벨상까지 받았으니 어떤 면에서는 행복한 사람들이다. 그들이 방사능이 인체에 치명적이란 사실을 알았더라도 방사능을 연구했을까, 라는 의문을 갖는 사람이 많다. 노벨상만 받을 수 있다면 그런 위험을 감수하겠다는 사람도 있겠지만 노벨상은 목숨을 건다고 해서 받을 수 있는 것이 아니다. 퀴리 가문은 과학에 대한 열정과 미지의 것을 탐구하려는 지식의 욕구로 어느 정도 목표를 달성하여 노벨상이라는 영광을 안았을 뿐이다. 결론적으로 자신들도 모르는 사이에 연구로 인해 건강을 해쳤고 결국 과학의 순교자가 될 운명이었다고 볼 수 있다.

마리와 이렌 모두 방사능을 연구하다가 백혈병으로 죽었지만 아이러니컬하게도 방사능은 백혈병을 포함한 암 치료에 이용되기도 한다. 인공 방사능 물질인 요오드131은 갑상선암을 진단하는 데 사용되며, 소변 속의 코발트60을 파악함으로써 악성 빈혈을 진단할 수도 있다. 방사선 치료는 X선, 감마선과 같은 파동 형태의 방사선, 또는 전자선, 양성자선과 같은 입자 형태의 방사선을 이용해 암과 같은 악성 질병의 성장을 지연시키거나 멈추게 하고 더 나아가서는 파괴시킨다. 방사선 치료는 또한 양성 종양이나, 내과적인 질병, 일부 피부질환 치료에도 이용된다. 방사선 치료가 현대 질병 치료의 중요한 자리를 차지하게 된 것이다. 마리 퀴리에게 고마움을!

14

찬사와 비난, 두 얼굴의 과학자

프리츠 하버(1868-1934)

독일의 화학자. 브레슬라우 출생. 질소와 수소로 암모니아를 합성하는 방법을 연구하여 1918년 노벨 화학상을 수상. 제1차 세계대전 당시 독가스 개발과 살포를 주도해 '독가스의 아버지'라고도 불린다. 독일에 크게 공헌했지만 유태인이란 이유로 조국에서 추방되었다.

프리츠 하버 Fritz Haber, 1868~1934

비료 공정의 발명자, 조국으로부터 추방

지구상 모든 생물들이 살아가는 데 가장 중요한 것은 '먹는 것'이다. 대다수 식물들이 태양과 공기로 살 수 있다고 하지만 이들 역시 태양이 없으면 존재할 수 없다. 동물의 경우는 더욱 심각하다. 식물처럼 태양에너지로만 살아갈 수 있는 것도 아니어서 생존에 필요한 영양분을 외부로부터 조달받아야 한다. 인간의 경우 일주일 동안 아무 것도 먹지 못하면 치명적이다. 인간이 살아가는 데 필요한 의식주 중에서 음식은 그 차원이 다르다.

인간의 생존을 위한 수많은 아이디어가 탄생하는데 그것의 대부분은 식량과 관련이 있다. '일용할 양식을 주옵시고…'라는 기도의 말이나, '먹기 위해서 사는지, 살기 위해서 먹는지'라는 말이 자주 사용되는 것도 그 때문이다. 문제는 우리가 먹을 수 있는 음식을 언제나 원하는 만큼 확보하는 것이 결코 간단치가 않다는 점이다. 우리나라에서 쌀의 중요성을 말할 때 '식량 안보'라고 말하는 것도 안정적인 식량 확보의 중요함 때문이다.

수렵시대를 지나 농경시대로 접어들자 농부들은 개간한 땅에서 소출한 첫

작물이 가장 품질이 좋다는 사실을 알았다. 땅도 사람처럼 피로를 느끼면서 점점 생산량이 줄어든다는 점을 파악한 것이다. 그후 베어낸 풀을 태운 땅에서 작물이 더 잘 자란다는 것을 배웠다. 사람들은 '화전농법' 즉 산 속에서 나무를 태워 밭을 만든 다음 몇 년 후 다른 곳으로 이동해 땅이 회복되도록 하는 방법을 찾아냈다. 그런데 밭을 이동하는 것은 먼 거리를 걷거나 마을을 옮겨야 하는 불편이 따랐다. 더구나 정착사회가 되면서 마을과 토지 소유권이 생기자 화전으로 생계를 유지한다는 것이 거의 불가능한 일이어서 다른 방법들을 찾아야 했다.

사람들은 수천 년 동안 땅을 개선하기 위해 해초, 사람과 동물의 배설물, 오래된 뼈, 조개껍질 등 식물의 성장을 도울 것으로 생각되는 여러 첨가물을 땅에 뿌렸다. 특히 유기 비료인 배설물을 소중하게 여겼다. 1620년 메이플라워호를 타고 영국의 청교도들이 처음 신대륙에 도착했을 때 인디언들은 그들에게 옥수수 심는 시범을 보이면서 씨앗과 함께 '생선'을 뿌리라고 했다. 청어로 추정되는 생선은 그 지역에서는 비료로 통했다. 청교도들은 얼마 후 뉴욕 등지에서 공급된 생선을 헥타르 당 1500~2000마리 가량 뿌려 비료로 이용했다.

화학이 발전하자 1840년 학자들은 토양에 필요한 주요 영양분이 질소와 인, 칼륨 등이라는 것을 발견했다. 19세기 초 알렉산더 폰 훔볼트는 남아메리카 페루에서 바닷새의 배설물인 구아노(guano)와 칠레에서 나오는 칠레초석으로 질 좋은 비료를 만들 수 있다는 것을 발견했다. 세계적으로 칠레초석 쟁탈전이 벌어지게 된 까닭이다. 그런데 칠레초석과 구아노를 누구나 마음대로 구할 수 있는 것이 아니어서 식량 확보에 절대적으로 필요한 비료는 항상 부족했다. 19세기말 세계 인구가 폭발적으로 증가하자 과학자들이 '질소 위기' 즉 식량위기를 경고하고 나섰다.

질소고정의 어려움

식량 증산이 어려운 이유는 식량을 구성하는 주된 화학 원소가 탄소, 수소, 산소이기 때문이다. 식물은 잎을 통해 받아들이는 공기 중의 이산화탄소로부터 탄소와 산소를, 뿌리를 통해 흡수한 물에서 수소를 얻는다. 이렇게 얻어진 원소들은 광합성을 통해 최종적으로 탄수화물이 된다. 광합성은 엽록체라는 식물 세포의 특수한 기관에서 이루어지는데 이 기관에서 단백질, 핵산 등을 만들려면 탄소, 수소, 산소 외에도 질소와 인이 필수적이다. 대부분의 식물이 이용할 수 있는 이산화탄소와 물은 지구상에 풍부하지만 질소와 인은 부족하다. 그래서 식물에 질소와 인을 비료의 형태로 공급해 주면 단위 면적당 생산량을 늘릴 수 있다.

질소가 생명체에 절대적으로 필요한 것은 질소가 유전 정보를 저장하고 전달하는 핵산의 구성 성분이면서 모든 식물과 동물들의 세포 구조 성분을 만드는 기본이기 때문이다. 또한 우리 몸 안의 신호를 전달하고 받아들이며 생체 촉매작용을 하는 단백질들에도 질소가 들어 있다.

인은 인산염을 많이 포함한 암석을 산으로 처리해서 비료로 만들 수 있고, 또 식물에 필요한 소량의 칼륨은 재를 뿌려 보충할 수 있다. 그러나 질소 성분만은 퇴비나 동물의 분뇨, 그리고 칠레초석이나 구아노를 통해 얻을 수 있을 뿐이다.

물론 공기 중에는 78퍼센트에 해당하는 질소가 있지만 공기 중의 질소는 두 개의 질소 원자가 삼중결합에 의해 단단히 묶여 있는 분자(N≡N)이므로 이들을 떼어내는 일이 간단치가 않다. 그것은 질소의 특성 때문인데 질소 분자를 떼어내기 위해서는 225.1㎉/㏖의 에너지가 필요하고 보통의 기압 상태에서는 3000℃로 가열해도 떨어지지 않는다. 여하튼 이들 원자를 떼어내 식물세포가 이용할 수 있는 암모늄이온(NH4+)이나 질산이온(NO3-)으로 만드는 것을 **질소고정**이라고 한다.

질소고정
대기 중의 질소 분자가 번개나 토양 미생물인 질소고정 세균에 의해 생물체가 사용할 수 있는 질소 화합물 형태로 전환되는 것을 말한다.

자연 상태에서는 두 가지 방법에 의해 공기 중의 질소가 고정된다. 첫째는 번개가 칠 때 그 에너지에 의해 질소 분자의 결합이 깨져 식물이 이용할 수 있는 형태로 고정된다. 문제는 이때 생성되는 질소의 양은 많지 않다는 점이다. 둘째는 콩이나 아카시아 같은 콩과식물의 뿌리에 기생하는 뿌리혹박테리아 등에 의해서도 질소고정이 일어난다. 뿌리혹박테리아는 식물과 미생물과의 사이에서 이루어지는 대표적인 공생관계를 유지하는 세균으로 '공생 유리 질소고정균'이라고도 불린다. 보통 콩과식물의 뿌리혹 속에 살면서 유리 질소를 동화하여 콩과식물에 질소화합물을 공급해준다. 이런 이유로 콩을 다른 작물과 번갈아 심거나 콩과식물이 자란 후에 갈아엎는 것인데, 이런 경작 방법도 한계가 있다.

식물은 필사적으로 적은 양이지만 토양의 질소를 이용한다. 그러나 식물이 토양의 질소를 다 사용해 버리면 질소를 새로 보충해 주어야 하는데 이것이 간단한 일이 아니다. 인간은 이럴 경우 묘수를 발휘하는데 러시아의 식물학자 티미랴제프(Timiryazev)는 공기 중에 78퍼센트나 포함되어 있는 무한한 자원인 질소를 활용할 것을 제안했다. 1908년 노르웨이 화학자 비르셸란(Kristian Birkeland)과 에위데(Samuel Eyde)는 전기 불꽃을 이용해 공업적 질소고정법을 개발해 질소를 산업화할 수 있는 단초를 마련했다.

이들 일련의 질소고정법은 보다 업그레이되어, 소위 '질소의 위기'라 부르는 19세기 말의 식량 위기를 극복했고, 이후 인류는 오늘날과 같은 풍요를 누릴 수 있게 되었다. 실제로 인구가 16억 명에 불과했던 19세기 말에는 농업 생산량이 더 이상 늘어나지 못하고 한계에 와 있었다. 그러나 현재 지구의 인구가 70억 명을 초과했음에도 일부 국가를 제외하고는 기아 사태가 거의 없다. 이것은 단기간에 농업 생산량이 획기적으로 늘었기 때문이다. 특히 경작할 수 있는 토지가 과거보다 크게 늘지 않은 상태에서 이루어진 것임을 감안할 때 대단한 변화이다. 이 위기를 극복하게 된 데에는 한 과학자의 노력이 있었기에 가능했다.

뼛속까지 독일인임을 자부하다

질소 위기를 슬기롭게 극복하게 만든 사람은 독일의 프리츠 하버(Fritz Haber)이다. 하버는 1868년 독일의 슐레지엔 지방 브레슬라우(현재 폴란드의 브로츠와프)에서 오래 전부터 뿌리내린 부유한 유태인 가문의 지그프리트 하버의 아들로 태어났다. 아버지는 염료를 비롯해 여러 가지 화학물질을 취급하는 상인으로 크게 성공했는데, 그가 순수과학과 응용과학을 적절히 융합하는 독특한 재능을 가질 수 있었던 것도 아버지의 영향 때문이라는 해석도 있다.

하버에게는 훌륭한 스승이 없어 거의 독학으로 과학을 공부했다. 1886년부터 베를린대학과 하이델베르크대학을 옮겨 다니면서 화학, 물리학, 철학을 공부했지만 처음부터 화학에 두각을 나타내지는 못했다. 당시 대학에서 가르치던 전통적인 화학 과목을 불신하여 학창

시절 큰 관심을 기울이지 않았기 때문이다. 화학은 젊은이의 상상력을 자극할 만큼 매력적이지 못한 데다 고리타분한 낡은 정보에만 얽매여 있다는 것이다. 간신히 대학을 졸업한 하버는 헝가리의 알코올 증류소, 오스트리아의 솔베이 소다공장, 폴란드의 소금광산 등에서 화학 기술을 배웠다.

그런데 정작 하버에게 큰 영향을 준 곳은 대학이 아니라 프로이센의 전통이 살아 있는 군대였다. 그는 그곳에서 군대식 매너, 군대의 계급과 규율에 매료되었다. 제대한 후 예비역 장교가 되고자 했지만 당시 독일군의 예비역 장교는 기독교도에게만 주어지는 명예이므로 유태인 하버는 자격미달이었다. 결국 그는 아버지의 가업을 물려받았지만 입사 6개월 만에 거액을 투자한 사업에서 실패하여 회사에 큰 손실을 입혔다.

스스로 사업에 재능이 없음을 인정한 하버는 유태인이라는 제약 때문에 사회적으로 성공할 수 없다고 판단하고 놀라운 선언을 한다. 1891년 베를린에 있는 샬로텐부르크 공업대학에서 박사학위를 받은 이듬해에 기독교로 개종한 것이다. 그가 개종하는 데는 시대적 배경이 있다.

20세기 초는 독일 과학의 전성기였다. 과학의 모든 분야에서 뛰어난 업적들이 쏟아져 나왔으며 많은 과학자들이 노벨상을 받았다. 그들 중에서도 특히 유태인 과학자들의 활약이 대단했다. 1901년부터 히틀러가 정권을 잡은 1933년까지 독일에 가장 많은 노벨상이 돌아갔는데 그 중 3분의 1이 유태인 과학자에게 주어졌다.

처음 독일에 이주한 유태인들은 자신들의 종교와 관습을 지키려고 애썼지만 세대가 거듭될수록 독일 문화에 동화되는 사람들이 늘어

비료공정 개발과 독가스 개발로 비난과 찬사를 한몸에 받아야 했던 프리츠 하버(1919)

갔다. 히틀러가 등장하기 전까지 독일에서 유태인에 대한 차별이 그다지 크지 않아서 그들은 자신들을 독일인이라고 생각했고 긍지를 갖고 있었다. 유태인이라는 사실 때문에 출세에 걸림돌이 된다는 사람은 거의 없었다.

유태인임에도 독일 군대에 들어가 독일인과 함께 동고동락하는데도 문제가 없으므로 많은 독일인들이 완전한 독일인이 되기 위해 별다른 고민 없이 기독교로 개종했다. 하버의 경우도 개종했다는 것이 큰 이슈가 되지 않을 정도로 많은 유태인들이 쉽게 종교를 바꿨다. 오히려 하버는 다른 유태인보다 더 강력하게 독일 국민임을 자랑스러워했고 독일에 봉사하고자 했다.

하버는 훗날 노벨 화학상을 수상하는 라이프치히대학의 오스트발트 교수 연구실에 지원서를 제출했지만 세 차례 모두 거절되었다. 그가 유태인이어서 거절되었다는 말도 있지만 하버는 심각하게 생각하지 않았다. 유태인이어서가 아니라 자격이 되지 않아 탈락한 것이라고 생각했다.

그에게 구원의 손길을 뻗친 곳은 갓 설립된 칼스루헤 공과대학이었다. 1894년 칼스루헤 공과대학에서 물리화학 분야의 조교로 임명되었는데 이때부터 그의 경력이 쌓이기 시작한다. 그는 거의 독학으로 에너지 전달 개념을 이용해 탄화수소 분해에 관한 이론적 해석에 도전했는데 이 연구로 유럽 화학계의 주목을 받기 시작했다. 그는 열정을 갖고 연구에 몰두했다.

당시 독일 대학의 교수가 되는 것은 하늘의 별따기였는데 하버는

1898년 뮌헨대학의 교수로 임명되고 3년 후에는 동료 화학자인 클라라 임머바르(Clara Immerwahr, 1870~1915)와 결혼했다. 클라라 역시 유태인 집안 출신으로 브레슬라우대학 최초로 여성에게 수여한 박사학위를 받은 엘리트였지만 결혼과 동시에 학문의 꿈을 접는다. 하버는 매우 고지식한 사람으로 소위 융통성이라곤 눈곱만큼도 없는 사람으로 알려졌다.

인조비료 생산에 성공하다

하버는 1904년부터 기체 반응의 물리화학적 자료를 근거로 기체 상태의 질소와 수소를 직접 반응시켜 암모니아를 만드는 연구에 착수했다. 질소와 수소를 갖고 암모니아를 합성할 때 반응에 참여하는 물질은 모두 기체다. 그리고 생성물질인 암모니아도 기체로 반응식은 다음과 같다.

$$N_2(g) + 3H_2(g) \rightleftarrows 2NH_3(g) + 92.22kJ$$

공기 중의 78퍼센트나 되는 질소를 이용해 암모니아를 만든다는 아이디어 자체는 나무랄 데 없이 훌륭했지만 암모니아 합성은 간단한 일이 아니다. 화학반응식을 나타낼 때 좌변에서 우변으로 진행하는 반응(→)을 '정반응'이라고 하고 우변에서 좌변으로 진행하는 반응(←)을 '역반응'이라고 한다. 위 식을 볼 때 겉보기에는 반응이 정지된 것처럼 보이지만 실제로는 정반응과 역반응이 같은 속도로 진행되고 있는데 이 상태를 '화학평형 상태'라고 한다. 이 경우 합성에 관계되는 모든 조건을 완벽하게 제공해 주어야 그 목적을 이룰 수 있다. 한마디로 위 반응이 진행된 후 어느 단계에 이르면 평형상태에 도달하기 때문에 그후에는 더 이상 암모니아가 만들어지지 않는다.

논리적으로 보면 암모니아는 질소 분자와 수소 분자의 화학 결합이 깨져야 만들어진다. 그러나 질소는 삼중결합을 이루고 있는 안정한 분자이므로 보통의 온도에서는 아주 느리게 반응이 일어난다. 일반적으로 온도를 높여주면 반응하는 분자들이 높은 운동에너지를 가지므로 단위 시간당 충돌 횟수가 증가하고, 충돌에 의해 화학 결합이 깨지면서 재결합 생성물을 만들 확률이 높아지기 때문에 반응 속도가 증가한다.

그러나 질소와 수소의 반응은 낮은 발열반응으로, 열을 가해주면 오히려 암모니아를 얻는 데 불리해진다. 그렇다고 온도를 낮추면 반응 속도가 너무 느려서 실제로 암모니아가 거의 만들어지지 않는다. 하버는 여기에서 반응 속도를 빠르게 하기 위해 촉매를 사용했는데 화학분야에서는 촉매를 일명 '타임머신'이라고도 한다.

모든 화학 반응에는 반응물과 생성물 사이에 높은 에너지 장벽이 있는데 촉매는 에너지 장벽을 낮추어서 화학 반응이 빨리 진행되도록 도와준다. 반대로 화학 반응 속도를 늦추려면 에너지 장벽을 높이는 촉매를 쓰면 된다. 하버는 평형 조건에 대한 수많은 실험으로 높은 압력을 이용하는 새로운 방법을 시도한 끝에 500℃, 200기압 조건에서 오스뮴과 우라늄을 촉매로 사용하여 약 6~10퍼센트 수율(收率)의 암모니아를 얻을 수 있었다.

그러나 하버가 암모니아를 만드는 데 성공하기는 했지만 그의 공정은 실험실 수준에 지나지 않았고 대량생산에는 미치지 못했다. 특히 오스뮴도 구하기가 어려워 암모니아의 대량생산에는 적당하지 않아 하버는 염료를 생산하는 화학회사 바스프(BASF)에 암모니아 합성을 공정화하는 일을 의뢰했다. 이때 그 임무를 맡은 사람이 카를 보슈(Carl Bosch, 1874~1940)이다.

1874년 독일 쾰른에서 태어난 보슈는 대학에서 금속학과 기계공학을 공부했지만 1896년부터 라이프치히대학에서 화학을 전공하여 1899년 유기화학 분야에서 박사학위를 받고 바스프사에 입사했다. 그는 처음에 천연염료인 인디고를 대체할 합성염료를 연구하다 차츰 질소고정 문제에 관심을 갖고 연구에 착수했지만 합성 조건을 찾아내지 못하고 있었다.

보슈는 산화알루미늄이 소량 들어 있는 산화철이 효과적이라는 것을 발견했고 고온, 고압에 견뎌내는 고압 합성장치를 개발했다. 고압에 견디려면 강철로 만든 용기가 필요했는데, 수소가 강철의 탄소와 결합하면 강철이 금방 부식되었다. 보슈는 수소에 강한 크롬 바나듐 강으로 용기를 만들고 바깥쪽에 고압에 강한 강철 용기를 테두리로 두른 이중 용기를 만들었다. 이것이 바로 메타놀을 합성하고 공기 중의 질소를 수소와 화합시켜 암모니아를 만드는 획기적인 방법인 '하버-보슈 공정'이다. 오늘날에는 알루미늄, 칼슘, 칼륨, 규소, 마그네슘, 미량의 티탄, 바나듐, 지르코늄의 산화물이 들어 있는 촉매가 사용되고 있다.

대기 중의 질소를 이용해 암모니아를 합성한다는 것은 당시로서는 질소 화합물의 세계적인 부족을 극복할 수 있는 획기적인 기술이었다. 오늘날에는 농작물 생산을 위해 대부분의 농토에 질소를 뿌리는데 그 중 상당 부분이 하버-보슈 공정을 통해 합성한 인조비료가 공급되고 있다. 사람은 단백질의 약 75퍼센트를 농작물에서 직·간접적으로 얻는다. 결국 세계 인구가 섭취하는 단백질의 약 1/3이 질소 비료에서 나오는 셈이다.

이들이 생산한 질소비료의 인기는 가히 폭발적이었다. 1800년대와 비교해 질소비료를 사용한 이후 미국의 옥수수 생산량은 무려 6배나 증가했다. 이를 두고 '하버-보슈' 공정을 '공기에서 빵을 만드는 방법'이라고 부를 정도였다. 하버-보슈 공정의 탄생은 두 가지 의미에서 세계적인 규모의 새로운 산업을 창출했는데 하나는 화학산업이고 다른 하나는 산업화된 농업의 출현이다. 이 두 가지가 결합하면서 세계의 식량 공급을 대폭 늘릴 수 있었다. 특히 두 차례의 세계대전과 전염병, 대규모의 인구이동, 그 밖의 여러 가지 요인이 인구증가를 가로막았음에도 70억을 돌파한 전 세계 인구가 과거보다 더 풍족하게 먹을 수 있는 것은 하버-보슈의 공정 덕분이라고 해도 틀린 말이 아니다.

하버가 질소비료를 만드는 방법을 발명하자 독일의 빌헬름 황제는 그에게 추밀원 고문관이란 높은 직위를 수여했고 자필 서명이 담긴 초상화를 보냈다. 또한 종신직이 가능한 국가공무원 자격으로 연봉 1만5000마르크(오늘날 1억 원 정도)를 지급했고 연구소에 딸린 저택을 주었다. 하버는 1913년 바스프사와 특허권 계약을 체결하여 암모니아 1킬로그램당 1.5페니(1마르크의 100분의 1)를 받기로 했다. 이 계약은 그야말로 엄청난 부를 그에게 안겨주었는데 오파우(Oppau)에 세워진 바스프의 첫 번째 암모니아합성 공장에서 1년에 생산되는 암모니아의 양은 3만6000톤으로 특허료가 5만4000마르크였는데, 9년 뒤 루드비히샤펜에 세워진 공장에서는 연간 87만5000톤을 생산하여 131만2500마르크가 그의 특허료로 지급되었다. 당시 독일에서는 하버가 황금쟁반에 식사한다는 소문까지 나돌았을 정도다.

노벨상에 가장 부합하는 연구 하버-보슈 공정이 알려지자마자 각국은 폭발적인 관심을 보였다. 질소비료의 대량생산은 물론 질산을 사용하는 화학 폭발물에 대한 수요도 충족시킬 수 있기 때문이다.

암모니아는 화약 제조에 필수적인 질산의 원료로도 중요하다. 하버-보슈 공정으로 만들어진 암모니아를 산화시키면 쉽게 질산을 만들 수 있는데, 노벨이 다이너마이트를 만드는 데 사용한 니트로글리세린도 글리세린에 질산을 처리해서 만든 것이다.

1910년 하버는 베를린에 새로 설립될 예정인 카이저빌헬름 물리화학연구소 소장직을 제의 받고 곧바로 승낙했다. 그후 1933년까지 20여년 동안 우수한 학자들을 거느리며 연구생활을 한다.

하버와 보슈가 암모니아 합성을 성공시킨 직후인 1914년 7월, 1차 세계대전이 발발했다. 전쟁은 독일인 중의 독일인인 하버에게 커다란 영광의 기회였다. 당시 독일은 칠레초석을 수입해서 질산을 얻었는데 영국, 프랑스를 비롯한 연합군은 해상 봉쇄를 통해 칠레초석이 독일로 들어가지 못하도록 철저히 막았다. 칠레초석은 질소비료의 원료일 뿐만 아니라, 화약을 만드는 데에도 쓰였으므로 전쟁시 귀중한 자원이었다. 따라서 연합군 측에서는 화약의 원료가 바닥난 독일이 오래 버티지 못하고 곧 항복할 것이라고 생각했다.

그러나 놀랍게도 독일은 전투에서 충분한 화약을 쓰면서 4년간이나 전쟁을 지속했다. 1918년 전쟁이 연합군의 승리로 끝나고, 독일의 주요 시설이 연합군에 접수된 후에야 그 비밀이 풀렸다. 카이저빌헬름연구소장 프리츠 하버가 암모니아로부터 질산을 제조하여 화약의 원료로 제공했던 것이다. 연합군은 하버가 자체적으로 화약을 만들어 독일이 예상보다 오랫동안 버티는 바람에 많은 병사들을 희생시켰다고 비난했다. 한마디로 하버의 화약 제조가 없었다면 독일이 일찌감치 항복했고 그랬더라면 희생자가 적었을 것이라는 의미였다.

그러나 과학적인 측면으로만 본다면 하버의 발명은 물리화학적인 방법의 유용성을 극대화한 과학의 승리였다. 반응의 열역학적 데이터를 근거로 암모니아를 합성하는 반응이 가능하다고 판단했고 그러한 반응의 최적 조건을 찾았다는 데 더욱 중요한 의미가 있다. 더구나 보슈를 중심으로 한 기술자들의 노력과 하버의 연구가 결합되어 상업적 결실로 이어졌다는 것은 정유, 석유화학, 천연가스 등과 같은 미래의 거대 산업에 기본적인 모델이 되었다. 과학사에서는 이들의 암모니아 합성을 매우 중요하게 다루는데, 그들에 의해 비로소 20세기 과학적 연구의 틀이 갖추어질 수 있었기 때문이다. 18세기 말 산업혁명 초기와 19세기 말~20세기 초는 과학기술 면에서 상당한 차이를 보인다.

첫째, 기술개발의 주역이 장인에서 대학 교육을 받은 전문적인 연구자들로 바뀐다.

둘째, 단순한 아이디어의 변형이 아니라 실질적인 과학 원리의 이해와 적용, 응용 등 고도의 분화된 전문지식이 필수적이 되었다.

셋째, 개인 차원의 연구가 그룹 차원의 연구로 바뀌었다.

넷째, 대학의 연구원과는 다른 기업의 연구원이라는 연구 집단이 등장했다.

19세기 후반부터 바스프사는 수준 높은 대학교육을 받은 사람을 채용하고 대학 실험실과 밀접한 개발연계 시스템을 갖추었다. 세계 최대 제약회사로 알려진 바이엘(Bayer)도 1880년 자체 연구소를 설립하고 바스프와 같은 체제를 운용했다. 이들의 성공을 계기로 현재 수많은 기업에서 연구소를 운용하면서 대학교나 연구원들과 긴밀한 연구를 하는 것은 기본이 되었다.

아내를 자살에 이르게 한 독가스 제조

철저한 애국자인 카이저빌헬름연구소장 하버는 제1차 세계대전이 발발하자 마흔이 넘은 나이에 자원입대하여 육군 중사로 복무했다. 보병과 기병대가 주축인 당시 전쟁에서는 참호를 주로 이용했기 때문에 그에 맞는 새로운 전쟁무기가 필요했다. 이에 따라 영국에서는 탱크를 발명했지만 독일 육군 고위간부들은 독가스 개발을 강력히 추진했다.

하버는 1920년 노벨화학상 수상자인 네른스트(Walther Hermann Nernst, 1864~1941)의 뒤를 이어 1914년 말부터 독가스 연구에 집중했다. 전쟁터에서 인명을 살상하는 독가스를 만드는 것은 간단하지만은 않다. 독가스는 공기보다 무거워 가라앉아야 하며 지상 2미터 이상 올라가지 않아야 한다. 또한 무색으로 쉽게 알아채지 못해야 하며 원료도 쉽게 구할 수 있어야 했다.

하버는 원재료로 염소를 선택했다. 염소는 소금을 분해하여 만들 수 있으므로 독성이 강하고 공기보다 무거우며 용기에 넣어 보관하거나 수송이 편리했다. 또 공기보다 2.5배나 무거워 개인호, 참호, 방공호에 투입하면 병사들에게 치명상을 줄 수 있다.

보병과 기병대가 주축인 1차 세계대전 당시에는 참호를 주로 이용했다.

하버는 1915년 1월 독가스 실험에 성공했다. 이때 제조된 염소기체는 공기 중에 50ppm만 있어도 30분~1시간 이내에 동물의 생명을 위협하며, 1000ppm에 이르면 짧은 시간 내에 생명을 앗아간다. 1915년 4월 22일 벨기에의 이프르(Ypres) 전투에서 180여 톤의 독가스가 처음 살포되었다. 이날 하루 동안 1만5000명의 프랑스 병사가 중독되어 5000여 명이 사망하고 6000명이 포로로 잡혔다.

이후 보복에 나선 연합군도 포스겐 가스를 살포했고 독일군은 보다 치명적인 독성의 머스터드 가스를 전투에 투입했다. 제1차 세계대전에서 사용된 독가스로 인해 130여만 명의 사상자가 발생했는데 이는 전체 사상자의 4.6퍼센트에 달하는 숫자였다.

전도유망한 화학자였지만 결혼과 동시에 일을 포기해야 했던 하버의 아내 클라라는 하버가 가스 공격을 성공적으로 끝내고 돌아온 5월 2일, 남편에게 마지막 작별의 글을 남기고 권총 자살로 생을 마감했다. 클라라는 남편을 독가스 개발로부터 돌아서게 하려고 많은 노력을 했지만 하버는 끝내 독가스 개발을 포기하지 않았다.

하버는 1916년 중사에서 대령으로 승진하여 화학전쟁국 국장을 맡았는데 독일 육군 역사상 유례없는 초고속 승진이었다.

독가스 개발로 그의 생애는 극적인 전환점을 맞는다. 하버는 모든 신생 무기는 처음에는 항상 충격으로 받아들여지므로 독가스도 폭

독일군이 살포한 독가스로 영국군은 큰 사상자를 냈다(1918).

탄과 다를 바 없다고 생각했다. 그는 독가스는 신체적 상해가 아니라 정신적 파탄을 주는 것이어서 오히려 폭탄보다 낫다고까지 생각했다. 또한 치명적인 화학 무기를 개발해 하루라도 빨리 전쟁을 끝내는 것이 인류의 고통을 줄이는 길이라고 믿었다. 사실 그는 독가스에 대한 비판에 다음과 같이 반박했다. "멋있고 좋은 살인 방법이 있는가? 독가스가 폭탄 파편보다 나쁜 점이 무엇인가?"

그런데 연합국 과학자들도 독가스를 개발해 수많은 독일 병사들을 살상한 것이 사실이므로 하버만 비난할 것이 못 된다는 지적도 있다. 한마디로 연합군의 과학자도 하버에 못지않은 비난받을 일을 했음은 틀림없다. 그러나 하버는 과학 역사상 중요한 비료공정을 개발했고 더불어 노벨상까지 받은 유명인사라는 점에서 다르다.

하버는 클라라가 자살한 2년 뒤 21살 연하의 살로테 나탄과 열렬

클라라는 남편인 하버가 독가스 공격을 성공적으로 끝내고 돌아온 날, 권총 자살로 생을 마감했다.

한 사랑에 빠져 결혼식을 올렸다. 그러나 두번째 결혼생활도 원만하지는 않았고 결국 두 사람은 10년 후 이혼한다.

1918년 11월 독일이 항복하자 프리츠 하버는 전범자 명단에 올라 지명수배자 신세가 되었다. 그는 숨어 사는 동안 1918년도 노벨화학상 수상자로 선정되었다는 놀라운 소식을 들었다. 전범으로 지명된 하버에게 노벨상 수여 소식이 알려지자 연합군 측에서는 노벨상위원회에 강력히 항의했다. 연합군이 칠레초석 수입을 봉쇄하였는데도 그가 하버-보슈 공정을 발명하여 화약 제조에 필수적인 질산을 자체 생산해 전쟁이 길어졌다는 것이 그 이유였다.

그러나 노벨상위원회는 정치를 초월해 학문적인 결과만을 평가해 수상자를 선정한다면서 그들의 항의를 인정하지 않았다. 그의 수상에 항의하여 많은 사람들이 시상식에 불참했다. 하지만 노벨은 유언장에서 '전년도에 인류에게 가장 크게 공헌한 사람'에게 노벨상을 수여하도록 명시했는데 하버에게 수여된 노벨 화학상은 노벨상의 정신에 가장 잘 부합된 수상 중의 하나로 설명된다.

조국 독일에서 추방당하다

하버는 독일을 위해 독가스를 만들고 또 독일을 위해 방독면도 만드는 등 독일을 위해 충성을 다했다. 그는 비록 유태인의 피를 이어받았지만 스스로 헌신적인 독일인이라는 점을 자랑스러워했고 또 자타가 인정하는 애국적인 독일 화학자였다. 심지어 독일이 패전하자 자신의 노력이 부족해서 전쟁에서 패배했다고 자책감을 가질 정도였다. 전쟁에서 패전한 독일이 330억 달러라는 막대한 전쟁 배상금을 지불할 능력이 없다는 점을 알고 바닷물을 화학약품으로 처리하여 금을 추출하는 프로젝트를 추진했다. 아이디어는 그럴듯했지만 바닷물에 녹아 있는 금의 함량에 대한 데이터가 부족하여 프로젝트는 실패로 끝나고 말았다. 한마디로 바닷물 속에 포함된 금의 양은 극히 적었다.

역사는 그를 비운의 과학자로 만들어버린다. 1933년 히틀러가 이끄는 나치당이 집권하자 뼛속까지 독일인인 하버에 대한 상황이 180도 바뀐다. 히틀러는 집권하자마자 유태인 추방 정책으로 물리학자인 아인슈타인, 슈뢰딩거, 보른 등을 직간접적으로 추방했다. 문제는 하버였다. 그가 비록 유태인이지만 독일을 위해 전방위적으로 공헌한 과학자 중의 과학자였고 특히 제1차 세계대전에도 참전한 참전 용사였다. 당시 참전 용사는 해고에서 제외되도록 법으로 보장되어서 하버는 연구소장직에 계속 머물러 있을 수 있었다. 하지만 자신의 연구소에 있는 유태인 학자들을 해고하도록 강요받자 하버는 이에 강력히 반발하며 정부에 항의했다. 당시 카이저빌헬름 협회의 회장이며 1918년 노벨 물리학상 수상자인 프랑크(James Franck)가 히틀러 총통에게 면담을 요청했다.

그는 히틀러를 만나 학술 진흥에 꼭 필요한 유태인을 추방하면 외국에만 이익을 줄 뿐, 독일의 장래가 암담하다고 했다. 그때 프랑크와 히틀러는 다음과 같은 대화를 나눈다.

히틀러 : 나는 유태인 자신들에게는 아무 유감도 없습니다. 그렇지만 그들은 모두 공산주의자들이고, 그래서 나는 그들을 미워하는 것입니다.

프랑크 : 사람에 따라 모두 다르니까 구별하면 되지 않습니까?

히틀러 : 유태인 스스로가 그러한 구별을 해주어야 하는데, 그렇지 않기 때문에 내가 유태인들에게 단호한 태도를 취하는 것입니다. 유태인 없이도 독일의 과학기술은 잘되어 갈 것이라고 믿습니다.

결국 프랑크는 더 이상 말을 하지 못하고 나왔다. 하버가 1차 세계대전 동안 독일을 위해 헌신한 공로는 물론 그가 기독교로 개종했다는 것도 인정하지 않고 히틀러는 유태인에 대한 추방을 계속했다. 하버도 이런 처사에 가만히 있지 않고 1933년에 교육부 장관 앞으로 공개서한을 보내 나치당의 인종차별 정책을 강력히 비판했다.

하버는 과학 강연을 빌미로 케임브리지대학의 초청을 받아 영국으로 떠났다. 그러나 독가스 개발을 주도한 전력을 문제삼아 영국 과학계에서 그의 영국 정착을 반대했다. 마침 화학자이자 훗날 이스라엘의 초대 대통령이 되는 하임 바이츠만(Chaim Azriel Weizmann)으로부터 새로 설립되는 다니엘시프연구소(Daniel Sieff Research Institute, 지금의 이스라엘 Weizmann 연구소)를 맡아달라는 제안을 받았다. 하버는 연구소의 개소식에 참석하러 중동으로 가던 도중 1934년 1월 29일 스위스 바젤(Basel)의 한 호텔에서 심장마비로 세상을 떠났다. 독일에서의 그 많은 재산도 명예도 한조각 휴지조각으로 남겨둔 채였다. 가족도 재산도 지위와 연구소, 그리고 목숨까지 잃은 그의 나이 66세 때였다.

그가 물러난 뒤 2년 동안 독일 대학의 과학자 다섯 명 중 한 명이 일자리를 잃었는데 그중 80퍼센트가 유태인이었다. 그때 하버는 독일의 화학자, 독일의 군인, 독일의 애국자도 아닌 '유태인 하버'에 지나지 않았다. 그가 유대교에서 기독교로 개종한 것도 전혀 도움이 되지 않았다. 하버는 당시 자신의 처지를 아인슈타인에게 이렇게 토로했다.

하버와 아인슈타인

"내 평생에 지금처럼 유태인이었던 적은 없다."

하버의 인생처럼 굴곡진 삶도 드물다. 부유한 유태인 집안의 아들로 태어나 오직 독일을 위해 헌신했다. 그러나 뼛속까지 독일인으로 자부한 그는 자신이 헌신했던 '조국' 독일로부터 추방되었다. 전 재산이 압수된 것도 모자라 하버가 죽은 뒤에는 질소비료 제조법마저 그의 개발이 아니라고 부정당하는 수모까지 겪어야 했다.

아이러니컬한 것은 그의 질소비료 제조법이 노벨상 역사상 가장 노벨상 이념에 적합하다는 평가를 받은 것이다. 현대과학이 갈수록 양날의 칼처럼 변하면서 선과 악의 구분이 불분명해지고 있어서 그처럼 상반된 평가를 어떻게 해석해야 할지 의문이 드는 것도 사실이다.

하버가 독일 문화에 완전히 동화되어 충성심이 강한 독일 유태인의 한 극단을 대표했다면 그 반대편에는 아인슈타인이 있다. 아인슈타인은 그 자신이 독일인이면서도 자신의 나라에 항상 의문을 품었던 대표적인 과학자이다. 여하튼 당대 최고의 과학자도 정치 앞에서는 무릎을 꿇어야 했고 과학자로서의 미래를 스스로 결정할 수 없음을 볼 때 하버와 같은 희생자는 언제, 어느 곳에서도 출현할 수 있다.

1919년 영국은 승전국으로서 바스프사의 문서를 조사해 암모니아 생산에 관한 하버-보슈 공정의 비밀을 알아냈고 이후 이것은 영국과 미국으로 퍼져나갔다. 1930년대 말 함흥에 세워진 질소비료 공장은 일본인들이 하버의 기술을 도입하여 세운 것이다. 한국 정부가 1961년 미국의 차관을 들여와 맨 처음 건설한 것도 충주 비료공장이었다. 6.25전쟁이 끝난 뒤 폐허가 된 한국에서 가장 급선무는 식량 생산이었으므로 비료공장 건설이 최우선이었다.

하버와는 달리 보슈는 줄곧 바스프사에서 일했다. 1925년 이후 회장에까지 올랐으며 1931년 노벨화학상도 수상했다. 그는 산업분야에서 눈부신 업적을 냈지만 학문적인 연구도 게을리하지 않아 1937년 프랑크의 뒤를 이어 카이저빌헬름협회 회장직에 오르기도 했다. 하버와는 달리 말년까지 명성을 누리다가 66세인 1940년 4월 지병으로 사망했다. 보슈는 유태인이 아니었다.

15

과학계의 미스터리로 남은 조작 사건

파울 캄머러(1880-1928)

오스트리아의 생물학자. 젊은 시절 음악에 재능을 보였지만 자연과학에 흥미를 느껴 진로를 바꿔 1904년 빈 대학교에서 자연과학으로 박사학위를 받았고 빈 대학교 교수로 임용되었다. 획득형질의 유전을 강력하게 주장한 라마르크의 가설을 증명하기 위해 동물실험을 했는데, 산파개구리의 샘플 조작이 발각되어 자살로 생을 마감했다.

파울 캄머러 Paul Kammerer, 1880~1928

형질변경이론 주장, 샘플 조작이 발각되어 자살

1925년 테네시주 데이턴에서는 재판 사상 유례없는 공판이 열렸다. 피고는 존 스콥스라는 고등학교 생물교사이자 풋볼 감독으로, 그는 성서의 천지창조설을 가르치도록 결정한 주(州) 법률을 어기고 다윈의 진화론을 가르쳤다는 혐의로 고발당해 재판정에 선 것이다.

찰스 다윈 사후 약 40년이 지난 때에 열린 이 재판은 근본적인 질문이 쟁점이 되었다. 즉 성서에 적힌 대로 신이 모든 생물을 창조했는가? 아니면 비슷한 종들은 공통 조상에서 유래했다는 진화론, 즉 인간은 원숭이와 동종인가? 하는 문제였다.

1802년 신학자 윌리엄 페일리는 창조론의 원리를 극명하게 설명했다.

"사막에서 시계를 발견하게 되면 분명히 그건 기술이 뛰어난 어떤 시계공이 만든 시계라고 추정할 것이다. 그렇다면 인간의 눈을 만든 시계공은 얼마나 기술이 뛰어났겠는가?"

진화론 대 창조론,
그리고 원숭이 재판 현재의 관점에서 볼 때 진화론을 문제 삼는다는 것이 다소 의아하지만 1920년대 미국에서의 상황은 지금과 매우 다르다. 과학의 발달로 진화를 뒷받침하는 증거가 날이 갈수록 늘어났지만 미국에서는 이런 과학기술계의 발전이 모든 면에 적용되지는 않았다.

1920년대 초, 성경에 근거를 둔 창조론자들은 미국의 3개 주(테네시, 미시시피, 아칸소)에서 진화론을 가르치는 것을 불법으로 만드는 데 성공했다. 이들 주에서는 공공 교육기관, 즉 학교와 대학에서는 "성경에서 가르치는 바, 신의 창조의 역사를 부정하고, 그 대신 인간이 저급한 동물류에서 유래한다고 주장하는 이론을 가르칠 수 없다"고 법으로 규정했다.

당시 유럽의 대부분 교회에서는 진화론을 받아들이거나 적어도 부정하지는 않고 있었지만 이와 반대로 미국의 일부 주에서는 성경의 원론적인 해석을 강요했다. 미국이 성경을 글자 그대로 받아들이는 분위기로 몰아간 것은 당시의 새로운 문화 물결 때문이었다. 제1차 세계대전이 연합국의 승리로 끝난 뒤 1920년대의 미국은 경제적 번영 속에서 소비와 유행이 활성화되었으나 상대적으로 정신적 빈곤에 빠진 사람들이 섹스, 춤, 재즈 등 향락을 탐닉하기 시작했다. 이른바 '재즈시대'인데, 피츠제럴드의 《위대한 개츠비》는 이 시대를 배경으로 하고 있다.

성경의 세세한 구절까지 철저하게 사실로 믿는 근본주의자(fundermentalist)들은 점잖지 못한 이단 물결이 미국을 오염시키고 있는 상황을 그대로 둘 수 없어 자신들이 나서야 한다고 믿었다.

반면 진화론자들은 학교에서조차 진화론을 가르치는 것이 봉쇄되자 이 문제를 법정으로 가져가 이슈화시켰다. 24살의 생물교사이자 풋볼 감독인 존 스콥스(John Scopes)는 사실 창조론자에 맞서기 위해 선임된 교사였다. 그는 시민권 보호를 위해 설립된 미국시민자유연맹(ACLU)과의 약속대로 수업 시간에 금지된 진화론을 가르치다가 고발당했다. 스콥스는 조지. W. 헌터의 《시민 생물학》 시간에 진화론을 강의함으로써 법을 어겼다고 스스로 인정했다.

근본주의자들의 선봉에 나선 사람은 세 번씩이나 대통령 후보였고 외무장관을 지낸 윌리엄 브라이언(1860~1925)으로 그가 원고측 변호사로 나섰다. 그는 열변을 토하는 달변가로, 제1차 세계대전이야말로 다윈의 무신주의에 대한 형벌이었다고 주장하는 골수 복음주의자였다. 그는 진화론이 승리하면 기독교는 무너질 것이라고 말했다.

그런데 이 법정 다툼은 애당초 진화론을 부각시키기 위해 치밀한 기획하에 추진된 사건이었다. 스콥스를 변호하기 위해 세 명의 변호사가 나섰는데, 그 중 스타급인 클라렌스 대로(Clarence Darrow)도 참여하고 있었다. 대로는 "진지하게 사고하는 과학자라면 그 누구도 다윈의 이론을 부정하지 않는다"고 주장했다. 그의 주장은 명료했다.

1925년 일명 '원숭이 재판' 당시의 존 스콥스(가운데)

"성경은 학문적인 저서가 아니라 모두가 다르게 해석할 수 있는 종교와 도덕에 관한 책이므로 국가는 어떤 해석이 옳다

스콥스 재판을 보기 위해 인구 1800명 소도시에 5000명의 인파가 몰려들었다.

고 규정할 수는 없다. 그러므로 테네시 주에서 지배적인 법규는 개인의 신앙·문학·학문의 자유를 위반하는 것이다. (…) 진화의 영역에서 성경만이 생물 수업의 기본 지침이라는 것은 300년 전 갈릴레이를 법정에 세운 것과 똑같은 미신이고 무지이다."

그러나 재판이 테네시 주에서 진행시킨 것이 불행이라면 불행이었다. 재판장 존 롤스턴은 '성경을 매일 읽어라'라고 씌어진 깃발 아래 앉아 있었고 12명의 배심원 중 11명이 성경의 근본주의자였고 한 명은 글을 읽을 줄도 몰랐다. '원숭이 재판'으로 알려진 스콥스 사건은 미국 전역을 들끓게 만들었다. 1925년 7월 10일의 재판은 방송으로 중계되었고 주민 1800여 명에 불과한 데이턴에는 방청객이 5000여 명이나 몰려들어 법원 앞 잔디밭에서 재판을 진행해야 할 정도였다.

엄밀한 의미에서 재판 내용 자체는 창조론자인 브라이언의 완패로 끝이 난다. 스콥스의 변호사인 클라렌스 대로가 창조론자인 브라이언을 증인으로 요청했을 때 검사가 주의를 주었음에도 원래 달변가인 브라이언은 이에 순순히 응했다. 그는 자신의 웅변력을 믿었기 때문에 대로의 어떤 질문에도 슬기롭게 대처할 수 있다고 생각했다. 그러나 대로의 질문은 그의 상상을 뛰어넘는 것이었다. 대로의 질문과 브라이언의 답변을 보자.

대로 : 뱀이 이브를 유혹한 후, 신이 뱀에게 '너는 배로 기어 다녀야 한다'고 말했습니다. 당신은 이 말을 믿습니까?

브라이언 : 믿습니다.

대로 : 당신은, 뱀이 그 이전에는 어떻게 움직였는지 상상할 수 있습니까?

브라이언 : 아니오.

대로 : 당신은 뱀이 꼬리로 다녔는지 또는 그렇지 않았는지 아십니까?

브라이언 : 모릅니다. 경험하지 않았기 때문이죠.

법정에서 맞붙은 대로(왼쪽)와 브라이언. 대로는 "죄는 미워하되 사람은 미워하지 말라"는 유명한 말을 남긴 명 변호사이다.

브라이언은 대로의 질문에 점점 궁색해졌고 자기모순에 빠졌으며 답변은 점점 더 꼬여만 갔다. 어떤 사람은 "이날 전설이 파괴되어 버렸다"라고 적었을 정도였다.

대로는 미국 사법제도를 적극적으로 이용하기 위한 방편으로 스콥스에게 유죄 평결을 내려달라고 요청했다. 그럴 경우 대법원에 상고할 수 있기 때문이다. 판사는 곧바로 스콥스에게 유죄를 선고하고 100달러 벌금형을 내렸다. 판결 자체로는 브라이언 측이 승소했지만 그는 재판이 끝난 5일 후에 사망했다. 반대심문에서 대로에게 철저하게 망신당했다는 절망감이 그를 죽음으로까지 몰고 갔다고 사람들은 추측할 뿐이다.

스콥스에게 100달러의 벌금이 선고된 것은 진화론자들이 원하는 바였다. 그들은 계획대로 대법원에 상고한 후 대대적인 공세를 준비했다. 그런데 몇 달 후 테네시주 대법원은 절차상의 실수를 들어 원심을 파기하고 스콥스에게 무죄를 선고했다. 진화론과 창조론의 세기의 대결은 더 이상 이루어지지 않았다.

이와 같이 진화론자와 창조론자들의 대 결투가 일어나게 된 원인은 각 측이 나름대로의 주장을 펼 수 있는 근거가 있었기 때문인데, 그 논쟁의 단초가 된 것이 1859년 다윈이 출간한《종의 기원》이었다.

형질변경의 증거를 대라

과학에 조금이라도 조예가 있는 사람은 창조론을 황당하다고 생각하거나 아예 무시하기 일쑤이다. 과학이라는 잣대에 종교를 대입한다는 자체가 잘못된 일이므로 들어볼 필요조차 없다는 뜻이다. 진화론과 창조론의 논쟁은 종교와 과학을 같은 카테고리 안에서 다루느냐 또는 다른 카테고리로 다루느냐에 따라 매우 달라진다.

그러나 창조론자들이 진화론을 집요하게 추궁하는 것은 진화론에 두 가지 결정적인 문제가 있기 때문이다. 더욱이 그 문제점의 발단은 종교적인 측면에서 나온 것이 아니라 과학 분야에서 제기되었다.

첫째는 진화론이 어떤 유기체에서 새로운 유기체로의 진화를 별다른 모순 없이 밝혔다 하더라도 원초적인 생명의 탄생 과정을 설명하지 못했다는 점이다. 당대의 최고 과학자로 명성이 높던 루이 파스퇴르(Louis Pasteur, 1822~1895)가 펠릭스 푸쉐(F. Pouchet, 1800~1872)와의 대결에서 케케묵은 논쟁 중의 하나인 생명체의 **자연발생론**을 완전히 폐기시킨 것도 큰 역할을 했다. 즉 산소가 풍부한 대기 속에서 자연발생적으로 생명체가 태어나는 것이 불가능하다는 것이다. 생명체 탄생의 이론은 간단하다.

> **자연발생론**
> 생물이 자신의 어버이가 없이도 발생할 수 있다고 하는 생각. 1859년 파스퇴르가 미생물의 자연발생을 부정하는 정교한 실험을 함으로써 폐기되었다.

'생명이 곧 씨앗이고, 씨앗이 곧 생명이다.'

이것만으로도 창조론자들이 진화론을 공격하는 근거로써 충분했다. 자연발생적으로 생명체가 태어나지 않는다는 것은 생명의 발생에 어떤 초자연적 기원, 즉 신의 창조력을 필요로 한다는 것을 의미하기 때문이다. 이 문제는 지구의 생명체가 지구 내부로부터 탄생했는가 혹은 외계에서 온 것인가를 두고 지금까지도 여전히 대립하고 있다.

진화론의 두 번째 결정적인 문제는, 진화론의 골격은 어떤 이유로든 새로운 환경에 적응하기 위해 습득된 형질이 유전자에 의해 후손에게 전달된다는 내용이다. 그런데 이에 대한 결정적인 증거가 없었다는 점이다.

진화론 자체가 습득된 형질이 유전되어야 한다는 점에는 이론의 여지가 없다. 그런데 정통적인 진화론에 의하면 형질이 변경되기 위해서는 돌연변이 등이 개입되어야 하므로 상당한 시간이 걸려야 했다. 기본적으로 이를 '멘델의 유전'이라고 부른다. 일반적으로 알려진 것처럼 상당히 많은 시간, 즉 형질변경이 일어나기 위해서 수십만 년 내지 수백만 년이 걸린다고 한다면 그동안에 습득된 형질이 계속 보존된다는 것은 불가능하다고 볼 수 있다. 간단히 생각해봐도, 습득된 형질이 변경되는 데 100만 년이 걸린다면 일반 동물의 수명을 20년으로 볼 때 5만 세대를 지나야 한다. 5만 세대를 지나서 어떤 변화가 일어났다고 했을 때 그것을 100만 년 전에 일어났던 환경의 변화로 볼 수 있느냐, 하는 점이다.

다윈도 습득된 어떤 정보가 형질변경으로 일어나려면 아주 오랜 시간이 필요하다고 설명했다. 진화에 장구한 시간이 필요하다는 예로 제시되는 것이 '푸른바다거북'이다. 이 바다거북은 브라질 해변을 떠나 2000킬로미터나 헤엄쳐 가서 대서양 한가운데 위치한 어센션섬으로 이동한다. 왜 이 거북이 브라질 해변에 머물며 둥지를 틀지 않는 것일까. 무게가 180킬로미터나 되는 이 거북에게 먹이도 없고 숱한 위험을 무릅써야 하는 고된 여행을 강행토록 한 동기가 무엇 때문인가 말이다.

학자들은 다음과 같이 추론한다. 우선 수천만 년 전에는 어센션섬이 남아메리카에서 아주 가까운 거리에 있었다는 것. 이 바다거북의 조상들은 대륙의 포식자들로부터 알과 새끼를 안전하게 지킬 수 있는 장소에 알을 낳기 위해 바다를 건넜다. 그러나 해저가 확장되고 아프리카와 남아메리카로 분리되면서 브라질과 어센션섬 사이의 바다가 점점 넓어졌다. 지각판 사이에서 용암이 분출됨에 따라 거북의 이주 거리는 해마다 몇 센티씩 늘어났고, 여러 세대를 거치면서 바다거북은 그것에 적응해갔다. 바다거북은 무사히 이동하여 자손을 남길 수 있도록 몸집이 더 커지고 헤엄을 잘 칠 수 있도록 진화해갔다. 그리고 두 달 이상 아무것도 먹지 않고도 2000킬로미터를 여행할 수 있도록 두꺼운 지방층과 신진대사 작용을 발달시켰다. 그렇게 조상들로부터 물려받은 전통을 충실히 따름으로써 바다거북은 수백만 년 뒤에 자손들에게 힘겨운 이동 습관을 물려줄 수 있도록 변형되었다는 것이다.

형질변경에 장구한 시간이 필요하다는 다윈의 설명은 다시 말해 그 증거를 찾는다는 것이 간단치가 않다는 것을 의미한다. 그런데 여기에 가능성을 열어 준 것이 라마르크(Jean Baptiste Larmarck, 1744~1829)이다. 다윈보다 먼저 진화론의 개념을 제시한 라마르크는 습득된 형질이 단시간에 걸쳐 유전될 수 있다고 주장했다.

형질변경에 대한 라마르크의 설명은 명쾌하다. 그는 자연적인 변이는 환경의 영향을 받은 결과이며 이 변이가 다음 세대로 즉시 유전된다고 주장했다. 다음 세대로 이어지는 변이들은 생명체가 특정 환경에서 살아남을 수 있는 기본적인 능력을 갖추는 데 가장 적합한 변이들이라는 것이다.

그가 제시한 예는 기린이었다. 높은 곳의 나뭇잎을 먹으려고 영양이 오랜 동안 목을 늘이다보니 기린이라는 새로운 종으로 변했다는 설명이다. 반면 두더지나 도롱뇽의 눈처럼 계속 사용하지 않는 기관은 퇴화한다는 주장이다.

엄밀한 의미에서 라마르크와 다윈의 이론은 차이점이 있으므로 별개의 이론으로 설명되기도 한다. 라마르크는 진화의 요인이 획득형질의 유전이라고 본 반면, 다윈은 진화의 주된 추진력으로 획득형질(후천형질)의 유전보다는 생존 경쟁을 꼽았다는 점이다. 그러나 큰 틀에서 라마르크의 설은 다윈의 진화론에 흡수된다는 점을 이해할 필요가 있다.

다윈이든 라마르크든 형질변경이 중요하다는 점에서는 생각이 같았지만 많은 학자들은 단시간에 형질변경이 가능하다는 라마르크의 이론을 더 선호했다. 잘만 연구하면 당대에 형질변경의 증거를 찾을 수 있으리라는 기대감 때문이었다.

전 세계의 학자들이 형질변경의 증거를 찾는 데 도전했다. 이런 중대한 문제에는 온갖 장애물이 생기고 또 그에 대한 희생자가 나오게 마련이다. 게다가 그 와중에 냉전이라는 국제 정치문제까지 개입되어 진화론은 보다 복잡한 양상으로 전개된다. 진화론으로 인해 세계의 과학계가 양분되는 초유의 사건이 벌어진 것이다. 자유진영인 서방에서는 단시간의 형질변경이 불가능하다는 주장에 손을 들어주었고, 공산진영은 단시간에 형질변경이 가능하다는 데 손을 들어주었다.

자연스럽게 형질변경 문제로 인한 두 부류의 희생자가 생겨났다. 첫째는 형질변경이 단기간에 가능하다는 것을 증명하다가 희생된 사람이고 두번째는 단기간의 형질변경이 불가능하다고 주장하다가 희생된 사람이다. 이 논쟁은 현대 과학의 근간을 뒤흔들 정도의 폭발력을 갖고 대립했다. 이번 장에서는 먼저 형질변경이 단시간에 가능하다는 것을 주장하다가 희생된 내용을 다루고, 다음 장에서는 형질변경이 불가능하다고 주장하다가 희생된 경우를 다루기로 한다.

제국주의 입맛에 맞는 진화론

현대 과학은 유전자와 돌연변이가 밝혀짐으로써 형질변경에 대해 많은 정보를 갖고 있지만 진화론이 정착하기 이전까지는 형질변경이란 말 자체가 진화론의 아킬레스건이었다. 선대에서 습득된 형질이 단기간에도 후대로 변형된다는 증거를 찾기 위해 많은 학자들이 노력했지만 결정적인 증거를 찾지 못하자 진화론은 계속해서 공격을 받았다. 한마디로 형질변경의 증거가 없다는 것은 진화론이라는 가설 자체가 성립되지 않는다는 것이다. 이것이 근래까지 일부 종교계에서 진화론은 '참'이 아니라고 줄기차기 공격하는 빌미가 된다.

진화론의 역사를 보면 몇 단계의 고비를 겪어야 했는데, 과학계뿐만 아니라 정치인들까지 진화론을 자신들 입맛에 맞게 왜곡해서 활용했기 때문이다. 우선 다윈의 진화론은 제국주의자들의 입맛에 가장 맞는 이론이었다. 영국을 비롯한 열강들이 세계 각지를 침략하고 식민정책을 합리화하는 데 다윈의 진화론이 유리했기 때문이다. 아프리카, 아시아인들이 자신들보다 미개하므로 선진 기술을 갖고 있는 우성 인간 종들이 그들을 지배하는 것은 당연하다는 논리였다.

파울 캄머러는 샘플 조작을 끝내 부인하며 권총 자살로 생을 마감했다.

그런데 느닷없이 20세기 초, 공산주의 진영에

서도 진화론이 자신들의 입맛에 맞는다고 발표한 것이다. 그런데 소련의 공산주의자들은 제국주의자들보다 한술 더 떴다. 제정 러시아를 무너뜨리고 공산국가를 세운 구소련의 스탈린(Iosif Vissarionovich Stalin, 1879~1953)은 1922년 마르크스주의에 입각하여 부르주아 과학에 반격을 가한다. 공산주의에 근거한 이념은 과학 분야에서도 자본주의의 '부르주아 과학'이 아닌 '프롤레타리아 과학'으로 거듭나야 한다는 것이다.

산파개구리는 수컷이 알을 등뒤에 붙여 올챙이가 될 때까지 보호한다.

당시에는 다윈의 진화론과 라마르크의 진화론을 분리하여 다루었는데 공산주의에서는 다윈의 진화론이 아닌 라마르크의 단기간 형질변경이 자신들의 입맛에 맞는다고 선언했다. 유전과 종의 진화가 공산당의 대부로 알려진 엥겔스를 모범으로 삼아 진행됐다는 것이다. 그런데 공산진영에서는 공산당 이론의 명예를 걸고 형질변경의 증거들을 찾았지만 어느 누구도 이를 증명하는 데 성공하지 못했다는 게 문제였다.

이때 독일의 유명한 진화생물학자인 바이스만(Friedrich Leopold August Weismann, 1834~1914)이 중요한 연구 결과를 발표했다. 다윈 진화론의 강력한 지지자인 그는 라마르크의 습득된 형질변경을 진화론에서 제외시켜야 한다고 주장했다. 그는 생쥐의 꼬리를 22세대에 걸쳐 잘라 1592마리의 장애 쥐를 만들어 조사했으나 아직 꼬리가 없는 자손이 나오지 않았다는 것이다. 그는 이 자료를 토대로 1883년 체세포의 변화가 유전되지 않는다고 주장했는데 이것은 라마르크설을 전면 부정한 것이나 다름없었다.

저명한 바이스만의 발표에도 불구하고 학자들은 형질변경이 단기간에 이뤄질 수 있다는 견해를 포기하지 않았다. 여러 정황을 보아 라마르크의 주장이 틀린 것이 아니라 그 증거를 찾아내지 못한 것에 불과하다는 논지였다. 여하튼 형질변경이 부정된다는 것은 진화론이 줄기차게 공격을 받는 요인이었는데 이때 혜성처럼 나타난 한 과학자가 습득된 형질이 단기간에 유전됨을 발견했다고 발표했다. 그의 이름은 오스트리아의 생물학자 파울 캄머러(Paul Kammerer)이다.

1880년 빈에서 태어난 캄머러는 처음부터 과학계에 종사한 것은 아니었다. 그는 1900년부터 1902년까지 빈의 콘서바토리움 음악원에서 공부할 정도로 음악에 재능을 보였다. 그러나 자연과학에 흥미를 느껴 진로를 바꿔 1904년 빈 대학교에서 자연과학으로 박사학위를 받았다. 그 과정에서 이탈리아 트리에스테 동물원에 잠시 머문 적도 있을 만큼 동물에 대해 관심이 높았다.

1906년부터 1910년까지 고타주-리체움이라는 빈의 기숙여학교에서 생물학 교사로 일했고 1912년부터 젊은 나이에도 불구하고 빈 대학교의 교수로 임용되었다. 한마디로 전도유망한 과학자로 1914년에는 빈 학술아카데미의 생물학 연구소에서 일하기 시작했다.

캄머러는 획득형질의 유전을 강력하게 주장한 라마르크의 가설을 증명하기 위해 도마뱀, 불도롱뇽, 아리테스(산파개구리, 수컷이 알을 등뒤에 붙여 올챙이가 될 때까지 보호한다)를 가지고 주로 실험했는데, 그러면서도 동물학대에 철저히 반대했다. 단 한 마리의 동물이라도 고통을 받아야 한다면 그는 단호하게 실험을 거부했다. 캄머러는 실험대상인 도마뱀과 도룡뇽, 개구리들이 마치 자연 속에 살고 있는 듯한 느낌을 받을 수 있도록 최대한 편안한 사육장을 만들어 주었다.

라마르크의 이론을 증명하기 위한 그의 실험은 곧 증거가 쌓이기 시작했다. 더운 열을 많이 받은 도마뱀은 피부색이 더욱 진해졌다. 이 도마뱀이 낳은 알을 부화시켰더니 고온에서 태어난 도마뱀은 정상적인 도마뱀보다 피부색이 더 진했다. 땅 속에 사는 도롱뇽의 경우 어디에 살고 있느냐에 따라 색깔이 변하는데 새끼들은 언제나 어미와 같은 색깔을 나타냈다. 이것은 동물들이 생활환경이 변할 경우 형태 변화를 일으킨다는 결정적인 증거였다.

캄머러는 특히 양서류인 산파개구리에 공을 들였다. 물속에서 짝짓기를 하는 다른 두꺼비나 개구리들과는 달리 산파개구리는 마른 땅 위에서 짝짓기를 한다. 그래서 수컷 산파개구리의 앞발 엄지에는 뿔모양의 검은색을 띤 살점(발정돌기)이 없다. 다른 개구리들의 경우 물속에서 교미를 하는 동안 이 돌기를 이용해 암컷에 착 달라붙어 떨어지지 않는다. 그래서 캄머러는 산파개구리들을 물속에서 짝짓기 하도록 만들면 그 수컷들의 앞발 엄지발가락에 돌기가 생겨날 것이며 이것이 세대를 거듭하여 계속 유전되면 정착될 것이라고 주장했다. 그의 주장은 공산주의 진영인 소련에서 볼 때 매우 중요한 내용이어서 모스크바대학교는 그에게 교수자리를 제안했다. 캄머러는 보다 좋은 여건에서 연구할 수 있는 그 제안을 받아들였다.

모스크바로 떠나기에 앞서 1919년 캄머러는 생물학계에 폭탄을 터뜨린다. 캄머러의 예상대로 수컷 산파개구리의 앞발에 경피가 생겨났으며 이 경피는 그 새끼들에게도 유전된다고 발표한 것이다. 그의 설명대로라면 환경의 영향이 유전자 속에 포함된다는 라마르크의 학설을 과학자로서 최초로 증명한 셈이다. 그는 자신이 얻은 결과

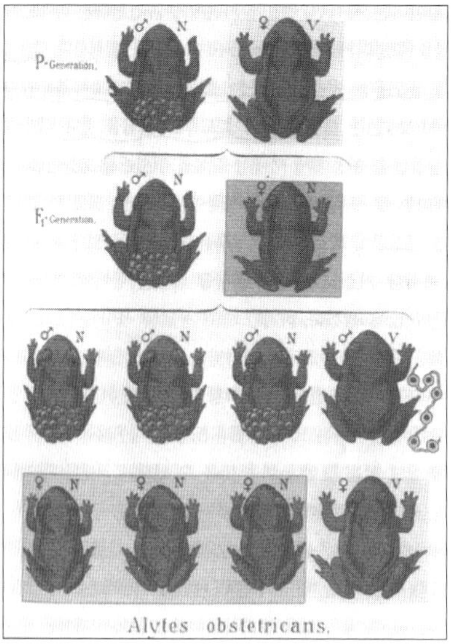

캄머러가 획득형질 유전을 증명한 논문(1924)

를 전 세계 각 연구소로 보냈다.

그런데 일부 학자들이 의혹을 주장했다. 캄머러가 주장하는 경피는 피부에 생긴 얼룩이거나 아니면 사진을 찍을 때 생긴 그림자 같다는 것이다. 마침내 영국의 중립적 학술 검증단이 캄머러가 기르고 있는 산파개구리를 직접 눈으로 확인하기 위해 빈을 찾았다. 당시 캄머러는 이미 소비에트 학술원으로부터 초청장을 받아놓은 터라 좀 더 확실하게 학자들에게 자신의 성과를 인정받을 수 있다고 반겼다. 그런데 막상 실험실에 있는 산파개구리를 검증 위원들에게 보이는 순간 그는 놀라지 않을 수 없었다. 그가 제시한 산파개구리의 경피는 먹물로 칠한 얼룩이었다!

캄머러는 말을 더듬으며 왜 이렇게 되었는지 모르겠다고 우물거렸다. 학자적인 양심으로 결코 사기 치려는 것이 아니라고 설명하면서 자신이 바빠서 몇 달 동안 제대로 산파개구리를 살펴보지 못했다고 변명했다. 그의 동료들은 누군가 몰래 실험실에 들어와서 개구리를 바꿔치기 한 것이 분명하다고 캄머러를 두둔했다. 그러나 검증위원단은 〈네이처〉지에 다음과 같은 견해를 보냈다.

'놀라운 동물 이야기는 생물학계에서 일찍이 그 유례를 찾아볼 수 없는 파렴치한 사기극이다.'

캄머러는 더 이상 자신을 변호하기 위한 어떠한 노력도 하지 않고

1926년 9월 오스트리아의 테리지엔 바위산에서 권총으로 자살했다. 그의 나이 45세였다. 캄머러는 자살 하루 전 자신을 초청했던 소비에트 학술원 앞으로 다음과 같은 편지를 썼다.

'제가 직접 관여한 일은 아니었으나 기정사실로 밝혀진 이 문제를 고려해볼 때 이제 본인은 더 이상 학술원 회원으로서 적임자가 아니라고 판단됩니다. 또한 저는 목숨과도 같이 소중했던 이 연구가 좌절되었다는 사실을 감당할 수가 없습니다. 부디 제가 힘과 용기를 얻어서 내일은 실패한 제 인생에 종말을 고할 수 있기를 바랄 뿐입니다.'

캄머러는 음악공부로 시작했다가 과학을 본업으로 삼아 나름대로 승승장구하며 순탄한 과정을 밟았다. 그러나 미국과 소련의 냉전이란 시대적 틈바구니에 맞물리며 실험 조작 사건이 일어나자 변명도 또 부인도 하지 않은 채 스스로 목숨을 끊었다. 캄머러를 자살로까지 몰아 간 진실은 여전히 미스터리로 남아 있다. 그러나 그의 동료들은 끝까지 그의 연구 결과가 사실이었다고 증언했다.

소련은 그야말로 낙담하지 않을 수 없었다. 그들이 적극적으로 옹호하는 라마르크의 형질변경 증거가 하루아침에 물거품이 되었기 때문이다. 그들이 진정 원했던 것은 개인 생활에서 유발된 돌연변이가 후손의 유전형질을 변형시킬 수도 있다는 이론적 근거였다. 간단히 말해 부모를 통한 자식은 한 벌의 트럼프를 섞듯이 부모의 유전자를 마음대로 섞어서 만들 수 있다는 것으로, 공산주의 이론을 습득한 사람의 자손들은 공산주의 이론에 적합한 성향을 갖고 태어난다는 것이다.

노벨상 수상자
파블로프도 오점을 남기다 캄머러가 자살로써 소련 지도층을 낙담하게 만들더니 곧이어 제2탄이 터졌다. 사건의 진원지는 1904년 러시아인으로는 최초로 노벨 생리의학상을 수상한 이반 파블로프(Ivan Petrovich Pavlov, 1849~1936)이다. 파블로프는 공산당 간부들과 여러 면에서 마찰을 빚어왔다. 1927년에는 과학아카데미에 새로 임명된 '적색 교수'들에 대해 자신만이 유일하게 반대투표를 했다는 사실을 한탄하며 스탈린에게 다음 같은 항의 편지를 보낼 정도의 강골이었다.

> '러시아 지식인들의 기를 꺾고 영혼을 말살하며 타락시키는 당신의 그런 행동 때문에 나는 러시아인으로 불리는 것이 수치스럽다.'

캄머러가 자살하기 전인 1923년, 파블로프는 획득된 행동이 흰쥐에서 유전된다는 주목할 만한 실험 결과를 발표했다. 이 새로운 실험이 그 유명한 조건반사로, 즉 고도의 신경작용이 유전된다는 것을 보여주는 사례라고 설명했다.

흰쥐는 벨 소리를 듣고 먹이를 주는 곳으로 달려가도록 훈련되었는데, 제1세대는 300회의 학습이 필요했으나 그 새끼는 불과 100회의 훈련으로 익혔다. 3대째는 30회, 4대째는 단 10회만으로 충분했다.

> "내가 페트로그라드를 떠나기 전에 본 제5세대는 5회의 학습만으로도 충분했다. 제6대에 대해서는 귀국한 후에 실험할 예정인데 어느

세대가 되면, 흰 쥐는 사전에 학습을 하지 않더라도 벨소리를 들으면 먹이가 있는 곳으로 달려갈지 모른다."

조건반사 이론을 확립한 소련의 생리학자 파블로프

그러나 6대에 걸친 흰쥐의 실험은 놀랍게도 실험 조수가 조작한 것이 드러났다. 파블로프는 자신의 실수를 고백하고 실험 결과를 모두 철회했다. 그러나 파블로프는 라마르크주의의 주장이 틀리지 않았을지 모른다며 습득된 형질변경 이론 자체를 폐기하는 것에는 찬성하지 않았다.

이로써 파블로프와 캄머러의 실패는 공산진영에서 적극적으로 지지하는 형질변경 이론에 사망선고를 내린 것이나 마찬가지였다.

그러나 캄머러의 형질변경 이론은 훗날 맥클린톡이라는 여성 과학자에 의해 화려하게 부활한다. 캄머러에게 따라다니던 '조작'의 불명예를 불식시킬 수 있는 좋은 기회를 기다리지 못하고 성급히 생을 마감한 것이 안타깝지만, 목숨을 바친 그의 연구가 과학의 진보에 밑거름이 되었다고 생각하면 지하에 묻힌 그에게 일말의 위안이 될지도 모르겠다.

16

이데올로기는 과학이 아니다

니콜라이 바빌로프(1887–1943)

구소련의 식물육종학자이며 유전학자. 모스크바농업대학 졸업후 유럽 각국에 유학했다. 여러 차례 아프가니스탄, 지중해 연안 등을 다니며 재배식물의 기원을 탐색했다. 소련 농업과학아카데미 총재 역임. 유전학의 원리를 농업에 응용했다. 반대측 리센코의 출현으로 1940년 체포된 후 감옥에서 생을 마감했다.

니콜라이 바빌로프 Nikolai Ivanovich Vavilov, 1887~1943

형질변경이론 반대, 교도소에서 사망

1835년 갈라파고스섬에 도착한 다윈이 가장 관심을 보였던 것은 부리의 크기나 모양이 제각각인 13종의 핀치였다. 크고 단단한 씨앗을 먹는 핀치의 부리는 튼튼하고 뭉툭하며, 작고 연한 씨앗을 먹는 핀치의 부리는 작고 예리했는데, 이것이 진화론 정립의 결정적 단초가 되었다.

"우리는 서서히 진행되는 이 변화를 결코 보지 못할 것이다."

다윈은 《종의 기원》에서 이렇게 적었다. 진화는 수백 년 내지 수천만 년에 걸쳐 아주 서서히 일어날 것이라고 본 것이다. 그러나 다윈의 이 말은 틀렸다.

다윈 이후 1세기가 지난 1930년대 갈라파고스를 찾은 영국 조류학자 데이비드 랙 박사는 크기나 강도가 비슷한 씨앗을 먹는 핀치 종들은 서로 경쟁하기 때문에 같은 공간에 함께 살지 못한다는 것을 확인했다. 반면 크기나 강도가 다른 씨앗을 먹는 핀치들은 경쟁할 필요가 없어 같은 공간에서도 각자 환경에 적응하며 살 수 있다는 것이다.

그런데 1970년대부터 30년 넘게 갈라파고스 제도의 작은 섬 다프네에서 핀치를 연구한 미국 프린스턴대학 진화생물학자 피터 그랜트와 로즈메리 그랜트 부부 연구팀은 더 극적인 진화를 목격했다. 섬의 환경이 건기와 우기를 반복하면서 핀치들이 해마다 진화한다는 것이다. 1977년 갈라파고스에는 가뭄이 계속되면서 짝짓기 횟수가 줄어 핀치의 총 개체수가 감소했다. 가뭄이 끝난 뒤 살아남은 포르티스(핀치의 한 종)들의 부리 높이가 가뭄 전보다 평균 0.5밀리미터 정도 늘어난 사실도 발견되었다. 가뭄 동안 씨앗이 딱딱해져서 크고 단단한 부리를 가진 녀석이 유리해졌기 때문이다. 불과 몇년 만에 큰 부리를 가진 포르티스가 자연의 선택을 받은 것이다.

그런데 1983년 갈라파고스는 엘니뇨로 한바탕 몸살을 앓았다. 수온이 올라가고 많은 비가 쏟아져 작은 씨앗은 풍작인 반면 큰 씨앗은 흉작이었다. 가뭄으로 한바탕 혼이 난 포르티스들은 열심히 짝짓기를 하여 개체수가 급격하게 늘어났는데, 놀랍게도 가뭄 때와는 반대로 작은 부리 핀치 수가 늘어나 있었다. 갈라파고스의 자연이 큰 부리를 '선택'했다가 다시 작은 부리에게로 돌아서는 데 걸린 기간은 불과 십여 년에 지나지 않았다.

갈라파고스 이외에도 지구 곳곳에서 빠르게 일어나는 진화가 목격되었다. 1970년대 후반 미국 워싱턴대학 조너던 로소스 교수팀은 키 큰 나무가 자라는 바하마 군도에 사는 도마뱀(아놀리스 사그레이) 몇 마리를 키 작은 덤불만 자라는 고립된 섬으로 옮겨놓았다. 새로운 환경에서 멸종해가는 과정을 관찰하기 위해서였다. 그런데 놀랍게도 20년 후 도마뱀 수는 오히려 늘어났다. 대신 키 큰 나무가 많던 고향에 살았을 때보다 도마뱀의 다리가 훨씬 짧아져 있었다. 작은 나무가 많은 환경에 적응하기 위해 20년 만에 체형이 '숏다리'로 바뀐 것이다.

진화가 빠른 속도로 진행된다는 중요한 증거로 종종 제시되는 것이 영국의 공업지대에 서식하는 자작나무나방이다. 이 나방은 원래 은빛이 도는 흰색이었고 색깔이 비슷한 자작나무에서 살았다. 나방의 천적인 새들의 눈에 잘 띄지 않기 때문이다. 그런데 시간이 지나면서 자작나무나방들이 검은색으로 변하기 시작했다. 그 원인은 간단했다. 자작나무나방 가운데 극소수의 검은 나방이 원래부터 있었다. 그런데 공업지대인 탓에 대기오염으로 자작나무들이 검은색으로 변하기 시작하자 검은 나방은 보호색이 되었지만 흰 나방은 그렇지 못해 새들에게 무자비하게 잡아먹히는 바람에 검은 나방들이 상대적으로 더 많이 번식할 수 있게 된 것이다.

1994년 브리티시컬럼비아 대학의 연구에 의하면 새로운 경쟁자가 나타나 다른 생태학적 적소로 내쫓긴 가시고기 집단이 불과 몇 세대 만에 그 모양과 먹이 습성이 변했다고 보고했다.

이처럼 생물들은 생각보다 빨리 환경에 적응해왔고, 자연은 그 중 가장 적합한 종을 선택했다. 그렇다면 인간 자신은 과연 자연선택으로부터 자유로울까? 2002년 영국 주간지 〈옵서버〉는 '인류는 진화의 정점에 도달했는가'라는 물음에 대한 전문가들의 의견을 보도했다.

최근 환경에 가장 잘 적응하는 인류가 살아남는 자연선택이 '실시간으로' 벌어지고 있다는 연구결과들이 나와 진화옹호론자들의 손을 들어줬다. 대표적인 사례가 우유의 젖당을 분해하는 능력이다. 인간은 성인이 되면 우유를 잘 소화시키지 못하는데, 어릴 때는 체내에 젖당 분해효소가 많이 만들어지지만 자라면서 점점 줄어들기 때문이다.

핀란드 헬싱키대학 리나 펠토넨 교수 연구팀은 4800~6600년 전 우랄산맥에 살던 사람들이 성인이 되어서도 젖당 분해효소를 만드는 돌연변이 유전자를 갖고 있었다는 사실을 밝혀냈다. 목축업의 비중이 큰 유럽이나 중동 사람들이 성인이 되어서도 우유를 잘 마시는 이유가 이 유전자를 갖고 있기 때문이라고 한다. 펠토넨 교수는 "이 돌연변이는 아마도 우연히 일어났을 것이다. 우유에서 영양을 섭취할 수 있는 사람은 생존에 유리했기 때문에 이들이 선택되어 다수가 됐다"고 분석했다.

해발 4000미터가 넘는 고산지대에 사는 티베트인 사이에서도 자연선택이 이뤄지고 있다. 미국 케이스웨스턴리저브 대학 신시아 비알 교수가 이들의 가계를 추적한 결과, 혈액 중 산소 농도가 높은 여성이 낳은 자녀가 성인이 될 때까지 살아남는 확률이 더 높다는 사실을 발견한 것이다. 고산소 여성의 경우 자녀의 유아 사망 숫자가 0.4명인데 비해 저산소 여성의 경우에는 무려 2.5명이나 됐다. 산소가 희박한 고산지대 환경이 인간에게 자연선택의 압력으로 작용한 것이다. 비알 교수는 "우리 눈앞에서 진화가 일어나고 있다. 이런 식이라면 2000년 뒤에는 히말라야인 모두가 고산소 유전자를 갖게 될 것이다"라고 예측했다.

형질변경이론의 구원투수가 등장하다

형질변경이론을 주장하던 파울 캄머러는 산파개구리 조작 의혹을 끝내 인정하지 않고 자살했고 노벨상을 수상한 파블로프도 자신의 실수를 인정한 상태였다. 소련 공산당이 적극적으로 지지하던 단시간 내의 형질변경이론이 더 이상 진전되지 못하자 민주 진영은 물론 창조론자들은 쾌재를 불렀다. 한마디로 공산진영이 철저하게 지지하던 형질변경이라는 중요한 논제는 완전히 폐기처분 위기에 놓였다.

이때 혜성처럼 나타난 구원투수가 소련의 유전학자인 트로핌 데니소비치 리센코(Trofim Denisovich Lysenko, 1898~1976)이다. 그는 캄머러와 마찬가지로 습득된 형질이 변경된다는 증거를 찾았다

리센코는 형질이론을 주장해 소련 공산당의 열렬한 지지를 받았다.

고 주장했는데 캄머러는 동물에서 찾았다고 주장한 반면 리센코는 식물에서 찾았다고 주장했다. 소련 공산당이 환호하지 않을 수 없는 상황이었다.

리센코는 1898년 9월 러시아의 우크라이나 지방 폴타바의 카를로프카에서 농업을 하는 집안에서 태어났다. 어린 시절 그는 교육을 제대로 받지 못하다가 부유한 지주들의 정원을 관리하는 정원사 양성 학교인 폴타바 원예학교를 졸업하고 1917년 우만에 있는 농과대학을 거쳐 1922년 키예프 농과대학을 졸업했다.

1927년 오르조니키드제(지금의 블라디캅카스) 중앙식물품종개량연구소에서 근무를 시작한 그는 농학자로 만족하지 않았다. 콩의 새 품종을 연구하던 그는 식물이 생장 시기마다 필요로 하는 온도, 빛, 습도가 다르다는 사실을 확인하고 1928년 이를 논문으로 발표했다. 이 논문은 학계의 커다란 주목을 받았는데, 밀의 생산량을 획기적으로 증가시킬 수 있는 일명 '야로비(jarovizatsiya) 농법'은 당대의 집권자들을 놀라게 했다.

원래 야로비 농법이란 겨울철 농작물의 씨앗을 몇 주 동안 저온 처리하여 봄철에 심는 것으로, '춘화(春化) 처리'라는 이름으로 수백 년 동안 농민들이 사용해오던 방법이다. 국가가 국민들의 식량을 책임지는 공산주의 체제인 소련에서 농산물의 생산을 획기적으로 늘릴 수 있다는 그의 주장은 열렬한 환영을 받았다. 곧바로 소련의 많은 지역에서 그의 방식을 채택하여 농사에 적용했다. 당시 러시아 농업은 관료들마저 혀를 내두를 정도로 형편없었는데, 우크라이나 지방에서 밀 재배에 춘화 처리를 적용한 결과 과거보다 3배의 수확을 얻었다고 공식 보고되었을 정도였다. 리센코는 이어서 툰트라 지방에는 토마토를, 중앙아시아 지역에는 사탕무를 재배하는 것이 좋다고 제안했다. 그는 탁월한 업적 덕에 1930년 오데사유전학 연구소장으로 임명되었다.

호밀과 밀은 개화 시기에 따라 두 종류로 구분된다. 봄밀은 봄에 파종하여 같은 해에 개화하는데 이것은 일년생 식물이다. 반면 겨울밀은 이년생으로 가을에 파종하여 이듬해 여름에 개화한다. 그런데 겨울밀은 첫해 이후 저온에 노출되어야만 이듬해에 정상적으로 개화가 된다. 즉, 러시아처럼 겨울이 추운 곳에서는 봄밀보다 겨울밀이 더 적합하다는 뜻이다. 그런데 문제는 러시아의 일부 지역에서는 겨울이 너무 추워서 겨울밀을 재배할 수가 없다는 점이다.

그러므로 춘화 처리를 해서 겨울밀의 종자를 미리 물에 저온 처리하면 이듬해 봄에 파종되어도 정상적으로 자라고 개화했다. 그 결과 아무리 추위가 혹독한 지역에서도 수확률이 높은 겨울밀이 재배될 수 있었다.

춘화처리는 대략 -2℃~12℃ 사이의 저온에서 50일 정도 실시한다. 몇몇 식물 종은 개화를 하려면 춘화 처리와 함께 긴 일조 시간을 필요로 한다. 겨울의 추운 날로부터 여름의 일조 시간이 충분할 때까지 오래도록 기다려야 하지만 춘화 처리된 상태가 적어도 200일까지는 지속되기 때문에 이런 식물은 적절한 밤 길이를 겪어내고 실제로 개화한다.

이런 사실 자체는 그동안 소련 내에서 잘 알려진 내용이지만 리센코가 큰 호응을 받은 것은 이전의 농부들이 주먹구구식 경험에 의해 야로비 농법을 사용했던 것과는 달리 이론적인 근거를 제시했기 때문이다. 리센코는 "밀의 유전적 성격을 아주 단순하게 변형시킨 야로비 농법이야말로 신(新)라마르크설(neo-Lamarckism)이 옳다는 것을 증명한다"라고 주장하여 일대 파장을 일으켰다.

출발은 매우 좋았다. 리센코의 발표는 같은 분야의 위대한 소련 과학자 니콜라이 바빌로프로부터 '소비에트 과학에서의 혁명적 발견'이라는 찬사를 받았을 정도였다. 1935년 리센코는 제2차 콜호즈 전위 농민회의에서 자신의 이론 즉 단시간의 형질변경이 옳다는 것이 학문적으로 증명되었다고 발표했다. 그러면서 자신의 이름을 앞세우지 않고 그는 자신의 접근법을 '미추린주의'로 명명했다. 미추린(Ivan V. Michurin, 1855~1935)은 러시아의 저명한 생물학자로, 레닌의 지원을 받아 품종 개량에 큰 성과를 보인 인물이다. 리센코는 그해 세상을 떠난 미추린의 죽음을 계기로 자신의 이론에 위대한 과학자의 이름을 붙인 것이다.

리센코의 이론이 발표되자 서구 진영에서 곧바로 반격에 나섰다. 서구의 과학자들은 캄머러와 파블로프조차 이미 굴복한 사안임에도 단기간에 형질변경이 가능하다고 주장하는 리센코에게 형질변경의 분명한 증거를 대라고 몰아붙였다. 리센코는 자신이 발표한 내용 자체가 증거라며 자신의 주장을 꺾지 않았다. 그런데 이 문제에 관한 한

1935년 스탈린 앞에서 연설하는 리센코

소련 내에서도 학자들의 주장이 양분되었다. 리센코의 주장을 옹호하는 측과 반대로 단시간에 형질변경이 불가능하다는 측으로 나뉘었다.

1948년 **국제주의**를 표방하는 스탈린의 투쟁이 절정기에 이를 무렵, 리센코의 〈생물학의 입장에 관하여〉라는 논문에 스탈린이 직접 주석을 붙이고 수정까지 했다. 이에 힘입은 리센코는 소련의 과학계를 획기적으로 바꿀 새로운 계획에 착수하며 미추린주의를 기본으로 해야 한다고 주장했다.

국제주의(internationalism)
국가와 민족, 국경을 초월하여 어떤 목적이나 가치를 추구하는 사상이나 정책. 소련은 사회주의를 국제적으로 확산시키는 동시에 공산주의 인터내셔널(코민테른)을 구축하여 타국으로까지 공산주의를 확대하고자 했다. 그러나 소련의 팽창주의에 대해 미국은 마셜계획 등으로 단호하게 대처하면서 양 진영은 냉전으로 대립하게 된다.

'미추린주의는 유일하게 승인할 만한 과학이다. 미추린주의는 변증법적 유물론과 인민에게 이롭게 변화하는 자연이란 원칙을 바탕으로 하기 때문이다.'

각급 학교에서 학생들에게 미추린주의를 가르치기 위해 기존에 운영되던 유전학 과목의 폐강, 교과서의 개편, 연구소의 폐쇄 등의 조치들이 잇따랐고 소련 과학계 전체가 커다란 소용돌이 속으로 휩쓸려 들어갔다.

물론 리센코가 정치적인 투쟁에만 나선 것은 아니다. 그는 근본이 학자이므로 서방측 요구대로 형질변경의 증거들을 계속 발표했다. 리센코는 자신의 주장, 즉 습득된 형질이 변경될 수 있다는 이론적 근거를 내세우며 서방측 학자들의 지적을 조목조목 반격했다. 논지의 요점은 자연 속에서 자발적인 변형 유전의 예를 발견했다는 것인데, 밀 이삭에서 호밀이 자라났다는 것이다. 밀이 보리나 귀리로 변할 수 있으며 나무들도 종을 바꾸어 다른 품종으로 거듭 태어난다는 뜻이다. 봄철에 자라는 마카로니밀(염색체28)을 보통계밀(염색체42)로 변형시킬 수 있다고 주장했다. 리센코의 논지는 환경의 조작에 의해 유전적인 변화가 인공적으로 만들어질 수 있다는 것으로, 염색체가 달라진다는 것이 형질변경의 증거라는 설명이었다. 이 부분을 주목할 필요가 있다.

리센코가 발표하는 논문을 엄밀히 검증한 학자들은 그를 지지하는 데 주저하지 않았다. 당시 습득된 형질이 변경된다는 증거를 찾지 못해 안달하던 참에 염색체가 달라진다는 그의 주장은 학술적인 면에서 큰 진전을 이루었다는 평가를 받았다. 그의 정치적 성향이야 어떻든 리센코는 유전학 분야에서 세계적인 학자로 부각된다. 서방 과학자인 앨런 모턴은 1951년에 발간한《소련 유전학》에서 리센코주의는 '세계 역사상 혁명적인 사건'이라며 칭찬을 아끼지 않았다.

리센코가 서방학자들의 주장을 조목조목 반박하면서 습득된 형질이 단기간에 일어날 수 있다고 기염을 토했지만 서방세계의 학자들은 이를 공산당의 상투적인 선전으로 일축하면서 리센코가 내세운 내용 자체를 신뢰할 수 없다고 무차별 공격을 했다. 한마디로 공산당이 만든 논문이므로 조작이 분명하다는 주장까지 제기되었다. 결국 형질변경을 둘러싼 진화론은 논문의 진위 여부를 떠나 서방세계와 공산세계 학자들 간의 자존심 싸움으로까지 비화되었다. 그런데 시간이 갈수록 리센코가 불리해지기 시작했다. 그런 데에는 이유가 있었다.

우선 리센코는 스탈린의 강력한 지원 하에 전국 농업과학아카데미 회장에 취임한 후 자신이 주장하는 형질변경을 인정하지 않는 사람들을 숙청하는 데 앞장섰다는 점이다. 그의 주장은 간단하다. 자신의 주장을 인정하지 않는 서방학자들은 제국주의자들의 앞잡이인데 이에 동조하는 소련 학자들도 외국인들의 농간에 놀아나는 반동이며, 새로운 소련의 농업으로 러시아 민족을 먹여 살리려는 계획에 찬물을 뿌리는 매국노라고 규탄했다.

그런 리센코에게 파국이 찾아왔다. 그의 강력한 지원자였던 스탈린이 1953년에 사망한 것이다. 때를 기다렸다는 듯이 리센코의 반대세력들이 벌떼같이 일어났다. 그들은 리센코를 '무식한 독단주의자'라고 부르며 성토했다. 결국 리센코는 1956년 농업과학아카데미 회장직에서 물러났다.

리센코에게 닥친 두 번째 악재는 소련의 많은 지역에서 그의 이론과 기술을 농사에 적용했지만 생산량이 획기적으로 늘지 않았다는 점이다. 습기 때문에 밀이 완전히 썩어버리는가 하면, 싹이 트더라도 파종기계 안에서 엉클어지기 일쑤여서 일일이 손으로 심어야 했다. 일부 환경에서는 수확이 늘어나는 경우도 있지만 대부분 수확이 비약적으로 늘지 않고 오히려 작황이 나쁜 경우도 있었다. 현장에서 농부들이 춘화 처리 방법을 제대로 접목시키지 못한 이유도 있지만 여하튼 결과적으로 소련의 농산물 수확이 당초 기대보다 획기적으로 증산되지 않았다. 결국 리센코는 1963년 공개적으로 비판을 받고 유전연구소 소장에서도 물러나며 러시아 과학계에서 완전히 매장된 후 1976년 쓸쓸히 눈을 감았다.

리센코 이론이 소련에서 큰 파문을 일으키자 이를 반긴 것은 자유진영 학자들이다. 이들은 일사불란한 공산당 체제에서 스탈린이 강조한 논리조차 분란을 일으키는 것은 리센코의 이론이 설득력이 없기 때문이라고 주장했다. 서방에서는 이 점을 계속 물고 늘어져, 과학이 정치적 목적에 영합할 때의 단적인 폐해로 계속 거론했고, 공산주의가 실패하는 근본 원인이라고까지 비화시켰다. 좀 더 신랄하게 말한다면 리센코가 자신들의 이데올로기와 상충하는 문화를 '거짓'이라는 틀에 꿰맞추려고 했기 때문에 과학에 깊은 상처를 입혔다는 의미였다.

더구나 공산주의 체제인 소련에서 진화론을 옹호한다는 것은 창조론자들로 하여금 진화론을 공격할 또 다른 빌미를 제공했다. 무신론자인 공산주의자가 신봉하는 진화론은 공산주의와 마찬가지로 인간에게 해악을 입힌다는 것이다. 진화론은 과학적인 근거도 미약한 데다 공산당이 적극적으로 주장하는 것을 볼 때 잘못된 이론이 분명하며 이를 대체할 수 있는 것은 창조론뿐이라는 주장이었다. 진화론을 둘러싼 논쟁은 이렇듯 또 다시 큰 파장을 불러왔다.

이데올로기는 과학이 아니다

리센코의 형질변경 주장에 대해 찬성파와 반대파로 양분된 사건은 소련 내에서 한바탕 회오리바람을 몰고 온다. 리센코 주장을 반박하는 사람들을 향해 서방제국주의를 추종하고 공산주의에 해악을 끼치므로 이런 부류들은 제거되어야 마땅하다는 비판이 쏟아졌다. 그 대표적인 표적이 니콜라이 이바노비치 바빌로프(Nikolai Ivanovich Vavilov)였다. 바빌로프는 처음에 리센코의 주장을 지지했다가 나중에는 그 반대로 돌아선 사람이다. 천재들이 흔히 여러 분야를 섭렵하듯 바빌로프도 소련의 천재 과학자 중 한 명이었다. 그의 이름 앞에는 식물학자, 식물배양학자, 유전학자, 진화이론가, 지리학자 등의 다양한 수식어가 붙을 정도로 그는 여러 분야에서 두각을 나타냈다.

레닌그란드 봉쇄로 수많은 사람들이 굶어죽었지만 레닌그라드는 함락되지 않았다(1942).

1887년 모스크바에서 태어난 바빌로프의 아버지는 농노 출신이지만 상업으로 크게 성공하여 아들 세 명을 학자가 되는데 문제가 없을 정도로 지원했다. 그의 막내 남동생은 소련과학아카데미 소장이 되었다. 바빌로프는 상업학교를 졸업한 후 고향에 있는 농업·임업아카데미에 다녔는데 1910년에 발표한 〈달팽이에 의한 식물 피해에 대한 연구〉가 상을 받으며 두각을 나타냈다. 그후로 식물자원 연구에 뜻을 두고 1913~1914년 영국에서 식물재배와 원예 분야에 대해 연구할 수 있었다. 고향에 돌아온 그는 식물의 면역성과 유전 그리고 호밀 재배의 유래에 대해 특별한 관심을 기울였다. 1917년에는 사라토프대학교의 교수로 임명되는 동시에 응용식물학·배양연구소 소장에 임명되는데 그의 나이 30세 때였다. 그가 얼마나 탁월한 자질을 갖고 있는지 엿볼 수 있는 대목이다. 그후 1921~1929년까지 상트페테르부르크 농업학교 유전학과 교수, 1930년에는 소련과학아카데미 유전학실험실의 최고 자리에 올랐다. 그리고 1933년에는 자신이 설립한 유전학연구소 소장이 되었다.

그의 명성은 국제적으로 높아져 1931년에 러시아지리학회장에 오른 데 이어 1939년 영국 에든버러에서 개최된 제7회 국제유전학회의 회장으로 선출되었다. 세계 각국은 다양한 방면에서 두각을 나타내는 바빌로프를 초청하여 강의를 듣는 것을 대단한 영광으로 여겼다. 특히 생물학 분야에서 그의 업적은 두드러져 저명한 국제학술지인 〈유전〉의 표지에 다윈, 린네, 멘델, 모건 등과 같은 거물들과 나란히 실리기도 했다.

그는 1921~1933년 동안 재배식물 현황조사와 종자 수집 등을 위해 60여 나라를 여행했는데 1929년에는 중국, 일본, 한국에도 다녀갔다. 오늘날에도 답사가 쉽지 않은 아프가니스탄, 에티오피아, 이란 등을 섭렵한 것을 보면 보통 탐험가들도 이루기 어려운 여정임을 알 수 있다. 그가 식물학 실험과 연구를 위해 고국인 소련으로 가져간 식물 표본만 해도 무려 20만 점을 넘었고 450종 이상의 재배식물 품종이 새로이 추가되었다. 그의 여정이 20세기 초에 이루어졌다는 점에서 그의 업적은 특별하다. 지금도 아무리 의욕이 있어도 연구비가 확보되지 않으면 그가 답사한 여정을 따라가기 쉽지 않다. 바빌로프 정도의 대학자가 아니면 엄두도 못 낼 일이다.

그에 대한 또 하나의 일화가 전설로 남아 있다. 제2차 세계대전 중에 독일군의 900여 일에 걸친 **'레닌그라드 봉쇄'**로 레닌그라드(상트페테르부르크) 시민들은 극심한 식량 부족에 허덕였다. 마지막 육로가 끊어질 당시 고작 한달 여를 버틸 식량밖에 남아 있지 않았다. 그 여파로 약 100만 명의 시민이 굶어죽었다.

레닌그라드 봉쇄
(Siege of Leningrad)

1941년 9월 16일 독일군은 동부전선의 방어선을 돌파하고 레닌그라드에 모든 음식과 연료 공급을 차단했다. 곳곳에서 사람들이 굶어 죽어가는 비극이 벌어졌다. 11월이 되어 라도가(ladoga) 호수가 얼어붙자 빙판길을 통해 시민들이 탈출하고 비로소 물자가 수송되었다. 당시 독일군은 쉽게 함락시킬 것으로 예상했지만 강추위와 소련군의 저항에 부딪혀 결국 1944년 1월 18일 후퇴하면서 레닌그라드 봉쇄작전은 정확히 872일 만에 실패로 끝이 났다. 300만 명의 사상자를 낸 최악의 전투에서 레닌그라드 시민들은 불굴의 의지와 용기를 보여주었고 '레닌그라드는 함락되지 않았다'는 자부심을 남겨주었다. 1945년 스탈린은 레닌그라드에 영웅도시 칭호를 부여했다.

당시 레닌그라드에 있던 농예학연구소의 수집품 중에는 식량이 될 만한 곡류의 종자가 상당한 양이 보관되어 있었다. 연구원들 중에도 무려 117명의 직원들이 굶어 죽어갔지만 바빌로프는 이들 종자에 절대 손을 대지 못하도록 했다. 이런 비극적인 역사를 갖고 있는 바빌로프의 수집품은 유네스코 세계유산으로 지정되었고 현재 이들을 보존하기 위한 별도 재단이 마련되어 있다.

바빌로프는 식물학자, 식물배양학자, 유전학자, 진화이론가, 지리학자 등 다양한 수식어가 붙을 정도로 소련의 천재 과학자이다.

바빌로프는 지칠 줄 모르는 정열뿐만 아니라 철두철미하고 꼼꼼한 성격의 연구자였고 자신의 연구 결과물인 《재배식물의 기원》, 《재배식물의 유전자 전파에서 지리적 법칙》 등은 많은 학자들이 활용하는 베스트셀러였고, 30여 년 동안 발표한 논문만 400여 편이 된다. 이처럼 많은 논문은 그의 광범위한 활동범위를 감안한다면 그야말로 철인이 아니면 이룩하기 어려운 실적이라 볼 수 있다. 이에는 소련 정부의 적극적인 지원도 무시할 수 없었다.

'참'을 '거짓'이라고 말할 수는 없다

스탈린의 권력이 강화됨에 따라 소련의 국가 이데올로기가 점차 과학 분야로까지 침투하면서 바빌로프는 회의에 빠지기 시작했다. 소련이 가장 중요하게 생각하는 것은 획득형질이 단기간에 유전된다는 것으로 공산주의 입맛에 딱 맞는 이론이었다. 반면 정통적인 진화론에 의하면 형질이 변경되려면 돌연변이 등이 개재되어야 하므로 상당한 시간이 걸려야 한다는 것인데, 이는 서방측의 주장이다.

이들 두 진화론 중에서 바빌로프는 정통적인 진화론 측에 섰고 그 반대편에 선 사람이 리센코이다. 바빌로프가 진화론의 정통적인 이론 측에 섰다는 것은 곧 공산주의 이념과 다른 길을 간다는 의미였다. 곧바로 바빌로프는 부르주아 과학자, 귀족식물학자라고 매도되었고 심지어 그가 주도한 유전학은 '부르주아적 과학'이라고 비판 받았다. 비판의 선봉에 선 사람은 리센코였다.

바빌로프가 리센코의 공격에 당하고만 있을 사람은 아니었다. 소련 과학계의 거물로 성장한 바빌로프는 소련의 과학을 위해 '참'을 '거짓'이라고 말할 수는 없다며 리센코를 공개적으로 공격하고 나섰다. 바빌로프는 자신이 옳다고 확신했고 과학은 이데올로기에 의해 결정되지 않는다고 주장하면서 과학적인 연구를 전문적으로 검증할 것을 제안했다. 리센코가 육종 분야에서 중요한 업적을 세운 것은 사실이므로 자신이 처음에는 리센코의 논문을 격찬한 적이 있었지만 리센코가 공산당의 선전꾼이 되더니 학문적이 아닌 잘못된 길을 가고 있어 이를 바로잡아야 하는데 그럴려면 과학자의 입장에서 리센코의 주장을 공개적으로 검증해 보자고 제안했다. 아무리 공산주의 국가라고 해도 습득된 형질변경이 단기간에 유전된다는 리센코의 주장은 과학이 아니라 정치적 행동이라는 것이다.

사실 바빌로프도 처음부터 막강한 공산당과 각을 세운 것은 아니었다. 연구비를 지원받아야 하고 또 공산주의 국가에서 살고 있는 한 그들과의 갈등은 전혀 도움이 되지 않는다. 그러므로 그는 학술적인 면에 국한하여 진화론 문제를 해결해야 한다며 리센코의 문제점을 지적했다. 그런데 문제는 그의 주장이 민주진영의 공격과도 딱 부합하는 것은 물론 결과적으로 공산당을 해치는 행동이 된 것이다.

리센코는 자신의 발표에 어떤 조작도 없다며 바빌로프의 제안을 거절했다. 그리고는 바빌로프의 이러한 행적이 소련에 전혀 도움이 되지 않는다고 스탈린에게 노골적으로 일러바쳤다. 결국 바빌로프는 1940년 체포되었고 그의 연구소도 폐쇄되었다. 그와 함께 일하던 학자들도 파면되거나 체포, 구금되었다. 국가를 방해했다는 죄목이다.

바빌로프의 연구 업적을 잘 아는 사람들은 정부에 그의 석방을 탄원하면서 오히려 스탈린상 후보자로 추천하기도 했다. 이것이 오히려 역효과를 냈고, 단 몇 분간의 짧은 재판으로 바빌로프는 사형을 선고받았다. 3주 후 감형되었지만, 3년 후인 1943년 1월 바빌로프는 굶주림으로 감옥에서 죽음을 맞아야 했다.

1991년 소련이 붕괴된 후 국가보안위원회에 보관되어 있던 문서를 통해 바빌로프의 행적이 상세히 밝혀졌다. 그는 옥중에서 6만 쪽에 달하는《세계 농업발전사》를 집필하기 시작했다. 그러나 볼가강 하류의 사라프나시의 감옥으로 이송될 때 감형 결정서가 함께 전달되지 않는 바람에 바빌로프는 사형수의 감옥으로 잘못 이송되었다. 사형수의 신분이라 외부와의 자유로운 통신은 물론 산책, 사식, 독서 특히 비누의 사용까지도 금지되었다. 그런 최악의 상황에서도 그는 감옥의 동료들을 위해 약 100여 회에 이르는 유전학 강의를 했다.

바빌로프는 열악한 식사와 불량한 위생 상태로 인해 괴혈병에 시달렸는데 1943년 사망한 그의 시신은 일반 죄수들을 위한 집단무덤 속으로 던져졌다. 지금도 그가 매장된 장소조차 발견하지 못하고 있다.

이후 스탈린의 사망과 함께 리센코가 실각하자 바빌로프는 복권된다. 그의 저작물들은 새로이 간행되었고 각지에서 그의 명예를 기리는 회의가 개최되었다. 러시아의 여러 생물학 연구소에 그의 이름이 남아 있으며 '바빌로프상'이 제정되었고 '바빌로프 메달'도 수여된다. 바빌로프는 길지 않은 생애 동안 엄청난 연구 업적을 냈지만 과학자의 길과는 전혀 다른 이데올로기에 연루되어 희생되었다는 점에서 많은 사람들을 안타깝게 했다. 진화론으로 촉발된 치열했던 형질변경 논쟁의 중심에서 희생된 그는 심지어 '20세기의 조르다노 브루노'라고 불리기도 했다. 공산당의 핵심 과학자이면서도 공산주의가 원하는 이론에 대해 의문을 표시하여 희생되었기에 그의 죽음이 더욱 부각되었다. 그러나 진화론으로 촉발된 형질변경 문제는 놀라운 반전을 예고하고 있었다.

노벨상이 증명해준 형질변경

1983년 노벨 생리의학상은 야생 옥수수를 연구하던 바바라 맥클린톡(Barbara McClintock, 1902~1992)에게 돌아갔다. 그녀의 이론은 전 세계를 놀라게 했다. 그녀는 유전자가 그 개체의 일생 동안에도 변화한다는, 이른바 단시간 형질변경이 가능하다는 것을 연구 주제로 삼았기 때문이다.

코네티컷 하트포드에서 태어난 맥클린톡은 어릴 때부터 자립심을 터득한 아이였다. 일곱 살에 학교에 입학하자 바바라는 자기가 더 이상 응석받이가 아니라며 어머니의 포옹을 단호하게 거절했다고 한다. 특히 그녀는 평생 동안 짧은 머리를 하고 살았다. 이후에도 그녀는 자기의 개성을 꺾지 않았고 그녀를 아는 사람들은 이구동성으로 바바라가 항상 외톨이었고 혼자서 모든 일을 해결하려는 독립적인 사람이었다고 말했다. 1958년 노벨 생리의학상을 수상한 조슈아 레더버그(Joshua Lederberg)는 그녀를 다음과 같이 한마디로 평했다.

"맹세코 그 여자는 미쳤거나 아니면 천재입니다."

노벨상을 받음으로써 천재로 인정받게 되었지만 맥클린톡의 생애를 보면 결코 평범하지 않았다. 1918년 바바라는 월반하여 고등학교를 한 학기 일찍 졸업하고 노동사무소에서 일자리를 얻었다. 불과 열여섯의 그녀는 그곳에서 6개월간 구직자들을 상담하면서 세상을 알게 되었고 1919년 부모의 뜻을 거스르고 코넬대학 농과대학에 진학했다. 그녀가 이 대학을 선택한 것은 당시 여자대학교가 아닌 곳 중에서 여학생에게 자연과학을 공부할 수 있도록 배려한 곳은 시카고대학과 코넬대학교 두 군데뿐이었기 때문이다.

코넬대학에서 공부에 전념했지만 데이트도 즐기고 재즈밴드에서 벤조를 연주하고 여성클럽에 휩쓸리기도 했고 신입생반 회장에 선출되기도 했다. 그러나 과학에 관심을 가지면서부터 다른 모든 활동을 중단했다. 1923년 그녀는 자신의 생각을 단적으로 토로한다. "누군가와 가까운 관계를 맺는 것은 적성에 맞지 않는다"는 것이다. 심지어 가족과도 친밀하지 않다고 말했다.

1927년 바바라는 식물학 박사학위를 받고 코넬대학에서 시간강사로 일하며 1929~1931년 동안 옥수수에 대한 탁월한 논문을 9편이나 발표해 학계의 주목을 받았다. 그러나 불투명한 장래가 문제였다.

코넬대학에서 자리를 보장하지 않으므로 그녀는 1933년 독일의 구겐하임 장학금을 받아 독일로 향했다. 그러나 히틀러 정권의 비극을 예견한 맥클린톡은 주저없이 미국으로 돌아왔고 코넬대학을 떠나 동료인 스태들러의 후원에 힘입어 미주리대학교로 옮겼다. 그러나 그녀의 독특한 개인주의적 성격은 이곳에서도 유명해 동료들로부터 따돌림을 당하고 5년간 계약기간이 끝나자 재임용에서 탈락했다.

그럼에도 불구하고 모든 학자들이 그녀의 능력까지 무시한 것은 아니었다. 그녀는 1941년 콜드스프링하버 유전학 연구소의 책임자로 발령받았다. 카네기재단의 지원을 받는 이곳에서 연구비뿐만 아니라 옥수수를 키울 수 있는 땅과 실험 시설, 그리고 숙소까지 제공받았다. 바바라가 원했던 바로 그런 여건이었다. 더구나 연구소는 그녀로 하여금 연구에만 전념할 수 있도록 모든 행정 업무를 면제해주었다.

1944년 미국 국립과학아카데미는 그녀를 정식 회원으로 선발했다. 오랜 학회 역사를 통틀어서 그런 영광을 안은 여성은 그녀가 세 번째였다. 더불어 유전학회장으로도 선출되었다. 맥클린톡의 연구는 그 무렵 절정에 이르는데 주제는 그녀의 평생 연구 대상인 옥수수의 유전에 관한 내용이었다.

맥클린톡은 인디언 옥수수의 색깔이 변화하는 패턴을 관찰한 결과 색깔의 변화와 염색체의 구조 변화 관계를 규명하여 1951년 논문 〈염색체의 구조 변화와 유전적 현상〉을 발표했다. 어떤 유전자들은 한 세대에서 다른 세대로 넘어갈 때 염색체 내에서 위치가 바뀌어 나타난다는 것으로, 옥수수 알갱이의 색깔이 심하게 변하는 것은 색깔을 결정하는 유전자가 수시로 돌아다니기 때문이라는 것이다.

"성장 중인 유기체로부터 받은 외부적 자극에 반응하여 이런 '위치 변화 가능 요소들'은 염색체 내의 특정 위치에서 도약해 유전적 물질 안으로 침투해 그 물질을 변화시킨다"는 당시로서는 혁명적인 가설이었다. 당시에는 아직 DNA 구조가 설명되지 않았을 때이므로 그녀의 '도약 유전자' 이론은 처음부터 많은 학자들의 반박에 부딪쳤다. 그때까지는 유전자와 유전자를 담은 DNA가 체내 어딘가에 고정되어 있다고 생각했는데 그녀의 이론은 DNA가 경우에 따라 이곳저곳으로 자리바꿈할 수 있다는 것을 의미한다. 좀 더 쉽게 설명하면 이와 같은 자리바꿈 현상은 특정 기능을 발휘하는 유전자의 한 단위가 통째로 자리를 옮긴다고 표현할 수 있다. 이런 현상은 두 가지 과정으로 설명된다. 하나는 원래 있던 자리에서 염색체의 어떤 인자가 빠져나오는 과정이고 다음은 그렇게 빠져나온 유전인자가 적당한 자리를 찾아 들어오는 과정이다. 이는 생명체가 스스로를 조절하는 방식을 갖고 있다는 것을 뜻한다.

그런데 문제는 그녀의 연구가 발표된 시점이 공산진영에서 리센코주의가 풍미할 때였고 그녀의 연구는 곧 리센코 이론이 옳다는 것을 증명하는 것이었다. 실제로 맥클린톡이 유전자가 움직일 수 있다는 결론을 내리자 변변한 학술지 어느 곳에서도 그녀의 논문을 받아주지 않았다. 1951년 콜드스피링하버 연구소에서 열린 학회 발표에서도 그녀는 거의 모든 과학자로부터 외면당했다. 당대의 학자들이 볼 때 바바라는 그야말로 철없는 사람이었다. 소련의 터무니없는 주장을 동조하는 것이어서 더욱 그러했다. 심지어 그녀의 면전에서 "무슨 소리인지 알 수 없다. 도대체 뭐라고 하는 것인가?", "콜드스프링하버의 맛이 간 노처녀의 떠드는 소리에 신경 쓸 시간이 없다"라고 말할 정도였다.

그러나 그녀의 유전자 도약이론은 1965년부터 분자생물학에서 혁명적인 사건이 터져나오며 서서히 증거가 쌓이기 시작했다. 학자들은 DNA 염기 배열을 연구하면서 똑같은 염기 배열이 많다는 사실을 밝혀냈다. 이를 '반복 DNA'라고 하는데 전체 게놈의 50퍼센트 이상을 차지한다. 바로 이 반복 DNA들이 이동의 주인공이다. 이들은 염기 배열의 특정 장소에서 튀어나와 다른 곳으로 이동할 수 있기 때문에 '이동성(mobile) DNA'라고 부른다. 학자들은 유사한 형태만 수십만 개씩에 달하는 이동성 DNA가 서로 자유롭게 움직이고 재조합되면서 거대한 '유전자은행'을 만든다고 추정한다. 이 유전자은행이 인간을 비롯한 모든 생명체의 진화에 큰 영향을 끼친다는 것이다.

다양한 유전자는 생명체에 유용한 다양한 단백질을 만들어낸다. 예를 들어 EGF라는 세포성장인자, 혈전용해에 관여하는 TPA, 유방암에 관여하는 Neu 등은 이미 존재하던 단백질이 이동성 DNA의 재조합으로 새로운 기능을 부여받은 것으로 생각된다. 이동성 DNA가 스트레스로부터 세포를 보호한다는 설도 있다. 물론 유전자 재조합은 무작위로 일어나기 때문에 나쁜 쪽으로 작용할 수도 있다. 염색체가 잘라져 재배열되면서 각종 혈액 종양을 발생시키기도 한다. 때로는 이동성 DNA가 중요한 유전자를 파괴할 수도 있다.

학자들은 DNA 이동에 두 가지 종류가 있다고 추정한다. 하나는 게놈의 한쪽 부분에서 DNA가 튀어나와 게놈의 다른 부분으로 직접 이동하는 것이고, 다른 하나는 게놈의 한쪽 부분에서 튀어나와 DNA가 RNA로 바뀌었다가 다시 DNA로 바뀌어 다른 부분에 삽입되는 경우이다. 인간의 DNA는 대개 두 번째 경우를 택한다. 이는 진화 중에 어떤 계기가 생겼거나 아니면 하등 생물에서 고등 포유류 동물로 진화하는 과정에서 이런 식으로 DNA가 이동하는 것이 장점으로 작용했기 때문으로 보인다. 현재 인간의 몸 안에는 약 100여 개, 쥐에게서는 약 3천여 개의 이동성 DNA가 활보하는 것으로 추정된다.

"그 여자는 미쳤거나 아니면 천재"라는 평을 받은 바바라 맥클린톡. 평생 짧은 머리를 하고 살았다.

단기간에 형질변경이 가능하다는 논지를 이끌어내어 이데올로기를 둘러싼 논쟁의 중심에서 뭇매를 맞으면서도 맥클린톡은 꿋꿋하게 버텼다. 그녀는 자신이 그런 결론을 얻게 된 이유가 확실하므로 자신을 비난하는 것이 큰 걸림돌이 되지 않는다며 다음과 같이 말했다.

"내가 그 곰팡이를 연구하면 할수록 그것이 더 커져 보였지요. 내가 정말 연구에 열중할 때는 내가 밖에 있는 것이 아니었어요. 내가 그 안에 들어가 있었어요. 내가 그 곰팡이 일부가 된 거죠. 내가 그들과 함께 숨을 쉬니까 모든 것이 커졌지요. 심지어 염색체 내부 구조도 볼 수 있었어요. 정말 모든 것이 다 보였어요. 실제로 그 안에서 그것들이 내 친구처럼 느껴지니까 정말 나도 놀랐어요."

자신이 직접 유전자 세계 안으로 들어가 직접 본 것을 설명했다고 하니 천재 아니면 미쳤다는 말이 결코 과장이 아니었다.

시간이 지날수록 맥클린톡의 주장은 점점 힘을 받기 시작했다. 리센코가 주장한 획득형질이 유전된다는 사례가 속속 보고되었다. 워딩턴(Waddington)은 파리의 어떤 변종이 번데기 시기에 고온에 노출되면 사소한 변이인 1개의 가로줄 무늬가 없는 날개가 발생한다는 것을 발견했다. 이 과정이 몇 세대에 걸쳐서 계속되면 번데기가 가열되지 않더라도 파리는 가로줄 무늬가 없이 교잡하게 된다. 그러나 가열하지 않고 세대가 좀 더 지나면 정상 형태로 돌아왔다. 워딩턴의 최종 결과가 어떻든 적어도 비교적 짧은 세대 동안에라도 한 생물체에서 발생되는 변화가 유전되는 것은 틀림없다는 설명이다.

구조가 아니라 습관이 유전된다는 경우도 보고되었다. 파블로프가 주장했다가 포기했던 이론인데 야생 카나리아는 화려한 깃털 때문에 300여 년 전부터 애완용으로 선택되었다. 이 새는 노래를 부르지도 못하고 울기만 한다. 그러나 새를 기르는 사람들이 서로 나른 장소에서 다른 노래를 가르쳤는데 놀라운 것은 이들 새끼들이 가르치지 않아도 그들 특유의 방법으로 노래한다는 점이다. 브라운 등에 의한 발톱개구리를 사용한 실험에서도 유전자가 개체 안에서 변화한다는 사실이 입증되었다.

현재도 많은 자료에서 리센코의 이론이 매도되기 일쑤이다. 그에 의해 주도된 이데올로기 때문에 소련의 과학이 엉망으로 되었으므로 리센코와 공산주의가 당연히 책임져야 한다는 논리이다. 그러나 리센코의 주장은 '참'이었다. 리센코를 비난하던 서방 학자들이 오히려 이데올로기에 집착하여 과학의 '참'을 '거짓'으로 포장한 것이다. 과학을 정치적으로 이용한 측은 공산측이 아니라 서방측이었다.

다행인 것은 과학은 언제나 이러한 오류를 바로잡을 수 있다는 점이다. 공산주의가 옹호하는 단시간 내의 형질변경을 주장하여 비난을 받았던 맥클린톡이 노벨상을 받은 것이 그 단적인 예이며 그토록 첨예하게 대립하던 진화론과 창조론에 종지부를 찍은 것도 과학의 힘이 있었기 때문이다. 오늘날 과학교과서에는 리센코를 춘화 처리법의 발견자로 기록하고 있으며 춘화 처리법은 작물은 물론 화초를 재배하는 데도 널리 사용하고 있다.

다윈과 아인슈타인에 필적하는 업적

캄머러, 리센코, 맥클린톡의 형질변경 이론은 20세기 들어 유전자 분야가 이룩한 2가지 큰 업적의 하나로 꼽힌다. 또 다른 연구는 왓슨과 크릭의 DNA 나선구조 발견이다. 맥클린톡의 형질변경이론이 민주진영과 공산진영 간의 이데올로기 싸움에 휘말려 엄청난 비난을 받았지만 오히려 그로 인해 그녀는 새 시대를 연 과학자들, 즉 파스퇴르, 멘델, 퀴리, 다윈, 아인슈타인 등과 함께 위대한 탐험가, 개척자, 발견자들 부류에 합류하게 된다. 그만큼 형질변경이론은 과학계에서 큰 비중을 차지하게 되었다.

맥클린톡이 첫 논문 발표 후 32년이나 지난 1983년에 노벨상을 수상한 것도 색다른 기록에 들어간다. 형질변경에 있어 캄머러, 리센코는 맥클린톡의 이론과 궤를 같이하므로 리센코가 노벨상을 받았어야 하지 않았을까? 라는 의문이 제기된 적이 있다. 이 문제에 관한 한 극명하게 의견이 갈리는데 한쪽에서는 리센코가 공산주의와 밀착하여 소련의 과학계를 초토화시켰기 때문에 절대로 받아서는 안 된다고 주장한다. 반면에 그의 형질변경이론은 소련의 작물 증산 여부와는 별개로 그동안 학자들이 그토록 바라마지 않던 절체절명의 이론을 증명한 것이므로 당연히 수상해야 한다는 설명이다. 그러나 노벨상위원회에서는 고민할 필요가 없었다. 캄머러는 1928년에, 리센코는 1976년에 사망했기 때문이다. 노벨상은 사망한 사람에게는 수여하지 않는다.

캄머러와 리센코는 자신들이 '참'이라고 믿는 것을 부정당하며 오욕을 감수하며 결국 세상을 떠났다. 그러나 현대 과학자들은 캄머러의 연구 결과도 '참'이라고 인정하고 있다. 아쉬운 것은 캄머러가 그의 연구가 참이라는 것을 확신했으면서도 자살로 마무리했다는 점에서 다소 성급했다고 볼 수 있다. 물론 자신의 이론이 참이라는 것이 맥클린톡의 첫 논문으로 증명되기까지는 약 25년, 노벨상으로 인정되기까지는 최소한 60년을 기다려야 하지만, 그래도 살아 있었다면 캄머러는 자신의 주장이 거짓이 아니라는 것만은 확인할 수 있었을 것이 아닌가.

종교적 근본주의에 뿌리를 둔 창조론자들이 진화론자에 대항할 수 있었던 것은 획득형질은 쉽사리 유전되지 않는다는 이론에 근거한 것이었다. 그런데 창조론자들이 근거로 제시하던 절대적인 이론이 맥클린톡에 의해 뿌리부터 부정되자 다윈 이후 계속되어왔던 진화론과 창조론의 논쟁은 드디어 종지부를 찍는다. 1996년 교황 요한 바오로 2세는 교황청 과학아카데미에 "새로운 지식에 비춰볼 때 진화론이 단지 가설에 불과한 것이 아님이 인정된다"는 공식 교서를 내림으로써 더 이상 진화론과 창조론이 대립할 필요성이 없다고 선언한 것이다.

17

과학자, 얼음 속에 잠들다

알프레드 베게너(1880–1930)

독일의 기상학자, 지구물리학자. 베를린 출생. 현재의 지구표면의 형태에 관한 유명한 대륙이동설을 발표했다. 발표 당시 조명받지 못하던 이 학설은 고자기학(古磁氣學)의 발전 등과도 관련하여 새롭게 재인식되고 있다. 자신의 이론을 입증하기 위해 그린란드를 탐험 중 사망했다.

알프레드 베게너 Alfred Lothar Wegener, 1880~1930

대륙이동설 주창자, 탐험연구 중 실종

1859년에 출간된 찰스 다윈의 《종의 기원》은 학자들에게 여러 가지 연구 과제를 주었다. 그의 학설대로 서로 비슷한 종(種)이 공통의 조상으로부터 진화한 것이라면 그 증거가 어디엔가 남아 있어야 한다. 다윈의 진화론에 확신을 갖고 있던 독일의 동물학자 헤켈(Ernst Haeckel, 1834~1919)은 지구가 격심한 변혁기를 거쳐 현재와 같이 되었는데 그 여파로 생물의 진화와 적응에 큰 변화가 있었으며 지구는 계속 변하고 있다고 주장했다.

'지구의 여러 곳에서 어느 때는 천천히, 또 어느 때는 격심하게 지표의 침강과 상승이 일어났으며 대륙이나 섬들이 가라앉고 새로운 산맥이 출현했다. 섬들이 산맥이 되고 반도가 섬이 되었으며 섬이 대륙이 되는 경우도 있었다.'

헤켈은 영장류의 분포 상태를 조사한 결과 각 대륙의 일부 생물들이 유사한 것을 보고 생물들이 자연적인 방법으로는 인도양을 건널 수 없다고 결론 내렸다. 그렇다면 "어떻게 생물들이 인도양이라는 넓은 바다를 건널 수 없는데도 실제로 여러 대륙에 존재하는가?"라는 의문이 남는다. 이에 대한 가장 명쾌한 대답은 이들 지역이 아주 오랜 과거에는 육지로 연결되어 있다는 것을 의미한다고 생각했다. 즉 어떤 대륙이 있어야 한다는 것이다.

헤켈은 사람이 원숭이로부터 진화했다는 다윈의 진화론을 입증해줄 만한, 즉 그 연관성을 증명할 만한 화석이 아무데서도 발견되지 않는 이유는 사라진 대륙과 아프리카 대륙에서 인류가 생겨났기 때문이라고 추정했다. 헤켈은 자신의 주장을 증명해 줄 원인(猿人) 화석이 두 대륙에서 틀림없이 발견될 것이라고 장담하면서 피테칸트로푸스 에렉투스라고 미리 이름까지 지어 놓았다.

그가 사라진 대륙이라고 추측한 곳은 영국의 동물학자 필립 스클레이터(Philip Lutley Sclater, 1829~1913)에 의해 레무리아(Lemuria) 대륙이라고 명명된 곳이었다. 레무리아 대륙은 약 2억 년 전 지금의 아프리카, 남미, 오스트레일리아, 뉴질랜드, 남극대륙을 아우르는 거대한 곤드와나(Gondwana) 대륙이 있었다는 지역과 거의 일치한다.

지구가 움직인다고?

스클레이터가 사라진 대륙을 레무리아 대륙으로 명명한 이유는 마다가스카르섬에 살고 있는 여우원숭이(레무르)의 진화 과정을 조사한 결과 헤켈이 주장했던 대륙에 레무르가 살았다고 추정했기 때문이다. 스클레이터는 여우원숭이가 마다가스카르섬에 인접한 아프리카 대륙에는 존재하지 않고 인도양에서 멀리 떨어져 있는 수마트라에는 서식하고 있는 점을 발견하고 마다가스카르에서 수마트라에 이르는 인도양을 가로지르는 큰 대륙이 있었다고 추정했다(최근에 아프리카에도 레무르 류의 원숭이가 서식한다는 것이 발견되었다). 마찬가지로 프테로푸스(Pteropus, 박쥐류의 동물)는 마다가스카르와 인도에는 살고 있지만 아프리카에는 살고 있지 않다.

동식물의 분포를 보면 마다가스카르섬의 동식물은 인도의 동식물과 놀랄 만큼 유사하다. 인도에서 마다가스카르섬으로 동식물이 유입되었든, 그 반대가 되었든 바다를 건너야 한다. 더욱이 마다가스카르섬의 동식물은 오스트레일리아나 나아가서 남미의 동식물과 매우 유사하다. 스클레이터는 이에 대해 명쾌한 가설을 제시했다. 아프리카와 아메리카 대륙 사이에 흔적도 없이 바다 밑으로 사라져버린 육교(land bridge)가 있어야만 이런 현상을 설명할 수 있다는 것이다.

스클레이터의 주장은 고생물학자들로부터 전폭적인 지지를 받았는데 그의 주장은 헤켈 등이 주장한 고생물의 진화분포를 비교적 논리적으로 설명할 수 있었기 때문이다. 레무리아 대륙이 현재의 마다가스카르섬, 모리셔스, 세이셀, 코모로 제도를 포함한다는 가설은 프랑스의 에밀 프랑샬, 독일의 오스칼 페셜, 다윈과 진화론의 공동 발견자인 알프레드 월리스 등에 의해 지지를 받았다.

이 내용을 자세히 살펴보면 '대륙이 이동한다'는 것을 암시한다. 상식적으로 일반인들이 지구 대륙이 이동한다는 생각을 떠올린다는 것은 쉽지 않다. 학교에서 지구 대륙이 움직인다고 배웠어도 마찬가지이다. 우리가 일상생활에서 대륙의 움직임을 실감할 수 없기 때문이다.

일반인들이 아는 상식에 반대되는 말을 하면 거의 모든 사람들로부터 이상한 사람으로 취급받기 일쑤이다. 학문의 경우도 마찬가지이다. 과학이 미지의 세계를 탐험하는 학문이라지만 과거의 지식에 반하는 새로운 이론을 처음으로 주장할 때 대부분의 학자들은 거부반응을 일으킨다. 다윈의 진화론도 그 과정을 겪었다.

학자들로부터 당대에 가장 크게 외면당했던 이론으로 빼놓을 수 없는 것이 알프레드 베게너(1880~1930)의 대륙이동설이다. 대륙이동설은 지구가 움직인다는 내용을 포함하므로 처음부터 끝까지 매우 복잡하며 난해한 이론으로 전개된다. 이 대륙이동설을 논의하기 전에 약간의 이해를 돕기 위해 지구의 구조와 구성 성분에 대해 먼저 설명한다.

만만치 않은 지구

지구의 내부 구조를 정확하게 파악한다는 것은 간단한 일이 아니다. 그러나 CT나 MRI를 이용해 사람 몸 속 상태를 알아볼 수 있는 것처럼, 지구물리학자들은 지구를 통과하는 지진파를 측정하거나 자기장 등을 연구해 지구의 내부 구조를 알아내고 있다. 지진이 발생할 때 생기는 지진파가 매개물질이 다르면 서로 다른 속도로 전파된다는 특성을 이용하는 것이다. 학자들은 지구 내부를 통과한 지진파 자료들을 분석한 결과 지구는 안쪽에서부터 내핵, 외핵, 맨틀, 지각으로 이루어져 있음을 밝혀냈다.

지각(earth crust)이란 지구의 껍데기 부분으로 얇은 곳은 15킬로미터에서 히말라야 산맥의 경우 약 70킬로미터에 달하기도 한다.

지각과 맨틀을 구분하는 경계를 '모호로비치치 불연속면(모호면)'이라고 하는데, 유고슬라비아의 지질학자 모호로비치치(Andrija Mohorovicici, 1857~1936)가 지하 약 30킬로미터쯤에서 지진파의 속도가 갑자기 빨라지는 경계면을 발견하고 붙인 이름이다.

지각은 대륙지각과 해양지각으로 나뉘며, 대륙지각은 두께가 약 20~70킬로미터이고 해양지각은 두께가 약 5~15킬로미터이다. 대륙

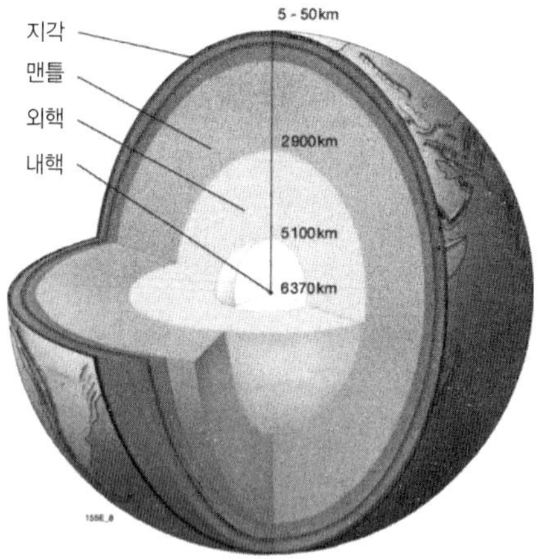

지구는 지각, 맨틀, 외핵, 내핵으로 이루어져 있다.

지각의 평균 나이는 약 20억 년으로 추정되는데, 가장 오래된 대륙지각의 나이는 약 40억3000만 년으로 캐나다에서 발견된 아카스타 편마암이다. 반면 가장 오래된 해양지각의 나이는 2억 년을 넘지 않는다.

맨틀(mantle)은 지하 약 30킬로미터의 모호면에서부터 지하 2900킬로미터의 구텐베르크 불연속면까지의 사이를 말하는데 지구 부피의 82퍼센트, 지구 질량의 68퍼센트를 차지하고 있다.

지각 바로 아래에 있는 상부맨틀은 감람석, 관산화물, 약간의 석류석 등으로 구성되어 있고, 하부맨틀도 비슷한 암석들로 구성되었지만 압력이 높기 때문에 밀도가 훨씬 높다. 이런 높은 압력과 안쪽으로 들어갈수록 더욱 열기가 뜨거워져 탄소가 다이아몬드로 바뀌는 데 충분한 여건이 된다. 우리가 채굴하는 다이아몬드는 이 하부맨틀에서 생성되어 화산 폭발과 함께 밖으로 튀어나와 용암 속에 섞여 있다가 식으면서 현무암 속에서 발견되는 것이다. 다이아몬드 중에서 어떤 것은 지구 속 960킬로미터 지점에서 나온 것도 있다고 한다. 과학자들이 하부맨틀의 구성 물질인 희티탄석(perovskite)이라는 놀랍도록 단단한 광물 구조를 실험실에서 만들 수 있었던 것도 다이아몬드를 이용했기 때문에 가능했다.

맨틀의 아래층은 외핵(outer core)과 내핵(inner core)으로 나뉘는데 외핵은 지하 약 2900~5100킬로미터까지로 철과 니켈 등으로 구성된 액체로 추정하고, 내핵은 지하 약 5100~6400킬로미터까지인데 역시 철과 니켈로 구성되어 있지만 고체 상태로 추정한다.

또한 지구 내부로 들어갈수록 온도, 압력, 밀도 등이 증가한다. 지하의 온도는 일반적으로는 100미터 내려감에 따라 3도씩 높아지는데 이를 3℃/100m로 표현한다. ℃/100m 또는 ℃/m로 표시되는 **지하증온율**은 지표면에서 5000미터 정도까지의 지하에서는 적용되나 더 깊은 곳의 증온율은 정확하지 않다.

지하증온율
지온의 지구중심 방향으로 단위 거리당 온도의 증감률을 말한다. 보통 1킬로미터 당 20~30℃이다. 화산 등의 고온지대에서는 50℃나 되는 경우도 있다.

특히 이 기준을 지구의 중심부까지 적용하면 지구 중심의 온도는 20만℃ 이상이 되며 지하 200킬로미터인 연약권(軟弱圈)의 온도도 6000℃가 된다는 계산이 나오는데 이는 태양 표면과 같은 온도로서 지구 표면 부근에서는 불가능한 온도이다.

해수면 위에 솟아 있는 육지는 지각의 깊이에 비하면 극히 작은 일부분이다. 예를 들어 히말라야 산맥을 구성하는 암석들은 지각의 깊이가 70킬로미터에 달하지만 우리가 볼 수 있는 것은 그 산맥의 극히 일부분이다. 가장 높은 산인 에베레스트조차 해발 8848미터에 불과한데 대부분 땅 아래에 묻혀 있다. 대륙과 해저는 맨틀 위에 떠 있는데, 맨틀은 지각보다 밀도가 높은 물질로 이루어져 있다. 해저는 현무암과 다른 조밀한 암석으로 이루어져 있지만 비교적 얇다. 한편 대륙은 덜 조밀한 화강암으로 이루어져 있고 해저보다 무겁다. 해저는 대륙보다 부력이 낮아 이 때문에 육지 아래에 해저가 있는 2단 구조를 이루게 된 것이다.

지구 중심에 뜨거운 열이 있는 이유는 아직 명확하게 밝혀지지 않았다.

학자들은 지구 내부의 열의 근원은 지구가 생성될 때부터 생겨났다고 추정한다. 처음에는 태양계 공간에서 물질이 지구의 작은 중심체에 모여들 때, 즉 낙하할 때 발생한 충돌열로 모아지기 시작했고, 물질이 하중으로써 지구에 압력을 가하는데 이 역시 열이 된다. 또한 열의 발생 원인으로 학자들이 주목하는 것은 우라늄, 토륨 등 방사성 동위원소들이다.

모홀계획(Mohole project)
해저에 구멍을 뚫어 지구 중간층의 샘플을 채취하려는 계획. 1961년 4월 미국이 멕시코 앞바다의 과달루페섬 부근에서 해저 시추를 실시해 약 180미터 굴착에 성공했지만 막대한 예산 사정 등으로 중단되었다. 그후 심해저 시추계획이란 이름으로 재시도되어 1983년 종료되었는데 수심 5000~6000미터의 심해에서 퇴적물과 암석 등을 채굴하는 성과를 거두었다.

이러한 열의 근원이 지구 내부를 용융 상태로 만들고 맨틀을 가열하고 열의 일부는 지구 밖으로 배출되는데 온도는 약 6000℃, 압력은 350만 기압으로 추정한다.

오래 전부터 학자들은 지구 내부에 무엇이 있는지를 궁금해했다. 그래서 지구 내부로 굴착하여 이들 재료를 분석하고자 했다. 미국은 **모홀계획**으로 지하 약5~6킬로미터까지 파들어갔다가 더 이상 팔 수 있는 굴착기가 없어서 중단했다.

이 심해굴착계획은 보다 확장되어 인도양에서의 굴착까지 포함되었으며 글로머-챌린저호가 굴착을 담당하여 선상에

서 드릴로 굴착했다. 이 프로젝트로 해저확장설이 입증되었고, 세계 각 대양의 해저연대, 퇴적구조 등이 밝혀졌으며, 고체지구과학, 고생물학, 고환경학 발전에 기여했다.

현재까지 가장 깊이 판 기록은 러시아에서 유전 탐사를 위해 판 지하 13킬로미터이다.

현재의 기술로 맨틀 깊이 이상으로 파들어갈 수 없는 것은 맨틀이 다이아몬드보다 더 단단한 감람암으로 되어 있기 때문이다. 강력 드릴은 다이아몬드로 만드는데 감람암이 다이아몬드보다 더 단단해서 더 이상 굴착이 불가능하다. 다이아몬드 드릴로 감람암을 계속 뚫는다면 다이아몬드조차도 마찰열로 모두 타버린다. 사실 다이아몬드는 순수 탄소로 되어 있기 때문에 열이 생기면 석탄처럼 잘 탄다.

맨틀부터 핵폭탄으로 뚫어보자는 아이디어도 나왔다. 문제는 맨틀의 온도가 거의 2000℃가 되는데 이 경우 핵폭을 터뜨리기 전에 핵폭을 만드는 구조물 자체가 녹아버린다. 물론 텅스텐 등 3000℃ 이상 지탱할 수 있는 재료가 있지만 현실적으로 이런 재료로 핵폭을 만들어 폭발시킨다고 해도 맨틀을 뚫을 수 없다고 생각한다.

맨틀이 얼마나 단단한지는 지진 발생 때를 보면 알 수 있다. 강진의 경우 발생하는 에너지의 양은 수소폭탄 30개 이상의 위력을 갖고 있어 지각에서는 지진으로 아수라장이 되었는데도 불구하고 맨틀이 끄떡없다는 것으로도 증명된다. 이와 같은 사실로써 '지구의 표면은 끊임없이 변하고 있으며 영원한 지구란 존재하지 않는다'는 결론이 나온다.

태양계에 있는 수성, 금성, 화성 그리고 지구와 닮은 암석질 행성인데 지구만 독특한 성질을 갖고 있다. 왜 지구만 이들과 다른가? 즉 왜 이웃 행성들은 움직이는 판(板, plate) 위의 대륙을 갖고 있지 않는가? 하는 의문점이 남는다.

이 문제에 대한 정답은 '행성의 크기가 다르기 때문'이다. 다른 행성들은 크기가 작아서 방사능에 의해 열이 발생하자마자 곧 발산된다. 뜨거운 음식을 먹을 때를 생각하면 원리를 이해할 수 있다. 큰 솥에 들어 있는 국은 몇 시간 동안 온기가 지속되지만 국그릇에 옮기면 몇 분간 온기가 보존된다. 화성, 수성, 달은 모두 후자의 경우다. 즉 이들 행성은 태어난 후 곧바로 운동을 중단하고 차갑게 굳은 것이다. 이런 행성에서는 내부에서 열이 발생하더라도 너무 빨리 표면으로 올라와 발산되므로 이들에게는 판의 충돌도 없고 지진대나 산맥 같은 것도 없다.

지구보다 약간 작은 금성은 과거에 나름의 판 구조를 가졌을 수도 있고 지금도 활동하는 화산을 갖고 있을 수도 있다. 그러나 금성은 그러기에는 너무나 크기가 작은 것으로 밝혀졌고 내부에서는 어떤 발열 현상도 일어나지 않는다. 지구는 단지 금성보다 조금 더 크다는 것 그리고 내부에서 열이 생성되고 있다는 것 때문에 끊임없이 움직이고 끓어오르는 것이다. 물론 지구도 언젠가는 냉각되어 변화를 멈추지만 그러기에는 수십억 년의 세월도 부족하다.

육교보다 대륙이
움직여야 설명 가능

현대인들이 읽어도 난해하기 짝이 없는 대륙이동설은 지구과학자가 아닌 기상학자의 재능이 넘치는 통찰력으로부터 시작되었다. 알프레드 베게너의 눈썰미란 어린아이들도 금방 이해할 수 있는 관찰에서 비롯되었다. 지구의(地球儀)를 살펴보면 누구나 곧바로 마주보는 대륙들의 끝 부분의 윤곽이 퍼즐을 맞추는 식으로 맞추면 꼭 맞는다는 것을 발견할 수 있다. 이를 보면 혹시 이들 대륙이 붙어 있었던 것은 아닐까 의심을 가질 수 있는데 이런 눈썰미를 갖고 있는 사람은 과거부터 있었다. 네덜란드의 지도 제작자 아브라함 오텔리우스(Abraham Ortelius, 1527~1598)는 대서양의 양쪽이 분명히 찢어졌다고 주장했다. 영국의 베이컨(Francis Bacon, 1561~1626)도 이런 유사성이 '단순한 우연이 아닐 것'이라는 의견을 제시했고, 이후 생물지리학을 발전시킨 독일의 훔볼트(Alexander von Humboldt)는 단순히 대륙의 모습이 유사하다는 차원을 넘어 생물학, 지질학, 지리학 등의 유사성을 지적하기도 했다.

베게너(Alfred Lothar Wegener)는 1880년 11월 베를린에서 고아원을 운영하던 목사 리하르트 베게너의 아들로 태어났다. 그는 어린 시절부터 운동의 달인으로 스케이트와 스키를 특히 좋아했는데 이들 스포츠는 훗날 그가 탐험가로서 극한 환경을 탐험하는데 큰 도움이 되었다. 그는 자연과학 중에서도 천문학에 남다른 흥미를 보였다. 당시의 천문학이란 수학의 도움을 받아 천체의 구조나 물리학적 성질을 해명하는 정도였다.

24세 때인 1904년 베게너는 베를린대학에서 천문학으로 최우수 평가를 받으며 박사학위를 받자 당시로서는 새로운 과학 분야인 기상학 분야로 눈을 돌렸다. 마침 베게너는 형인 쿠르트 베게너가 근무하던 프러시아 왕립항공천문대에 들어가 형의 조수가 되었는데 이 연구소에서는 기구를 사용하여 고층 기상을 연구하고 있었다. 1906년에 형과 함께 기구를 이용해 최초로 북극 대기를 관측하여 용감한 연구원으로서 이름을 떨쳤다. 당시로서는 연(鳶)과 줄에 매달린 기구를 타고 하늘을 난다는 것은 매우 위험한 일이었다.

베게너 형제는 1906년 고든 베넷 비행기구 대회에 참가해 독일과 덴마크를 가로지르고 카테갓 해협(덴마크와 스웨덴 사이의 해협)을 건너서 다시 독일로 돌아오는 52시간 기구비행을 달성했다. 그것은 당시의 최장 체공 기록인 35시간을 크게 웃도는 세계기록이었다. 그해 덴마크 탐험대의 그린란드 북동부를 조사하는 일원으로 참가했고 북위 77도에 위치한 비스마르크곶 기지에서 2년간 근무했다. 그곳에서 동식물과 지질, 빙하, 기상 등을 조사했는데, 베게너는 그 무렵 극지의 얼음이 분열하여 빙산이 떨어져 나가는 것을 보고 초대륙의 분열과 대륙의 이동이라는 그의 이론을 구상했다고 훗날 회고했다.

1909년 마르부르크대학의 강사가 되어 천문학과 기상학을 가르칠 때는 그의 명쾌한 강의는 학생들로부터 큰 인기를 받았다. 특히 새로운 개념을 재빨리 파악해 자신이 이미 알고 있던 지식과 매끄럽게 결합하고 복잡한 문제의 답을 직관적으로 알아내는 것으로도 유명했다. 그의 직감력은 매우 뛰어나서 1910년 12월, 훗날 그의 아내가 되는 유명 기상학자 W. P. 쾨펜의 딸 엘제 쾨펜에게 다음과 같이 말했다.

"마치 한때 서로 붙어 있었던 것처럼 남아메리카의 동해안이 아프리카의 서해안에 정확하게 들어맞는 것 같지 않아? 앞으로 내가 탐구해야 할 것이 이것 같아."

베게너는 다방면에 뛰어난 능력을 보였는데 특히 30살이 되던 해에 출판한 《대기권의 열역학》은 독일의 여러 대학에서 교재로 사용되어 그를 그 분야의 권위자로 만들었다. 다음해는 그에게는 운명의 해였다. 31살의 젊은 교수로서 승승장구하던 그는 1911년 마르부르크대학 도서관에서 우연히 브라질과 아프리카 사이에 옛날에 육교가 있었음이 틀림없다는 스클레이터의 논문을 발견했다. 두 대륙이 예전에는 하나로 붙어 있었다는 육교설은 그에게 놀라운 충격을 주었다. 대륙의 양쪽 해안이 떨어진 것처럼 보인다고 생각은 했지만 육교라는 아이디어까지 미치지 못했던 베게너는 곧바로 반문했다. 대체 어떤 육교란 말인가? 베게너는 두 대륙을 연결하는 땅이 있었다가 바다로 가라앉았다는 것은 말도 안 된다고 생각했다. 그렇다면 남은 방법은 단순했다. 육교가 아니라 한때 붙어 있던 대륙이 떨어졌다면 보다 합리적인 설명이라고 확신한 후 다음과 같이 생각했다.

'마치 신문지의 찢어진 단면을 맞춰놓고 인쇄된 부분이 자연스럽게 연결되는지를 확인하는 것 같은 기분이었다. 만약 이것들이 실제로 일치한다면 이 두 곳이 실제로 이런 식으로 붙어 있었을 것이라고 결론을 내릴 수밖에 없다.'

베게너는 자신의 가설, 즉 땅이 움직인다는 것이 많은 과학자들로부터 반발을 살 것임을 잘 알고 있었다. 당시에는 지구가 변하지 않는다는 것이 정통적인 이론인데 만약 그의 주장이 받아들여지면 지구 역사에 관한 기존의 모든 지식이 뒤집어져야 하기 때문이다. 그러므로 베게너는 자신의 가설을 증명하기 위해 과학적 증거를 찾는 것이 급선무라고 생각했다. 이런 작업에 관한 한 그는 누구보다 유리한 위치에 있었다. 탐험가로서의 자질도 갖고 있었던 그는 곧바로 자신의 가설을 뒷받침할 수 있는 자료들을 모으기 시작했다.

그중 하나가 가든 스네일(garden snail)의 일종인 헬릭스 포마티아(Helix pomatia) 달팽이로, 유럽 서부와 북아메리카 동부에만 서식하고 있음을 알아냈다. 달팽이나 지렁이가 수천 킬로미터나 되는 대서양을 건너 반대쪽 해안에 도달한다는 것은 상식적으로 불가능한 일이 아닌가? 이러한 생물의 분포를 감안하면 대서양은 예전에 서로 연결되어 있었으나 갈라져서 현재와 같은 모습이 되었다고 추측할 수 있다.

물론 두 대륙이 붙어 있다는 가설에 대한 증거는 지렁이나 달팽이뿐만이 아니었다. 지층 속에 묻혀 있는 수많은 고생물의 화석들도 이러한 교류가 가능했음을 추측케 했다. 북극의 스피츠베르겐 제도에서는 양치류나 소철처럼 열대지방에서 사는 식물의 화석이 발견되었고 남극에서 석탄이 발견되기도 했다.

한편 남아프리카에서는 모래, 자갈, 둥근돌, 점토가 뒤섞여 나왔는데 이는 빙하가 녹은 흔적으로 이 지역이 한때 베게너가 살던 20세기 초보다 훨씬 추웠다는 것을 암시했다. 아이오와, 텍사스, 캔자스 주의 거대한 석고 퇴적층은 2억5000만 년 전인 페름기에 이 지역이 아주 덥고 건조한 기후였다는 것을 알려주었다. 캔자스나 유럽같이 서로 멀리 떨어진 지역의 소금퇴적층에서도 모두 같은 결론을 얻었다.

베게너의 결론은 간단하다. 지각에서 대륙이 움직인다고 생각한다면 지구에서 발견되는 여러 가지 모순점들이 쉽게 설명된다는 것이다.

말도 안 되는 말을 하는 비과학자

1912년 1월 프랑크푸르트 암마인에서 열린 독일지질학회에서 베게너는 자신이 수집한 자료를 정리하여 '대륙의 위치이동'이란 용어로 폭탄을 터뜨렸다. 이 용어는 나중에 '대륙이동설'로 변경된다. 베게너는 하나의 **판게아**(Pangaea, 그리스어로 '모든 육지' 라는 뜻)라는 초대륙이 있어서 동물과 식물이 서로 섞일 수 있었고 그후에 대륙이 분열하여 오늘날과 같은 각 대륙이 생겨났다고 발표했다. 베게너가 자신만만하게 자신의 이론을 뒷받침할 증거들을 제시했지만 학자들의 반응은 냉담했다. 그가 얼마나 혹독한 비난을 받았는지는 다음과 같은 말에 잘 나타나 있다.

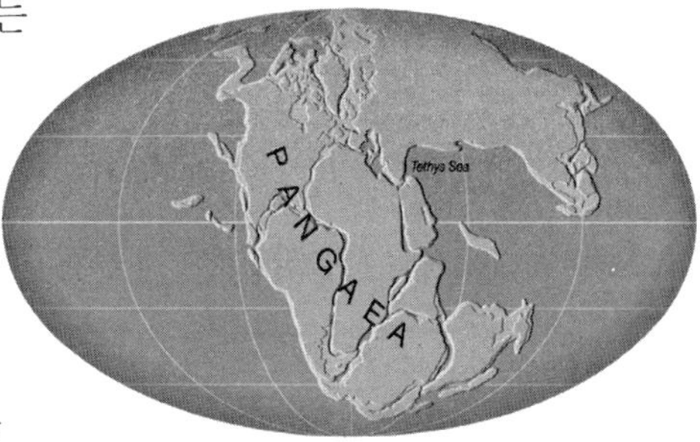

판게아
약 3억년~2억년 전까지 존재했던 초대륙으로 지구상의 대부분 대륙지각들이 모여 하나의 대륙을 이룸.

"지구가 자유자재로 움직인다는 이야기는 비약적이고도 기이하고 구차스런 사실의 총집합이다. 이 가설은 연구자가 아닌 종교 맹신자의 주장과 다름없다."

그의 설명이 과학적이지 못하다는 것은 그의 논문을 과학으로 다루는 것조차 거부한다는 것을 의미한다. 심지어 "전문가도 아닌 기상학자가 무슨 말을 하는지 모르겠다"라는 비아냥은 물론 그가 천문과 기상에는 전문가일지 모르지만 지질학에 대해 논문을 제출하는 것 자체만으로도 불쾌감을 표시했다. 지질학자들은 다른 분야의 학자가 엉뚱한 소리를 하는 것에 참을 수 없었다. 가장 간단한 방법은 그런 주장 자체를 들은 적도 없다는 듯이 깡그리 무시하는 것이다. 결국 베게너의 논문은 그의 기대와는 달리 학계의 주목은커녕 더 이상 거론조차 되지 않았다.

자신의 이론에 대해 더 이상의 진전 없이 지지부진해 있을 때 베게너에게 행운이랄 수 있는 기회가 찾아왔다. 1914년 제1차 세계대전이 발발하자 베게너는 독일군 기상예보 장교로 복무하다가 팔과 목에 탄환을 맞아 병원에서 많은 시간을 보내야 했다. 병원에서 별로 할 일이 없던 그는 대륙이동에 관한 연구를 계속할 수 있었다. 또한 상처는 치유되었으나 심장 이상 때문에 전쟁이 끝날 때까지 각지의 측후소에서 기상 관계 업무에 종사할 수 있었다. 이것이 그로 하여금 대륙이동설의 이론을 보완할 수 있는 기회를 주었고 자신의 가설을 발표하는 데 큰 도움을 주었다.

1915년 베게너는 자신의 이론을 논문이 아닌《대륙과 대양의 기원》이란 책으로 발표했다. 책이 출판된 후 처음에는 별다른 반응이 없었으나 영어, 스페인어, 프랑스어로 번역되자마자 상상을 초월할 정도의 폭발적인 반응을 얻어 세계적인 베스트셀러가 되었다. 어떤 책이 베스트셀러가 되면 그 내용이 진실이든 아니든 사람들로부터 주목을 받고 있다는 것을 의미한다. 당연히 학자들도 그의 책 내용을 검토하지 않을 수 없었다. 베게너도 그런 점을 노리며 서문에 다음과 같이 적었다.

'지구의 초기 상태를 해명하기 위해서는 지구에 관련된 모든 분야의 과학적 증거를 이용해야 한다. 그러나 과학자들은 아직도 이 문제가 모든 증거를 통합해서 바라볼 때에만 해결될 수 있다는 점을 이해하지 못하는 것 같다. 지구에 관련된 모든 과학 분야에서 제공되는 증거를 통합해야만 진실을 알 수 있다. 알려진 모든 사실을 가장 잘 설명할 수 있는 논리를 찾아내려면 그렇게 해야 한다. 또 우리는 새로운 과학적 증거를 발견하면 그것이 어떤 것일지라도 우리가 생각하고 있던 기존의 이론을 수정할 준비가 되어 있어야 한다.'

베게너의 말은 명쾌하다. 아무리 말도 안 되는 것 같은 주장이라도 그것에 진실이 담겨 있다고 생각하면 과거의 것을 묻어버리고 새로운 생각으로 바뀌어야 한다는 것이다.

그는 약 3억 년 전 판게아라고 하는 거대한 하나의 대륙이 당시에 어떤 모양으로 붙어 있었는지를 보여주는 지도를 제작하기도 했다.

대륙들은 연달아 분리되었다. 남극대륙, 오스트레일리아, 인도, 아프리카가 약 1억5000만 년 전인 쥐라기에 분리되기 시작했고, 그 다음 백악기에는 아프리카와 남아메리카가 얼음덩이가 갈라지듯 분리되었다. 마지막으로 스칸디나비아, 그린란드, 캐나다가 약 100만 년 전 빙하기가 시작될 무렵에 분리되었다.

베게너는 아이슬란드나 아조레스 군도를 이루고 있는 중앙 대서양의 해령(海嶺)은 지금은 대서양 가장자리에 있는 양 대륙이 분열될 때 남은 물질로 구성된 것이라고 주장했다. 캥거루와 주머니쥐 같은 유대류가 오스트레일리아와 아메리카에만 살고 있다는 사실도 그가 오스트레일리아를 멀리 떨어진 남아메리카와 연결 짓는 근거가 되었다. 베게너는 오랜 옛날의 기후에서 대륙의 이동을 증명하는 사실들을 찾아내었고 북극이나 남극도 이동한 사실을 발견했다. 또한 그는 오래된 지질 시대의 생물을 조사하여 고생물의 분포로부터도 대륙 이동설을 증명할 수 있음을 발견했다.

베게너의 결론은 간단하다. 지구의 대륙이 거대한 바지선(barge船)과 같다는 것이다. 배에 짐을 실으면 바지선은 가라앉고 배 아래의 물은 옆으로 밀려 올라와서 바지선이 좀 더 잠기게 된다. 바지선에서 짐을 내리면 무게가 감소한 만큼 더 큰 부력을 받아 배가 떠오르도록 물이 다시 이동한다. 베게너는 해양저(해양 바닥)는 지각보다 한 층 아래에 있고 대륙이 그 위에 '떠 있는' 것이라고 믿었다. 마치 빙산이 물보다 밀도가 낮아 떠 있는 것처럼 대륙의 암석이 해양저를 이루는 물질보다 밀도가 낮다고 생각했다.

이는 해양저가 대륙과는 다른 물질로 구성되어 있다는 것을 의미했다. 만약 대륙을 잇는 육교가 있었다면 이것은 해양저의 일부가 되었을 것이다. 하지만 당시의 기술로는 해양저의 밀도와 중력을 측정하거나 충분히 깊은 곳의 암석 견본을 채취할 방법이 없었다.

베게너의 가설은 땅의 융기와 침강에 관한 오랜 실마리가 해결될 수 있다는 것을 의미했다. 그런데 200년 전에 아이작 뉴턴은 지구 표면이 굳기 시작할 때, 지구 전체가 완전히 고정된 형태로 수축되기 전에 산이 지각에서 돌출했다는 가설을 발표했다. 뉴턴은 지구의 내부는 한때 불덩이였지만 세월이 흐르면서 점점 냉각되었고 그로 인해 지구의 표면이 수축되었다고 보았다. 그런데 학자들은 지구가 상당한 수준까지 냉각된 적이 없음을 발견했다.

베게너의 대륙이동설이 학자들의 격렬한 비난을 받았지만 엄밀한 의미에서 베게너의 주장을 모든 학자들이 반대한 것은 아니었다. 극소수이긴 하지만 베게너의 대륙이동설을 지지한 학자들도 있었다.

스위스의 지질학자 에밀 아르강(Emile Argand, 1879~1940)은 알프스 산맥을 조사하던 중 뒤틀린 지층을 발견하고 땅덩어리가 충돌

한다는 베게너의 주장을 받아들였다. 남아프리카공화국의 지질학자 알렉산더 뒤트와(1878~1948)는 아프리카와 남아메리카에서 발견되는 유사한 화석들을 볼 때 과거 땅덩어리가 가까이 붙어 있을 때 쌓인 것이라고 설명했다. 에든버러 대학교의 알프레드 홈스 교수는 지구 깊은 곳의 대류 때문에 대륙이 움직이는 것으로 생각된다고 발표했다.

대륙이동설의 재등장

베게너가 베스트셀러로 일약 유명인사로 떠오르자 1923년 영국왕립지리학회는 그에게 논문 발표의 기회를 주었다. 그러나 베게너가 야심차게 보완한 가설도 곧 강력한 비판에 부딪쳤다. 이번에도 베게너를 지질학의 '지'자도 모르는 문외한으로 매도하며 퍼즐 조각을 맞추는 것은 어린아이도 할 수 있다고 맹비난했다. 1926년 베게너가 미국화석지질학회의 심포지엄에 참석했을 때도 상황은 변하지 않았다. 그에게 호감을 갖고 있던 사람조차 다음과 같이 말했다.

"이 가설은 우리의 상상력을 자극할 만큼 도전적이다. 그러나 과학의 기본법칙에 합치하는 가설이라면 상상력에 호소할 것이 아니라 건실한 기초를 가지고 있어야 한다."

당대의 학자들이 베게너의 주장을 몰아세운 것도 무리는 아니었다. 과학에서의 '이론'이란 자연계에서 일어나는 일련의 현상들을 어떤 체계하에서도 모순 없이 설명할 수 있을 때 비로소 널리 인정받을 수 있다. 그런데 베게너의 경우 당대의 학자들은 베게너의 주장을 조목조목 반박할 수 있는 나름대로의 근거를 제시했다.

우선 베게너가 지리학적 증거나 화석상의 증거로써 대륙이동설을 설명했지만 과거에 육교 역할을 했던 땅이 존재했었다고 가정하면 그 육교를 통해 동식물이 이동했다고 볼 수 있다. 한마디로 육교 부분이 침몰했다고 보면 무리한 설명은 아니라는 것이다. 더구나 오래된 암석층의 유사성은 꼭 대륙이 이동하지 않았더라도 처음에 달랐던 암석이 환경의 변화에 따라 우연하게 비슷해질 수도 있는 일이다. 한마디로 이런 반론만으로도 당시의 과학자들이 대륙이동설을 인정하지 않을 중요한 근거가 되었다. 또한 베게너가 자신의 이론을 증명하기 위해 제시한 자료가 과장되었다는 것도 빌미가 되었다. 예를 들면 그는 북아메리카와 유럽이 매년 2.5미터씩 멀어지고 있다고 가정했지만 이는 실제 측정된 값의 100배나 되는 수치였다.

베게너가 학자들로부터 극심한 비난을 받은 또 다른 결정적인 요인은 학자들이 줄기차게 질문하는 대륙이동의 원동력을 명확하게 제시하지 못했기 때문이다. 베게너는 마치 쇄빙선이 얼음판을 쟁기질하듯 뚫고 움직이듯이 대륙지각이 해양지각을 뚫고 떠다닌다고 생각했다. 그런데 그 힘을 설명하는 대목에서 지구 자전에서 비롯된 지구의 원심력과 달과 태양의 조석력에서 나온다고 말한 것이 치명적 오류였다. 학자들이 계산한 바에 의하면 대륙을 움직이기에는 원심력과 조석력이 너무 작았고 대륙지각이 해양지각을 쟁기질했다면 대륙 자체가 뒤틀린다는 지적이 제기됐다. 또 대륙을 움직일 정도의 조석력이라면 지구는 1년도 안 되어 멈추고 말았을 것이라는 계산 결과도 나왔다. 베게너의 대륙이동설은 아마추어들에게는 흥미로운 가설이지만 전문가들을 설득시키지 못했으므로 더 이상 학계에서 주목받지 못했다.

베게너도 자신의 주장이 학계로부터 강력한 반발을 받으리라는 것을 예견하고 있었지만 자신의 이론이 결국 승리할 것으로 보았다. 그는 장인에게 이렇게 편지를 썼다. "기껏해야 옛날 사고방식은 10년을 못 넘길 겁니다."

10년 정도면 자신의 이론이 인정받을 것이라고 예상했지만 역사는 그가 원하는 대로 진행되지 않았다. 한마디로 그의 가설은 더 이상 논의할 가치조차 없는 데다 1930년 그가 탐험 도중 사망하자 폐기 처리되었기 때문이다.

예상치 못한 고자기학의 등장

제2차 세계대전을 치른 뒤 과학은 비약적으로 발전했다. 베게너가 사망한 지 20여 년이 지난 후였다. 특히 1950년대에 **고지자기학**(古地磁氣學)이라는 전혀 예상치도 못한 연구 분야의 등장으로 베게너의 이론은 재검증 받기 시작했다.

학자들은 기존의 통설과는 달리 지각판의 구조와 성분이 균일하지 않다는 사실을 발견했다. 해양 지각판의 두께는 대략 6~7킬로미터이고, 사실상 그 위에 얹혀 있는 대륙지각판의 평균 두께는 대략 32킬로미터이다. 두 지각판은 서로 다르다. 예를 들면 해양지각에는 대륙지각에 존재하는 화강암층이 없다. 따라서 대륙의 형성을 단순히 암석 덩어리의 상승과 하강으로만 볼 수 없다.

고지자기학 (aleogeomagnetology)
암석 형성시 지구 자기장의 크기, 방향을 동시에 가지게 되는 것을 자연잔류자화라 하는데, 지구 표층에 분포하는 암석의 자연잔류자화를 이용해 지구의 과거 상태를 탐구하는 학문

이러한 문제점을 해결하기 위해 1953년 중앙 해령 사이에서 발견된 열극(해저산맥 사이로 기다랗게 벌어진 틈새)을 토대로 미국 프린스턴대학 해리 헤스(Harry Hess,

해리 헤스

1906~1969) 교수가 그동안 묻혀 있던 베게너의 대륙이동설을 창고 속에서 끄집어냈다. 현대적인 지형측정법과 지구 중심부 샘플을 조사한 결과 지각은 종래의 학설과는 달리 매우 동적이라는 것을 발견했다.

해리 헤스는 동부 태평양에서 남북 방향으로 연속되는 특이한 자장 이상대(고지자기 줄무늬)가 존재하는 사실을 발견하여 해저확장설에 관한 논문을 발표했다. 이런 현상이 여러 해양에서도 관측되자 1963년 케임브리지대학의 바인(Frederick Vine)과 매튜(Drumond Matthews)는 자장 이상대는 해저 확장의 결과라고 발표하여 헤스의 이론을 뒷받침했다. 그들은 중앙 대서양 해양저에 생성된 거대한 해령(海嶺)들과 평행하게 발달한 자기적 극성이 교대로 바뀌는 용암 암반 속의 '줄무늬'에 주목하여 만일 해양저 자체가 확장한다면, 즉 해령으로부터 멀리 이동한다면 그 줄무늬들을 잘 설명할 수 있다는 것이다. 다시 말해 해양저가 확장하고 지자기의 반전이 일어난다면 현무암질 마그마는 해령 축에서 상승하여 암맥으로 변하게 되며 이것이 축으로부터 떨어져 옆으로 확장된다는 것이다.

대륙이동설로부터 출발한 해저확장설은 **판구조론**이라는 새로운 지구과학을 이끌어낸다. 종래의 관점이라면 지구의 횡단면에 보이는 지구의 중심부는 용융된 납과 완전히 용해되지 않은 암석층에 둘러싸여 있고 그 표면을 얇고 견고한 지각이 감싸고 있다. 현대에도 이런 지각의 형태는 변하지 않았으나 과거의 이론과는 달리 지각 그 자체가 움직일 수 있다는 것이 판구조론이다. 대륙이나 거대한 섬 같은 지각층 윗부분의 지각 덩어리[지괴,地塊]는 지각층 아랫부분의 널빤지[plate] 모양의 판상(板狀) 위에 위치한 것으로 추정한다. 전 세계적으로 암석권으로 알려진 이런 지각판은 취약 구역인 반 액체 상태의 광대한 맨틀 위에 떠 있다. 그 결과 취약 구역을 뚫고 나온 용암이 두 개의 지각판을 갈라놓은 틈새로 흘러들어가면서 이 지각판과 대륙이 분리된다.

판구조론(plate tectonics)
지구표면은 여러 개의 굳은 판으로 나뉘어져 있는데, 판이 변형 내지 서로 수평운동을 하고 있다는 생각에 바탕을 둔 이론. 이는 해저확장설을 설명하는 주요한 가설이 되었다.

판구조론에 따르면 대서양에는 중앙 대서양 해령(海嶺)을 중심으로 동서 양쪽에 해저 분지가 존재하는데, 이 해저 분지는 분출된 용암이 양쪽으로 흘러내려 응고하면서 형성된 것이라는 의미이다. 북아메리카, 남아메리카, 아프리카의 거대한 지각판은 이런 광대한 분지의 점진적인 확대로 인해 계속 이동하고 있는 셈이다. 판구조론을 도입하면 해양저가 왜 상대적으로 육지보다 젊은가에 대한 설명도 가능하다. 해양저 중에는 1억7500만 년보다 오래된 곳은 아직 발견되지 않았다. 대륙의 암석들이 수십억 년씩 된 것과 비교하면 풀리지 않는 수수께끼이다. 그러나 헤스는 판구조론을 도입하여 이 질문을 매끄럽게 해결했다. 바다 밑에 있는 암석들은 해변에 도달할 때까지만 존재한다는 것이다.

판구조론은 지진의 발생에 대해서도 명쾌하게 설명한다. 지진이 만들어내는 지진파가 지구 내부에서 이동하는 모습을 관찰하던 지구물리학자들은, 지각과 상부 맨틀을 포함하는 약 100킬로미터 두께의 암석권은 매우 단단한 구조를 가지고 있으나 그 밑에는 연약권, 즉 힘을 받으면 '움직일 수 있는' 층이 있음을 알게 됐다. 지구 내부가 '단단한 고체'로 되어 있다고 믿으며 베게너의 생각에 그렇게 강하게 반대하던 학자들이 지구 내부에 '움직일 수 있는' 연약권이 있다는 새로운 결론을 내리면서 베게너를 괴롭혔던 대륙 이동의 문제를 말끔하게 해결하는 결정적 계기가 되었다. 이런 사실들을 종합하여 1960년대 후반에 이르러 다음과 같은 새롭게 정리된 이론이 등장한다.

> '지구의 약 100킬로미터 두께의 표층은 해저산맥, 해구(trench, 해저의 좁고 길게 움푹 들어간 곳) 등을 경계로 해서 10여 개의 조각으로 나뉘어져 있으며, 이들은 서로 상대적인 운동을 한다. 판들의 경계는 지질학적으로 불안정하며, 이 지역에서 지진이 발생한다.'

판구조론을 기본으로 지구를 보는 새로운 시각이 이론으로서 자리잡은 것이다. 판구조론에 의하면 깊은 해구는 해저 표면에 있던 지각이 지구 속 깊숙이 가라앉은 곳이다. 이렇게 가라앉는 지각이 지구 내부로 깊이 들어가면서 지진을 일으키며, 또한 충분히 가라앉으면 압력으로 더워져 용암이 되고 다시 지표로 솟아오르며 화산을 만든다. 해저산맥이나 깊은 심해저에서 왜 그렇게 지진이 많이 일어나는지를 분명히 설명할 수 있게 되었다.

과학자들의 깐깐함은 정말 못말린다. 흔히들 대륙이동설이라고 말하는데 이 용어가 틀렸다고 주장하는 과학자들이 있다. 실제로 이동하는 것은 대륙이 아니라 판이기 때문에 '대륙 이동'이 아니라 '판 이동'이라고 불러야 맞는다는 것이다. 과학자들의 깐깐함에 불평하지 말기 바란다. 바로 이런 엄밀함이 과학 발전의 원동력이 된다!

그린란드 탐험 도중 실종되다

1929년 베게너는 자신의 이론을 보다 확고히 하기 위해 다시 그린란드의 미드아이스 기지를 발판으로 탐험을 결심했다. 그의 4번째 탐험대의 이름은 '국제과학탐사대'로, 그 자신이 대장이 되어 위도 71도를 따라 위치한 세 지대의 기후와 지질을 조사하는 것이다. 미드아이스 기지는 내륙에서 400킬로미터 떨어지고 고도가 3000미터나 되는 곳이다. 그런데 특별히 설계한 모터썰매가 작동하지 않아 기지에 있는 탐험대원들에게 물품을 공급할 수 없게 되었다. 베게너는 직접 물품을 공급하기 위해 두 명의 탐험대원과 함께 개썰매로 1930년 9월 21일 본부를 출발했다. 기온은 영하 65도나 되었다. 그들은 40일이 지난 후에야 기지에 도착했다.

베게너는 기지에 도착해 하루 동안 휴식한 뒤 1930년 11월 1일, 22세의 탐험대원 라스무스 빌룸센(villumsen)과 함께 다시 본부를 향해 출발했다. 그날은 베게너의 50번째 생일날이었다. 그러나 그들은 끝내 본부로 돌아오지 못했다.

미드아이스 기지에서 겨울을 넘긴 대원들은 다음해 5월, 본부로 가는 길목의 만년빙 위에 표시를 위해 똑바로 꽂아둔 스키와 함께 깔끔하게 침낭에 싸인 그의 시신을 발견했다. 그의 동료는 발견되지 않았다.

대원들은 얼음 속에 그를 묻고 장례를 치렀다. 사인은 탈진에 의한 심장마비였지만 결론은 탐구열에 의해 희생되었다는 것이 더 적합한 표현이다. 그가 열렬히 주장한 대륙이동설이 새로운 학문에 의해 증명된 것은 그로부터 20년 후의 일이다.

베게너와 함께 그린란드로 떠났던 탐험대(1930.10)

극지 탐험은 과거나 현재나 예외없이 극도로 위험천만한 모험이다. 1900~1938년 동안 북극 탐험 도중에 목숨을 잃은 사람은 무려 200여 명이나 된다. 남극 탐험도 이에 못지 않아 1898~1964년까지 100명이 넘는 탐험대원들이 목숨을 잃었다. 이들이 남북극 탐험에 도전한 것은 과학에 대한 탐구열이 없었다면 착수조차 되지 않을 거대한 프로젝트였다. 베게너와 같은 사람이 적지 않다는 것이 그의 죽음에 위안을 주는 것은 아니지만, 적어도 베게너와 같은 사람이 많다는 것은 과학을 연구할 때 남다른 희생이 따른다는 것을 다시금 일깨워준다.

베게너가 대륙이동설을 주창할 때 완벽한 이론을 제시하지는 못했지만 큰 틀에서 그의 이론이 옳았다는 것은 과학사에서 매우 중요한 의미를 갖는다. 베게너가 그의 이론을 증명하기 위해 그린란드 탐험의 길에 나섰지만, 그가 탐험에서 돌아왔다 하더라도 자신을 이론을 증명하는 데는 실패했음이 틀림없다. 그의 이론은 훗날 고지자기학이라는 새로운 학문 분야에 의해 도출된 헤스의 해저확장설에 의해 비로소 인정받았기 때문이다.

베게너가 사후에 자신의 이론이 증명될 것을 기대하고 탐험에 도전했다는 것은 적절한 비유가 아니다. 한 가지 분명한 것은 베게너가 과학의 순교자임에는 틀림없지만 실패한 사람이 아니라는 점이다. 그가 탐험에서 돌아왔든 아니든 그의 이론은 세계의 교과서에 게재되었을 것이 틀림없기 때문이다.

베게너와 빌룸센(1930.11.1) 이 사진을 마지막으로 그들은 끝내 돌아오지 않았다. 11월 1일은 베게너의 50번째 생일이었다.

18

우연한 발견도 놓치지 않는다

월리스 흄 캐러더스(1896-1937)

나일론을 발명한 미국의 유기화학자. 아이오와주 버링턴 출생. 1928년 뒤퐁사의 중앙연구소 유기화학부장으로 초빙되어 고분자화학의 기초연구를 했다. 합성고무(네오플렌)를 발견하여 1931년에 공업화에 성공했고 1937년에 나일론을 공업화하는 데 성공했다. 그러나 상사와의 갈등과 우울증으로 자살했다.

월리스 흄 캐러더스 Wallace Hume Carothers, 1896~1937

나일론 개발자, 우울증으로 자살

영화 〈슈퍼맨〉의 주인공은 지구보다 정신적·육체적 능력이 뛰어난 행성 크립톤에서 태어난 외계인이어서 초능력을 발휘할 수 있었다. 그는 대단한 능력을 갖고 있는데, 과거로 돌아가 애인을 구할 수 있으며 보호복을 입지 않고 우주를 활보할 수도 있다. 반사 능력도 빨라서 몇 미터 앞에서 쏜 총알을 잡기도 한다.

그러나 〈슈퍼맨〉에서의 압권은 무에서 유를 창조하는 능력이다. 슈퍼맨은 자신이 필요할 때마다 몇 번 몸을 돌리기만 하면 순식간에 'S'자 로고가 찍힌 옷으로 갈아입는다.

슈퍼맨은 옷을 어떻게 만들까? 원리적으로 슈퍼맨이 옷을 만들 수 있는 '원소이용장치'를 갖고 있다면 불가능한 일은 아니다. 영화에서는 그런 기자재가 보이지 않지만 슈퍼맨이 몸 어디엔가 갖고 있다고 생각하거나 그런 능력을 보유하고 있다면 실제 만드는 것은 그리 어려운 일이 아니다. 슈퍼맨이 20세기 최대의 발명품이라 불리는 폴리에스터라는 화학섬유로 옷을 만들었다면 '질량보존의 법칙'이나 '에너지보존 법칙'에도 저촉되지 않는다. 폴리에스터는 탄소, 산소, 수소만을 원료로 해서 만들어지는데 이 원소들은 공기 중에서 얼마든지 뽑아 쓸 수 있기 때문이다.

그러므로 슈퍼맨이 회전하면서 옷을 만들려면 이들 원소를 공급할 공기의 양이 충분하기만 하면 된다. 그러나 실제로 영화처럼 슈퍼맨이 옷을 만들어 입는다는 것은 간단치가 않다.

슈퍼맨이 입는 망토를 비롯한 최첨단 옷이 1킬로그램 정도의 무게를 갖고 있다고 가정해보자. 산소와 수소는 공기 중에 무한대로 있으므로 간단하게 해결할 수 있다. 문제는 탄소이다. 1킬로그램의 옷을 만들려면 탄소 700그램 정도가 필요한데 탄소를 포함한 이산화탄소는 공기 중에 0.03퍼센트밖에 들어 있지 않다. 그러므로 슈퍼맨이 순식간에 옷을 만들어 입으려면 무려 4400세제곱미터의 공기를 확보해야 한다. 이만한 양은 길이 50미터, 폭 25미터의 국제경기 수영장의 규모에다 3.5미터 높이의 체적에 꽉 차야 한다. 슈퍼맨이 0.5세제곱미터도 되지 않는 회전문 안에서 이 정도 양의 공기를 1초 안에 확보하여 자신이 입을 옷을 만들려면 1초에 무려 8800세제곱미터의 공기를 빨아들여야 한다.

기상청에 의하면 초속 17~20미터의 바람에 작은 나뭇가지가 꺾이고, 초속 21~24미터면 굴뚝이 넘어지고 기와가 벗겨지며, 그 속도가 25~28미터에 이르면 나무가 뿌리째 뽑힐 수 있으며 60미터 바람은 철탑을 휘어버리는 그야말로 초특급 강풍이다. 2003년 한반도를 강타한 초속 60미터의 태풍 '매미'에 의해 건물은 물론 나무, 전신주, 기차가 탈선되고 침수와 정전(150만 가구에 이르렀음)은 물론 교각(부산 구포대교)이 무너지는 것을 감안하면, 이보다 100배 이상 빠른 속도로 슈퍼맨이 옷을 만들어 입으면 그때마다 회전문과 건물이 왕창 파괴되는 것은 물론, 주위에 있던 사람들도 모두 날아가 버렸을 것이다.

정의의 사자인 슈퍼맨이 옷을 만들어 입느라 사람들을 다치게 하거나 건물이 파괴된다면 말이 안 된다. 그러므로 슈퍼맨은 특별한 경우가 아닌 한 옷을 만들어 입지 않는데 여하튼 이러한 영화 소재가 등장한 것은 나일론이라는 물질을 발명했으면서도 역사상 가장 불운한 과학자 중 한 명으로 꼽히는 캐러더스(Wallace Hume Carothers)가 있었기에 가능했다.

비단을 인공적으로 만든다는 발상

비단 하면 호화로움, 부드러움, 유연함, 광택 같은 이미지와 함께 고가품이라는 생각이 먼저 떠오른다. 비단은 현재까지 태어난 자연품 중에서 최고의 직물로 꼽힌다. 피부에 닿는 감촉이 좋으며 겨울에는 따뜻하고 여름에는 시원한 특성도 갖고 있어 많은 사람들의 사랑을 받았다. 동서양을 연결하는 교역로에 다른 귀한 물건들을 젖혀두고 실크로드(silk road)라는 말을 붙여준 것도 그만큼 비단이 매력이 있음을 의미한다.

비단의 역사는 4500년 전으로 거슬러 올라간다. 전설에 따르면 기원전 2600년경 중국의 시조로 일컫는 황제(黃帝)의 왕후 서릉씨(西陵氏)가 누에에서 섬세한 비단실을 뽑아냈다고 한다. 이 일로 중국에서 서릉씨를 양잠의 신으로 모신다.

누에는 뽕나무 잎만 먹고 사는 회색의 작은 벌레다. 누에나방은 5일간에 걸쳐 약 500개의 알을 낳고 죽는데, 작은 누에 알 1그램에서 1000마리 이상의 누에가 태어난다. 이들은 약 36킬로그램의 뽕잎을 먹고 약 200그램의 생사를 만들어낸다. 누에는 깨끗하고 환기가 잘 되는 채반에서 왕성하게 먹고 수차례 허물을 벗는다. 한 달 뒤, 방적 채반으로 옮겨진 누에들은 고치를 짓기 시작해 고치를 완성하는 데는 2~3일 정도가 걸린다. 누에는 턱에서 외가닥의 긴 실을 뽑아내는데 여기에 실을 들러붙게 하는 끈적끈적한 분비물이 묻어 있다. 자신의 머리를 8자 모양으로 끊임없이 움직여 고치를 빽빽하게 지어 나가면서 누에는 번데기가 된다.

누에고치와 나방

비단을 얻는 방법은 잘 알려져 있다. 고치를 가열해 안에 있는 번데기를 죽이고 끓는 물에 담가 끈적끈적한 분비물을 녹여낸 후 고치에서 깨끗한 생사를 풀어내어 실패에 감는다. 고치 하나에서 나오는 실은 400~3000미터로 그 길이가 다양하다.

비단은 신비한 직물이어서 고대 그리스나 로마에서는 비단을 금과 똑같은 무게로 교환했다고 한다. 중국뿐만 아니라 한국과 일본에서도 독자적으로 비단을 만들었으나 유럽이 비단의 비밀을 알기에는 먼 나라의 일이었다. 중국은 비단 생산의 독점적인 지위를 유지하기 위해 누에, 누에알, 뽕나무 씨앗을 중국 밖으로 유출하다가 적발되면 사형에 처했다. 552년 두 명의 네스토리우스파 교회 수도사들이 지팡이 속에 누에알과 뽕나무 씨앗을 숨겨 중국에서 콘스탄티노플로 돌아오는 데 성공했다는 기록이 있다. 이 얘기가 사실이라면 그들은 최초의 산업스파이인 셈이다.

여하튼 양잠은 유럽에서도 번창해 14세기 이탈리아에서 꽃을 피웠다. 특히 이탈리아의 베네치아, 루카, 피렌체 같은 도시들이 비단을 생산함으로써 이탈리아 르네상스의 재정적 뒷받침이 되었다. 1466년 프랑스의 루이 11세는 리용의 비단 직조공들에게 세금을 공제해 주고 뽕나무를 심을 것을 포고했고 이후 500년간 리용과 그 주변 지역은 유럽 양잠업의 중심지가 되었다. 한마디로 프랑스가 세계 비단 시장을 좌지우지한 것이다. 이후 영국에서도 양잠업이 성행했지만 미국에서는 비단을 생산하려는 여러 가지 시도가 상업적으로 성공하지 못했다.

비단은 양모나 머리카락 등 동물성 섬유와 같은 단백질이고 셀룰로오스처럼 중합체(polymer)이다. 그러나 면화의 셀룰로오스 중합체는 동일한 포도당 단위가 반복되지만 비단의 단백질 중합체는 동일한 아미노산 단위가 반복되지 않는 이중성을 갖고 있다. 비단은 규칙적으로 반복되는 주름진 판 구조에 속하는 아미노산의 작은 곁기들이 신축성, 광택, 부드러운 촉감을 제공하고, 주름진 판 구조에 속하지 않는 아미노산의 곁기들은 광택과 염색성을 제공한다. 비단의 특성인 광택은 규칙적으로 반복되지 않는 비단 분자들 때문에 생기는 현상이며 천연염료는 물론 인공염료를 흡수하는 능력에서 다른 섬유보다 뛰어난 것도 비단의 이런 이중성 때문이다.

20세기에 들어 과학자들은 화학공정으로 어떤 천연물질도 대체할 수 있다는 자신감을 갖고 비단을 인공적으로 만드는 연구에 도전했다. 그러나 비단의 여러 특성 때문에 흉내낸다는 것은 매우 어려운 일이다. 어려운 일일수록 더욱 도전하게 되는데 어려운 일을 해결한 뒤에 따르는 학문적 명예는 물론 경제적인 부가가치도 그만큼 높기 때문이다.

나일론은 어떻게 탄생했는가

20세기 중반 비단과 유사한 나일론이 탄생한 데에는 과거 학자들의 연구가 발판이 되었기에 가능했다.

합성섬유의 시초는 독일의 화학자 쉔바인(Christian Friedrich Schönbein)이 면화약(guncotton)을 발견하면서부터이다. 1838년부터 셀룰로오스에 대해 집중적인 연구를 하던 그는 1845년 셀룰로오스를 질산과 황산의 혼합물과 반응시키면 가연성이 높고 폭발성이 강한 흰 가루가 생긴다는 사실을 발견했다. 이것이 니트로셀룰로오스로 알려지는 폭약이다.

쉔바인이 부엌에서 실수로 질산과 황산 혼합물을 흘렸는데 빨리 치워야 한다는 조급한 마음에 아내의 앞치마로 닦은 후 말리기 위해 난로 위에 올려놓자마자 앞치마가 폭발했다. 놀란 그의 아내가 달려와 보니 쉔바인은 엉망이 된 부엌에서 자신이 발견한 폭발의 원인에 대해 계속 실험하고 있었다. 그가 흘린 혼합물은 염산과 질산이 3 대 1의 비율로 섞인 용액인 왕수였다.

쉔바인은 자신이 발견한 물질을 면화약이라 불렀다. 면은 90퍼센트가 셀룰로오스인데 쉔바인은 자신이 발견한 면화약이 당시 사용되던 화약을 대체할 수 있다는 기대에 부풀어 제조공장을 세웠다. 그런데 니트로셀룰로오스(질산섬유소)는 건조한 곳에 보관하거나 부주의하게 취급하면 매우 위험한 화합물로 변했다. 당시에는 물질에 묻어 있는 잔여 질산이 불안정하다는 사실을 몰랐기에 니트로셀룰로오스를 제조하던 수많은 공장에서 강한 폭발사고가 일어났고 쉔바인의 공장도 예외는 아니었다.

이런 재난에도 불구하고 면화약은 계속 사용되었다. 폭발력이 강하다는 것은 새로운 분야에 적격이라는 의미이다. 즉, 전쟁용 폭탄이다. 다소 불안정하지만 만드는 방법이 간단해서 각국에서 경쟁적으로 폭약으로 사용하기 시작했고, 위험을 무릅쓰고 광산이나 대형 공사장에서 대량으로 사용되었다.

물론 계속된 연구에 의해 1860년대 들어 면화약에 남아 있는 질산 제거법이 발견되어 면화약은 상업적으로 안전한 물질로 변할 수 있었다. 이후 새로운 니트로셀룰로오스가 개발되었는데, 즉 질산이 많이 들어간 면화약과 적게 들어간 콜로디온과 셀룰로이드이다. 그중에서 셀룰로이드는 최초로 성공한 플라스틱 중 하나이며 영화라는 새로운 분야가 등장하자 필름으로 사용된다. 또한 셀룰로오스아세테이트가 좀 더 가연성이 낮다는 것이 알려지면서 니트로셀룰로오스의 용도를 빠르게 대체하기 시작했다. 오늘날 거대 산업이 된 영화산업 등은 다재다능한 셀룰로오스 분자의 화학 성질이 발견됨으로써 탄생했다고 볼 수 있다.

쇤바인의 면화약이 발명되었을 무렵 영국의 스완(Sir Joseph Wilson Swan)은 에디슨과 전등 개발 경쟁을 벌이고 있었다. 그는 전등의 필라멘트 개량에 열중했는데 쇤바인이 발견한 물질이 필라멘트에 유용한 성분이 될 것으로 판단했다. 오랜 연구 끝에 그는 에디슨의 전구보다는 못하지만 그럭저럭 빛을 발생시킬 수 있는 필라멘트를 만들어냈다. 이 필라멘트는 질산셀룰로오스에서 뽑아낸 섬유를 여러 겹으로 꼬아 만들었는데 이로써 오늘날 사용되는 화학섬유 제조법의 토대를 거의 마련한 셈이다.

이보다 조금 앞서 파스퇴르의 제자인 프랑스의 귀족 샤르도네(Louis Marie Hilaire Bernigaud, Comte de Chardonnet) 백작이 쇤

바인의 연구를 계승하여 면화를 알코올과 황으로 완전히 녹인 뒤 여기에서 레이온이라는 섬유를 뽑아내는 데 성공했다. 이것과 1890년 스완이 필라멘트 연구 과정에서 찾아낸 실의 제조법이 결합하면서 암모니움레이온, 비스코스레이온, 아세테이트레이온 등 레이온 섬유를 탄생시킨다. 1889년 파리 만국박람회에 출품된 레이온은 선풍적인 인기를 끌었고 1891년 공장을 건설하여 생산을 시작했다. 누에로만 만들 수 있었던 비단을 인공으로 만들었다고 알려졌으며 이름도 '샤르도네 비단'이라고 불렸다.

그러나 샤르도네 비단은 초기의 뜨거운 반응과는 달리 성공을 이어가지 못했다. 그 이유는 폭발성이 강한 원료인 질산셀룰로오스 때문이다. 폭탄 용도가 아닌 경우 폭발성을 감소시킨 재료를 만들 수는 있었지만 여전히 인화성은 남아 있었다. 곳곳에서 비명이 일어났음은 물론이다. 한 신사가 피우던 시가의 담뱃재를 어떤 여인의 옷에 떨어뜨렸다고 한다. 샤르도네 비단으로 만든 옷을 입은 그 여인에게 어떤 일이 벌어졌을지 상상해 보라. 여하튼 샤르도네는 당대의 귀족에다 부호였음에도 결국 비단 사업을 접어야 했지만 그 정도로 좌절했다면 공장도 세우지 않았을 것이다. 1895년 샤르도네는 니트로화를 없애는 약품을 공정에 포함시켜 훨씬 더 안정적인 셀룰로오스 기반의 인조비단을 생산해내는 데 성공했다.

1901년 영국의 찰스 크로스는 비스코스(viscose)라는 인조비단을 개발했다. 비스코스는 높은 점도를 갖고 있다는 뜻이다. 비스코스, 즉 레이온은 등장과 동시에 폭발적으로 인기를 끌어 천연비단을 추억 속의 직물로 밀어냈다. 현재도 비스코스 공정은 사용되고 있는데 이후 레이온 섬유는 나무의 펄프를 녹여서 뽑아낼 수 있는 방법이 개발되어 오늘날 슈트의 안감이나 한복 등에 사용되는 매끄러운 섬유를 만들어냈다. 물론 여전히 레이온은 문제점을 안고 있는 재료이다. 펄프를 녹이는 과정에서 유독가스가 발생하기 때문인데, 1980년대 우리나라에서 발생한 원진레이온 직업병 사태는 바로 이 유독 가스 때문에 일어났다.

원진레이온 직업병 사태
1981년 비스코스 인견을 생산하던 원진레이온 공장에서 처음으로 이황화탄소 중독 직업병 환자가 발생했다. 원진레이온 직업병 문제가 본격화한 것은 87년 4명의 원진레이온 퇴직 노동자들이 청와대와 노동부에 진정을 제기하면서부터였다. 당시 직업병 문제를 사회적으로 널리 알리는 역할을 했다. 2008년까지 이황화탄소 중독으로 진단받은 사람은 950여명이다.

레이온의 문제점은 학자들에게 분명한 목표를 세워주었다. 레이온의 장점만 취하고 단점은 없앨 수 있는 새로운 형태의 인조비단을 만들자는 것.

20세기 초에 과학자들이 인조비단을 만드는데 총력을 기울인 것은 프랑스의 비단 작황도 한 원인이 되었다. 19세기 말 프랑스에 커다란 재앙이 불어닥쳤다. 누에가 병들어 죽어갔고 프랑스의 비단 산업도 큰 타격을 입었다. 이 사건은 세계를 주름잡던 프랑스의 학자들로 하여금 재앙이 없는 인조비단을 만드는 촉진제가 되었다. 그러나 궁극적으로 이 작업을 성공적으로 이끈 사람은 듀폰사의 캐러더스이다.

장난으로 우연히 나일론을 발견하다

캐러더스(Wallace Hume Carothers)는 1896년 미국 아이오와주에서 4형제 중 장남으로 태어났다. 몸이 허약한 데다 가정형편도 어려워 공부를 계속할 처지가 안 되자 아버지가 근무하던 일종의 전문대학인 캐피탈대학 상과에 입학하여 속성부기 등을 배웠다. 아버지가 그 대학의 부학장으로 승진하면서 집안형편이 나아지자 1915년에 타키오대학 화학과에 입학하여 스스로 학비를 벌면서 5년을 다녔다. 이 대학의 상과에서 부기를 가르치기도 했으며 영어과 조교로도 일하고 총장실의 비서로 타자를 치는 일도 했다. 대학교 재학 중 제1차 세계대전이 발발하자 미 육군에 지원했으나 갑상선 기능 장애로 손이 떨린다는 이유로 입대가 거부되었다.

듀폰사 실험실에서 연구 중인 캐러더스

1920년 캐러더스는 일리노이 대학교 대학원에 지원했는데 이 대학은 박사학위를 따기 위해 독일 유학을 가지 않아도 되는 전통이 있을 만큼 미국에서 화학분야의 선두주자였다. 그곳에서 그는 학생들의 실험 조교로 일하면서 본격적으로 공부를 시작해 1924년 애덤스 교수의 지도하에 분자결합론으로 박사학위를 받았다. 알려지기로는 캐러더스가 대학 재학 중 하급생들에게 애덤스 교수 대신 화학을 가르칠 정도로 화학 분야의 실력이 출중했다고 한다. 미국화학학회 회장을 역임한 애덤스 교수는 200여 명의 제자를 길러내어 미국 화학계의 중추 역할을 하는데 큰 기여를 한 인물로 캐러더스의 진로에도 큰 역할을 한다.

대학을 졸업한 캐러더스는 애덤스 교수의 제의로 일리노이대학의 강사직을 맡았고 1925년에는 하버드대학교의 화학과 강사가 되었다. 하버드대학에서는 당시 첨단 분야였던 중합체(polymer) 연구에 중점을 두고 있었다. 1927년 듀폰사에서 스카웃 제의를 해왔지만 캐러더스는 처음에는 그 제안을 거부했다. 과학자로서의 자율성과 순수성을 잃을까봐 꺼려했다. 유망한 젊은 과학자들 영입에 공을 들이던 듀폰사는 포기하지 않고 그에게 연구소 유기화학부장이라는 직함과 강사 봉급의 2배를 지급하겠다고 끈질기게 제의해왔다. 연구에만 몰두하기를 원했던 캐러더스는 무제한의 자율권과 자신의 발명에 대한 발표를 보장한다는 약속을 받고 1928년 듀폰사로 자리를 옮겼다.

듀폰사는 폭약, 염료, 약품, 인견 등 유기화학 제품 등을 제조하는 세계 최대의 화학 회사이다. 그런데 듀폰사의 독특한 경영철학은 1929년 세계적인 대공황이 닥쳤을 때 오히려 불황을 극복하기 위해 공격적인 경영방법을 택했다. 신제품 개발만이 대공황을 극복하는 방법이라고 믿었기에 우수한 젊은 과학자들을 뽑아 예산을 최대한 지원하고 무제한 실험을 할 수 있는 환경을 만들어주면 훌륭한 결실을 맺을 수 있을 것이라고 믿었다. 사실 이런 결정은 듀폰으로서도 큰 도전이었다. 당시 기초과학 연구는 주로 대학교에서 수행했으므로 기업에서 전망이 불투명한 연구에 거액을 투자한다는 것은 상당한 모험이었다.

캐러더스를 듀폰사로 이끈 사람은 듀폰중앙연구소 화학부서장인 스타인(Charles M. A. Stine)인데 그는 캐러더스와의 첫 만남을 정확하게 기억하고 있었다. 코넌트 교수의 추천으로 듀폰의 경영진들을 만난 캐러더스는 첫만남에서 이렇게 말했다.

"저는 돈 한푼 안 되는 고분자화학을 전공하고 있습니다."

캐러더스의 말을 들은 경영진은 묘한 호감을 느끼고 캐러더스에게 아낌없는 지원을 해주었다. 놀라운 것은 듀폰사가 다른 투자는 모두 축소했을 때도 약속대로 캐러더스의 연구에는 지원을 아끼지 않았다는 점이다. 듀폰은 모든 연구 내용과 연구 수행을 과학자들에게 전적으로 일임했으며 근무시간이나 근무일도 자유롭게 선택할 수 있게 해주었다.

듀폰사로서는 새롭게 떠오르고 있는 중합체의 세계를 열어달라는 뜻으로 캐러더스를 영입한 것인데 그는 회사의 기대를 저버리지 않았다. 캐러더스는 1년이라는 짧은 기간에 콜타르로 비닐아세틸렌에 염화수소를 첨가하는 방법을 고안하여 이소프렌과 유사하나 중합되는 네오프렌을 합성했다. 그 일에는 조수인 아널드 콜린스(Arnold Collins)도 한몫을 했다. 그들은 DVA라는 특이한 화합물을 중합하던 중 고체물질을 포함한 새로운 흰색 액체가 생긴 것을 발견했다. 콜린스가 이 물질을 스폰지처럼 눌러서 짜보았는데 그러자 흰색의 고무 같은 물체가 되었으며 테이블 위에서 공처럼 통통 튀었다. 더욱 중요한 것은 이 물질의 형태를 변형시켜도 원래의 모습으로 되돌아간다는 것이다. 이렇게 발견된 최초의 합성고무인 네오프렌은 천연고무보다 더 단단했다. 때마침 전기와 자동차의 대중화로 전선과 타이어에 사용될 고무의 수요가 폭발적으로 증가했고 천연고무보다 품질이 우수한 데다 대량생산까지 가능한 네오프렌은 대박을 터뜨렸다.

1930년부터 캐러더스는 연구의 방향을 합성섬유로 전환했다. 당시에도 합성섬유로 레이온이 있었지만 물에 젖으면 탄력이 떨어지고 대량생산이 어렵다는 한계가 있었다. 캐러더스는 만약 셀룰로오스 성분을 화학적으로 합성할 수 있다면 품질도 우수하고 대량생산이 가능한 인조섬유를 만들 수 있다고 생각했다.

인조섬유를 개발하기 위해 듀폰사는 엄청난 인원과 물량을 투입했다. 캐러더스 휘하의 연구원만 230명이었고, 예산은 1930년대에 이미 2000만 달러를 넘어섰다. 듀폰사의 엄청난 물량 공세는 결국 성공을 거두었다. 세계를 깜짝 놀라게 한 나일론의 개발이었다.

위대한 발견에는 언제나 전설이 따라다니듯 나일론의 발견에도 전설이 있다. 1932년 듀폰연구소의 한 연구원이 폴리에스테르의 실험 재료들이 얼마큼 늘어나는지 알아보기 위해 장난으로 유리 막대기 끝에 작은 덩어리를 붙여 넓은 방안을 돌아다녔다. 그런데 이것이 실처럼 길게 뽑아졌던 것이다. 이때 장난을 친 연구원의 이름이 줄리언 힐이라고 발표되었고 많은 연구원들도 그 광경을 목격했다고 진술했다. 당시의 정황을 칼 S. 마벨은 〈화학교육 저널〉 지에 다음과 같이 적었다.

'나일론(폴리아미드를 뜻함)은 이미 만들어지고 있었으나 특별하게 어떤 장점이 있는지 밝혀지지 않았으므로 특허 출원도 하지 않고 선반 위에서 잠자고 있었다. 보다 잘 녹고 취급하기 쉬운 폴리에스테르 계열에서 연구가 계속되었다. 이와 같이 소프트한 재료를 연구하고 있을 때 줄리언 힐이 폴리머의 작은 덩어리를 유리 막대기 끝에 모아 잡아당겼더니 늘어난 모양이 실크와 비슷했다. 이런 사실은 곧바로 연구원들의 관심을 끌었다. 보고에 의하면 어느 날 캐러더스가 외출하고 없는 동안 힐과 그의 동료들은 이 재료 중의 하나가 어느 만큼이나 늘어나는지 시험해 보기로 하고 작은 덩어리를 유리막대기 끝에 붙여 넓은 방안을 돌아다니면서 실을 뽑아냈다고 한다. 그들은 뽑아진 실의 모양이 실크와 흡사하고 이렇게 해서 폴리머 울이 얻어지고 제품의 강도가 증가한다는 사실도 알게 되었다.'

이 같은 우연한 행동이 중요한 발견으로 이어진 것은 그것의 중요성을 간파한 캐러더스의 통찰력이 있었기에 가능했다.

캐러더스는 폴리에스테르를 잡아 늘이면 분자들이 한 방향으로 늘어나서 강도가 증가한다는 것을 발견하고 폴리에스테르에 이런 성질이 있다면 그동안 개발 단계에서 더 이상 실용화 연구를 중단했던 폴리아미드에도 같은 성질이 있지 않을까 생각했다.

캐러더스는 듀폰사 입사 초기에 아디프산(Adipic Acid)을 헥사메틸렌다이아민(hexamethylenediamine)과 화합시킨 고분자인 폴리아미드를 개발한 적이 있었다. 그러나 녹는점이 너무 낮아 섬유로 길게 뽑아낼 수 없어 더 이상의 진전 없이 선반 위에 방치해 두고 있었다. 캐러더스는 줄리언 힐이 보여주었던 장난에서 힌트를 얻어 폴리아미드에 적용시켜 단점을 제거하고 장점만 뽑아내는 연구에 들어갔다. 결론은 해피엔딩이었다. 그의 예상대로 폴리아미드는 긴 실을 내뿜었고 실크와 흡사하다는 것도 발견되었다.

나일론의 성공은 냉연신법(冷延伸法, 냉동으로 뽑아내는 방법)을 사용했기 때문인데, 녹는점이 낮은 폴리아미드를 차갑게 해서 늘렸더니 장력(張力)이 향상된 것이다. 필라멘트나 톱니바퀴, 기타 성형품 등도 냉연신법으로 질긴 폴리머를 만든다. 실크 섬유가 강한 이유도 마찬가지이다. 실크의 천연폴리아미드 분자는 서로 수소 결합이 될 수 있게 배열되어 있는데, 누에는 끈적끈적한 비단실을 뱉어낼 때 차갑게 만들어 늘린다.

이 점은 과학에서 매우 중요한 점을 시사해준다. 캐러더스가 폴리아미드란 섬유를 이미 개발해 놓고 있었지만 그 특성을 잘 모르는 상태에서 마침 우연한 장난이 발명의 계기가 된 것이다. 대부분의 획기적인 발명은 이미 준비된 여건에서 일어나며 공상만으로 이런 대발견이 이루어질 수는 없다는 것을 의미한다. 세계를 놀라게 한 나일론의 탄생 신화는 이렇게 만들어졌다.

사상 최대로 성공한 인조비단

듀폰사는 캐러더스가 발견한 세계 최초의 합성 섬유를 폴리머6-6이라고 명명한 후 섬유는 물론 코팅재료, 필름, 플라스틱 등으로 시험가공한 뒤 세상을 깜짝 놀라게 할 발명품임을 확신했다. 듀폰의 경영진은 나일론을 상품화하면서 여성용 블라우스에 사용되던 값비싼 실크를 대체하겠다는 전략을 세웠다. 듀폰사는 나일론의 발명에서부터 판매까지 그야말로 현대기업이 시도할 수 있는 모든 마케팅 방법을 총동원하여 판촉 계획을 세웠다. 그리고 발표까지 철저하게 비밀에 부쳤다. 실험재료에서 떨어져나간 부스러기 한 조각도 남김없이 회수하여 무게를 달아, 한 조각의 나일론도 회사 밖으로 유출되는 일이 없도록 철저히 감시했다. 그러면서 수 킬로미터의 스타킹을 생산하는 편물 기계들을 설치했다.

나일론이 첫선을 보인 것은 1939년 뉴욕 만국박람회에서였다. 듀폰사는 '석탄과 공기와 물만으로 만든 섬유', '강철만큼 강하면서도 거미줄만큼 섬세한 섬유'라며 대대적으로 광고했고, 모델이 쇼윈도 속에서 나일론으로 만든 스타킹을 보여주었다. 나일론 스타킹은 1940년 5월 15일 미국 전역 백화점에서 일제히 판매에 들어갔는데 뉴욕 시에서 처음 발매되자마자 불과 몇 시간 만에 400만 켤레가 팔려나갔다. 대중의 열광은 그야말로 폭발적이었다. 숙녀들이 그 자리에서 치마를 걷어올리고 스타킹을 신는 진풍경이 연출되었다. 한 여성은 다음과 같이 열광했다.

"제 다리의 느낌이 달라졌어요. 마치 하늘을 나는 것 같아요."

1940년 5월 15일 나일론 스타킹을 사기 위해 몰려든 인파. 몇 시간 만에 400만 켤레가 팔려나갔다.

당시 나일론 스타킹의 값은 1.15~1.35달러로 실크 제품보다 2배나 비쌌지만 불티나게 팔려나가 첫해에 900만 달러, 이듬해에 2500만 달러의 매출을 올렸다. 미국 여성이라면 적어도 한 켤레 이상의 나일론 스타킹을 산 셈이다.

제2차 세계대전은 나일론의 성장에 불을 붙였다. 전쟁으로 일본으로부터의 실크 수입이 단절되자 나일론이 고급 의류시장을 석권한 것이다. 블라우스로 시작한 나일론의 등장은 관련 산업의 성장을 촉진시켰다. 나일론 스타킹이 등장하기 전에는 투박하고 속이 비치지 않는 실크나 무명, 레이스사(꼰 무명실), 레이온 등으로 스타킹을 만들었다. 그런데 다리가 훤히 드러나는 나일론 스타킹의 등장으로 여성들이 제모를 하느라 면도기 산업이 호황을 맞을 정도였다.

천연 실크보다 질긴 나일론은 2차 세계대전 때 낙하산 제조에 사용되어 수많은 인명을 구하기도 했다. 나일론이 전략물자로 선포되자 나일론 스타킹의 생산이 금지되었다. 나일론은 항공기 타이어, 방탄복, 텐트, 화약포, 다양한 종류의 밧줄 등을 만드는 데 사용되었고 미국 전역에서 수백만 명의 여성들이 낙하산을 만들도록 자신들의 스타킹을 기부했다.

전쟁이 끝나자 나일론의 보급이 급속도로 이루어졌다. 면화, 비단, 모피 등의 천연직물이 아니더라도 대량생산되는 인공 합성물로부터

나일론 스타킹에 여성들은 열광했다(1942년).

값싸게 의복의 재료를 얻을 길이 열렸기 때문이다. 나일론은 양말이나 속옷뿐만 아니라 시트, 낚싯줄, 수술용 실, 그리고 기존의 돼지털을 대신해 칫솔모에도 사용되었다. 나일론 칫솔모는 질기고 단단하며 탄력성이 좋아 쉽게 변형되지 않을 뿐더러 잘 마르고 세균의 번식도 막아 주므로 기적의 칫솔로 불리면서 큰 인기를 끌었다.

그후로도 나일론은 계속 그 영역을 확대해갔다. 1960년대 이후에는 나일론 페이퍼와 나일론 플라스틱으로 응용되어 포장지, 필터, 절연체 등과 같은 종이제품과 베어링, 밸브, 패킹과 같은 기계부품 제작의 필수 재료로 사용된다. 또한 동맥수술을 할 때 꼭 필요한 인공혈관으로도 사용되고 있다.

듀폰사는 나일론을 울과 혼방하여 데이크론이라는 이름의 남성 양복감으로도 판매하기도 했다. 오늘날 우리가 입고 있는 의복의 대부분에는 폴리에스테르가 들어 있다. 나일론은 3대 합성섬유 중 하나로 꼽히는데 나머지 둘은 폴리에스테르와 아크릴 섬유이다.

나일론의 명칭에 대해서도 우여곡절이 많았다. 도쿄의 한 일간지가 Nylon이란 상품명이 Now, you lousy old Nipponese(자, 봐라! 바보 같은 늙은 일본 놈들아!)라는 영어 표현의 첫머리글자를 따서 지었다고 억지주장을 하자 미일간의 분쟁 요소가 되었다. 물론 듀폰사는 전혀 근거 없는 주장이며 나일론은 사내 공모를 통해 결정된 이름이라고 해명하여 가까스로 진정되었다.

비단을 재현해내려는 학자들의 꿈은 이루어져 이후 수많은 새로운 직물과 소재의 개발로 이어져 현대 사회에 엄청난 영향을 끼쳤다. 과거에는 옷을 만드는 데 필요한 원재료를 동식물에서만 구했지만 오늘날에는 원유를 정제할 때 나오는 부산물이 많은 직물의 원재료가 된다. 한마디로 과거 비단이 맡았던 자리를 원유가 대체한 것이다. 과거에 비단이 그러했던 것처럼 원유에 대한 수요가 새로운 통상협정을 맺게 했으며 무역로를 열었고 기존 도시들을 새로운 시대에 맞게 변모시켰다. 누에, 비단, 그리고 원유, 인조비단 만만세!

상사와의 갈등과 우울증 그리고 자살

듀폰사의 전폭적인 지원과 마케팅으로 나일론이 세상을 바꾼 획기적 상품이 되었지만 캐러더스는 자신이 개발한 제품이 2차대전 이후 최대의 히트 상품이 되는 것을 보지 못했다. 나일론 스타킹이 발매되기 3년 전인 1937년, 필라델피아의 한 호텔에서 자살로 생을 마감한 것이다.

캐러더스의 자살 이유는 상관인 볼튼과의 갈등 때문이라는 것이 정설이다. 캐러더스를 스카웃했던 스타인이 부회장으로 승진한 뒤 후임자로 온 사람이 볼튼(Elmer K. Bolton)인데 그는 기초연구에 전권을 일임했던 스타인과는 전혀 다른 타입이었다. 볼튼은 오직 상업적으로 활용할 수 있는 구체적인 성과만을 중요시하며 캐러더스 연구팀에게 자율적인 기초연구보다는 상업성 있는 연구에 몰두할 것을 요구했다. 특히 캐러더스 팀이 나일론을 발견했을 때 매우 불안정하다는 점을 지적하고 상업적으로 가치 있는 좀 더 안정된 섬유를 개발하라고 요청했다.

캐러더스가 처음 개발했던 나일론은 강도가 약해서 상업적 가치가 없는 것은 사실이다. 나일론이 생성되는 과정에서 생긴 기포가 반응 용액으로 다시 들어가 중합작용을 억제했기 때문이다. 1934년 캐러더스는 레이온 섬유를 가공하는 방법에서 착안하여 폴리아미드를 압축시킴으로써 나일론 실을 생산하는 데 성공했다.

그런데 문제는 캐러더스가 추천한 제품을 제쳐두고 볼튼이 다른 제품을 선호했다는 점이다. 1935년 봄 캐러더스는 폴리아미드5-10을 최적의 나일론 후보로 추천했다. 그러나 볼튼은 폴리아미드5-10을 만드는 원자재의 생산 가격이 비쌀 것으로 판단하고 벤젠화합물로부터 나일론을 값싸게 제조할 수 있는 폴리아미드6-6을 선호했다(5-10, 6-6이라는 것은 구성 분자의 탄소 수가 각각 5-10인 화합물과 6-6인 화합물이라는 뜻이다). 연구개발을 실제로 담당하는 과학자와 연구개발을 관리하는 경영자 사이에 갈등이 생긴 것이다.

볼튼이 폴리아미드6-6을 중점적으로 개발하라고 요구했음에도 캐러더스는 계속 자신의 연구 스타일을 고집했다. 원래 가벼운 우울증을 가지고 있던 캐러더스는 1936년 2월 마흔이란 늦은 나이에 결혼한 뒤 더욱 우울증 증세가 심해지더니 급기야 신경쇠약으로 발전했다. 더구나 누이의 갑작스런 죽음은 그의 병세를 더욱 악화시켰고 결국 캐러더스는 1937년 4월 29일 필라델피아의 한 호텔에서 청산가리를 먹고 자살했다. 듀폰사가 나일론6-6에 대한 특허를 신청한 지 3주일 후이며 그의 42번째 생일을 이틀 앞둔 날이었다. 우울증 치료제가 없던 당시로서는 캐러더스의 자살을 막을 방법이 없었다. 우울증 치료제는 1950년대에서야 비로소 개발되었기 때문이다.

상관과의 갈등이 캐러더스를 자살로까지 몰고갔지만, 훗날 학자들은 상업적인 차원에서만 본다면 듀폰사의 볼튼이 폴리아미드6-6을 선택한 것은 현명한 판단이었다고 인정한다. 캐러더스의 우울증을 악화시켜 자살에까지 이르게 한 볼튼이 궁극적으로는 캐러더스를 나일론의 발명자로서 위대한 과학자 반열에 올려놓게 만든 것이다. 아이러니가 아닐 수 없다.

학자들은 캐러더스가 살아 있었다면 그가 개발한 네오프렌과 나일론이 현대 인류에 끼친 영향을 감안할 때 두 제품으로 노벨상 수상자가 될 수 있었을 것이라고 생각한다. 1953년 슈타우딩거가 중합체에 관한 연구로 노벨화학상을 받았다는 사실을 볼 때 더욱 그렇다. 당시의 정황으로 볼 때 캐러더스가 노벨상이라는 성과를 예상하고 있었을 것으로 추정하지만 노벨상도 우울증은 막지 못했다.

캐러더스가 1929년부터 1938년까지 발표한 연구 논문은 그가 세상을 떠난 3년 뒤 《고분자 중합물에 관한 캐러더스 논문집》으로 출간되었다. 네오프렌과 나일론의 특성 및 제조 과정을 담고 있는 이 논문집은 이후 중합체 연구에 큰 영향을 끼쳤다.

오늘날에는 페놀이 석유화학에서 만들어지고 있다. 따라서 이제 나일론은 '석탄, 공기, 물로 만들어진 실'이 아니라 '석유, 공기, 물로부터 만들어진 실'이라고 표현하는 것이 옳다.

과학자들 중에는 생각보다 우울증 환자가 많다. 과학 연구에는 대규모 예산을 필요로 하는데 즉 어디에선가 예산을 지원받아야 한다는 것을 의미한다. 캐러더스의 상관인 스타인과 볼튼이 연구 결과에 대한 모든 권한을 갖고 있었는데 두 사람처럼 판이한 성격의 소유자는 어느 곳에나 있게 마련이다.

캐러더스가 자신에게 가해지는 압박감을 이기지 못하고 결국 자살이라는 극한 결정을 내렸지만 그의 연구 업적이 인류에 큰 공헌을 했기에 그는 진정한 과학의 순교자인 것이다.

19

정보를 얻는 자, 승리를 얻는다

앨런 매디슨 튜링(1912–1954)

영국의 수학자, 컴퓨터 과학자. 런던 출생. 1942년 독일군 암호 해독을 위해 연산 컴퓨터 '콜로서스'를 개발했지만 영국이 1970년대까지 비밀로 하는 바람에 세계 최초의 컴퓨터라는 영광은 미국의 '에니악'에게 돌아갔다. 동성애자인 그는 화학적 거세를 당하는 등 고난을 겪다가 자살로써 생을 마감했다.

앨런 매디슨 튜링 Alan Mathison Turing, 1912~1954

최초의 컴퓨터 발명자, 동성애로 인한 화학적 거세와 자살

1944년 봄. 유럽 전선에서 패주를 거듭하던 독일군은 임박한 연합군의 침공을 초조하게 기다리고 있었지만 그 장소는 비밀. 연합군은 노르망디를 침공지점으로 정했지만 독일군의 관심을 다른 지역으로 돌리는 것이 전쟁의 승패를 결정지을 수 있다고 생각했다. 그런데 독일군 서부지구 최고사령관 칼 폰 룬스테트 장군과 베를린 사이의 비밀통신 암호를 해독한 연합군은 독일군이 연합군의 작전에 속지 않고 노르망디 지역인 셰부르(Cherbourg) 반도에 방어전선을 구축하고 있다는 것을 알아냈다.

연합군은 쾌재를 불렀다. 독일군의 전략을 파악했으므로 독일군이 속아 넘어가게 위장작전을 펼칠 수 있었다. 결과는 알려진 대로 연합군의 작전은 성공했다. 막상 노르망디에서 연합군의 상륙작전이 시작되었는데도 독일군은 진짜 상륙지는 프랑스 북부의 칼레 지역으로 단정하고 노르망디에 군대 파견을 보류했다. 전투는 이미 결정난 것이나 마찬가지였다.

이처럼 영화 같은 일이 실제로 일어날 수 있었던 것은 당시로서는 상상도

할 수 없는 기계가 발명되었기 때문이다. 그후 세상에 태어난 지 50년도 되지 않아 이 기계들이 세상을 지배했다. 이것 없으면 공부도 할 수 없고 놀이도 할 수 없으며 은행에서 돈을 찾을 수도 없고 수많은 기계들을 만들 수도 없다. 가상공간에서 대화를 나눌 수도 없다. 그 이름은 컴퓨터.

수공업에서 기계에 의한 대량생산으로 산업 형태가 바뀐 18세기 초가 1차 산업혁명의 시작이었다면 진정한 산업혁명의 완성은 1943년, 즉 최초로 컴퓨터가 만들어지면서부터라고 과학자들은 말한다. 오늘날 컴퓨터는 전쟁은 물론 산업, 스포츠, 선거, 화학, 유전 탐사 등 모든 분야에서 막강한 위력을 발휘하고 있다. 이런 엄청난 역할을 수행하고 있는 컴퓨터는 누가 만들었을까?

컴퓨터의 최초 발명자에 대해서는 많은 논란이 있지만 근래에는 제2차 세계대전이 한창이던 1943년 12월 영국의 수학자 앨런 튜링이라고 인정한다. 그는 일반인들에게 잘 알려지지 않은 인물이다. 그의 업적과는 달리 40대 초반의 나이에 자살로 생을 마감했기 때문이다.

컴퓨터의 원조는 주판

컴퓨터의 개념은 가장 간단한 계산 도구로 알려진 주판에서 출발한다. 기원전 5세기 중국에서 발명된 주판은 간이계산기가 나오기 전까지 동양인들이 꼭 배워야 할 도구 중의 하나였다. 1980년대 초까지만 해도 은행원, 사무원을 비롯해 장사를 하는 상인들의 계산대에는 필수적으로 주판이 비치되었고 곳곳에서 주산이나 암산 경시대회가 열리기도 했다. 한국의 주산 챔피언은 텔레비전에 출연하여 전자계산기와 시합을 열기도 했는데 덧셈과 뺄셈에서는 주판이 계산기를 이겼다.

서양에서는 주판과 같은 효율적인 계산 도구가 없었지만 1642년 프랑스의 수학자이자 철학자인 파스칼(Blaise Pascal, 1623~1662)이 톱니바퀴를 이용해 덧셈과 뺄셈을 할 수 있는 수동계산기를 고안했다. 그후 1671년 독일의 라이프니츠(Gottfried Wilhelm von Leibniz, 1646~1716)가 파스칼의 수동계산기를 개선하여 곱셈과 나눗셈까지 가능한 계산기를 만들었다. 그는 자신의 아이디어를 영국왕립학회에 출품하여 연구비를 받아내려고 했지만 결국 지원을 받지 못했다. 톱니바퀴를 이용한 이 계산기는 상용화에서는 실패했지만 0과 1의 2진법만으로도 모든 계산이 가능하다는 것을 보여주며 컴퓨터 역사의 첫 페이지를 장식했다. 라이프니치는 '숫자로 세상의 모든 것을 계산할 수 있다'는 숫자의 힘을 믿었다.

현재의 컴퓨터의 프로그래밍에 해당하는 일련의 명령을 해독하면서 자동으로 계산을 실행하는 기계는 19세기 초 영국의 수학자 배비지(Charles Babbage, 1792~1871)에 의해 계획되었고 1854년 영국의 수학자인 조지 부울(George Boole, 1815~1864)은 《사고의 법칙 The laws of thought》을 출판하여 현대적 기호논리학의 탄생을 알렸다. 이 책에서 부울은 아무리 복잡한 논리식일지라도 두 종류의 기호, 즉 '참'을 의미하는 1과 '거짓'을 의미하는 0으로 표현될 수 있다고 주장했다. 인간의 추론이 Yes(1)와 No(0)의 연속체로 이어질 수 있다는 부울의 아이디어는 현대 컴퓨터의 핵심 개념이다.

20세기에 들어 일명 계산기라고 불리는 연산장치의 개발이 곳곳에서 시도되었는데 1930년 미국 MIT공대의 바네바 부시 교수가 처음으로 전기장치를 사용하여 간단한 연산을 할 수 있는 아날로그 컴퓨터를 발명했다. 학자에 따라 1930년을 컴퓨터 시대가 열린 해로 인정하기도 한다. 1939년 미국 아이오와대학의 물리학 교수인 아타나소프(Atanasoff)와 그의 제자 베리(Berry)는 진공관을 사용한 첫 전자 컴퓨터를 만들었다. 2차 세계대전이 발발하자 미 육군의 의뢰를 받아 펜실베이니어대학의 모클리(John W. Mauchly)와 에커트(John P. Eckert)가 주축이 되어 아타나소프의 컴퓨터 원리를 원용해 초대형 컴퓨터를 만들었는데 그것이 바로 1946년에 완성되어 세계 최초의 컴퓨터로 알려지는 에니악(ENIAC)이다.

그러나 컴퓨터 개발에 대한 비밀이 해제되자 에니악보다 먼저 만들어진 컴퓨터가 있다는 사실이 밝혀졌다. 학자들은 영국인 앨런 튜링(Alan Mathison Turing)이 만든 '콜로서스'를 세계 최초의 컴퓨터로 인정한다. 그런데 콜로서스의 원리는 그의 나이 24살에 완성되었다.

유일한 친구를 잃다

영국 식민지인 인도 주재 공무원이던 튜링의 아버지 줄리어스 튜링은 유럽행 배 위에서 에설 사라 스토니와 만나 더블린에서 결혼하고 인도에 정착했다. 인도의 교육 환경을 염려한 어머니가 임신 중에 런던에 머무르는 동안 튜링이 태어났다. 그러나 부모 모두 영국에 머무를 수 없었기 때문에 아이를 다른 가족에게 맡기고 인도로 떠나는 바람에 튜링은 어려서부터 부모를 자주 만나지 못했다. 이것이 원인이 되어 그는 평생 사람들과 어울리는 데 어려움을 겪는다.

특히 중고등학교 때 수학 성적은 매우 뛰어났지만 천재들에게서 종종 나타나는 성격처럼 학교 교육에 그다지 잘 적응하지 못했다. 학

동성애자인 앨런 튜링은 화학적 거세까지 받아야 했다.

창시절의 그는 너저분한 외모에 말도 더듬거리고 더구나 영어와 라틴어를 몹시 싫어해 평생을 맞춤법과 글쓰기 때문에 고생했다. 게다가 왼쪽 오른쪽을 잘 구분하지 못해 왼쪽 엄지에 빨간색 점을 칠하고 다닐 정도였다고 한다. 교사들도 튜링에게 큰 점수를 주지 않아 그가 다닌 셔본 스쿨(Sherborne School)의 교장은 다음과 같이 평가할 정도였다.

'이 학생이 사립학교에 있으려면 교양 있는 학생이 되려고 노력해야 한다. 그러나 과학 분야의 전문가가 되려고 한다면 사립학교에 다니는 것은 시간 낭비일 뿐이다.'

튜링은 열여섯 살 되던 해인 1927년 셔본 스쿨에서 크리스토퍼 모컴(Christopher Morcom)을 만나면서 큰 위안을 받는데 그 역시 수학에 재주를 갖고 있었다. 더구나 모컴은 뛰어난 수학적 재능을 갖고 있다고 알려져 있었다. 두 친구는 힘을 모아 엄청나게 복잡한 수학문제를 풀기로 작정했는데 1930년 모컴이 갑자기 결핵으로 사망한다.

이 충격적인 경험이 튜링의 인생을 완전히 바꾸어 놓는다. 그는 '인간의 마음이란 무엇인가?' 또는 '인간의 지능이란 무엇인가?'에 대한 탐구에 몰두한다. 그것은 엉뚱하게도 모컴의 뇌에 있던 지능을 저장하거나 다른 사람에게 전달할 수 있는 방법이 없을까를 궁리했다. 튜링이 계산 이론을 창안하게 된 계기도 이때에 마련된 셈이다.

이후 튜링은 수학에 천부적인 자질을 보여 1931년 케임브리지대학교의 킹스 칼리지에 장학생으로 입학한다. 이 대학교에는 빛이 태양 때문에 휜다는 아인슈타인의 이론을 증명한 아서 에딩턴(Arthur Eddington, 1882~1944)이 있었다.

평균값 근처에 매우 많은 관측값들이 존재하고 양끝으로 갈수록 관측값들이 급격히 적어지는 종 모양의 정규분포를 '가우스 분포'라고도 한다. 대부분 자연현상을 관찰한 관측값들이 정규분포를 따르므로 물리학에서는 대단히 중요한 분포이다. 에딩턴은 물리학자이므로 어떤 개념을 설명하는 데 수학적 엄밀성보다는 직관적인 방법을 토대로 문제들을 설명하곤 했다.

그러나 튜링은 에딩턴과는 반대로 수학적으로 엄밀한 설명을 선호했고 관측값들이 정규분포를 따른다는 단순한 설명에 만족하지 않고 1934년 중심극한정리라는 통계학의 중요 정리를 독자적으로 재발견했다. 이때 그의 나이 겨우 스물두 살 때로 그의 논문은 곧바로 주목을 받아 1935년에 킹스 칼리지 학회원으로 선발되었고 1936년에는 이 논문으로 케임브리지대학에서 우수 연구원에게 수여하는 스미스 상을 받았다(엄밀하게 말하면 그의 증명은 핀란드 수학자 린드베리가 12년 전에 증명했지만 당시에는 영국에 잘 알려지지 않은 상태였다).

중심극한정리
(Central Limit Theorem)
동일한 확률분포를 가진 독립 확률 변수 n개의 평균값은 n이 적당히 크다면 정규분포에 가까워진다는 정리

생각 속에 존재하는 튜링기계(Turing machine) 1936년 튜링은 〈계산 가능한 수에 관하여〉라는 석사학위 논문을 작성했다. 논문의 요지는 사람의

두뇌에 해당하는 제어장치, 데이터가 수록된 테이프, 이를 읽고 기록하는 입출력 헤드의 세 부분만 있으면 기계적 절차로 모든 계산이 가능해진다는 것이다. 그가 도출한 아이디어의 중요성은 다음 같은 말로 설명된다.

"우리가 직관적으로 알지만 명확하게 규정할 수 없는 '계산이 가능하다'는 속성을 튜링기계라는 추상적 대상으로 설명했다."

이 말은 직관적으로 계산 가능한 모든 것은 그에 상응하는 튜링기계로 계산할 수 있다는 것이다. 물론 이번에도 튜링보다 한발 먼저 비슷한 아이디어를 도출한 수학자가 있었다. 튜링의 논문이 발표되기 직전 미국의 알론조 처치(Alonzo Church, 1903~1995) 교수가 접근 방법은 달랐지만 계산의 의미에 대한 수학적 접근을 시도했었다. 그는 튜링기계와 같은 어떤 종류의 기계적인 장치로도 풀리지 않는 문제가 존재함을 증명했지만 엄밀하게 컴퓨터와 같은 개념을 발견해낸 것은 아니다. 그래서 학자들은 튜링의 석사학위 논문이 디지털 컴퓨터의 개념을 최초로 다루었다고 인정한다. 일부 학자들은 인간이 생각할 수 있는 모든 것을 튜링기계를 통해 구현이 가능하다는 가설을 들어 **처치-튜링 명제**라고도 부른다.

처치-튜링 명제
(Church-Turing thesis)
모든 종류의 계산 가능한 함수는 튜링기계가 계산할 수 있다는 명제

처치의 논문을 읽은 튜링은 미국으로 건너가 처치의 지도를 받으면서 자신의 논문을 수정했고 1938년 26세의 나이로 프린스턴에서 박사학위를 받았다.

튜링은 인간의 기능을 기계가 분담할 수 있다고 생각했는데 당시에 보편화된 자동화기계가 아니라 인간과 같은 두뇌 기능까지 기계가 대신할 수 있다고 생각했다. 그래서 그는 맨 먼저 인간의 마음과

지능을 생각하고, 그 다음 기계가 행할 수 있는 모든 작업을 고려한 다음 그러한 모든 일을 하나의 기계가 행하려면 어떻게 해야 하는가를 연구했다.

튜링은 기계가 인간의 두뇌 역할을 하기 위해서는 우선 수학적인 체계로 정보를 이해할 수 있어야 한다고 생각했다. 튜링이 고안한 기계는 실제로 조립되어야 할 기계가 아니라 생각 속의 기계였다. 튜링은 모든 수학적 작업을 논리적 연산의 작은 원자들로 분해하고 그것을 수행하도록 한다면 인간의 두뇌처럼 움직일 수 있다고 생각했다. 놀랍게도 그는 자신이 생각한 기계를 실제로 만들 수 있다는 것을 깨달았고 그러한 기계를 만드는 데 모든 것을 쏟았다. 튜링이 제시한 원리를 앤드류 호지스는 다음과 같이 설명했다.

> '우선 부호가 기록될 종이 테이프가 있다. 그런 다음 한 번에 한 개의 부호만을 읽을 수 있는 기계가 있다. 기계는 정해진 수만큼의 여러 상태 중에서 한 상태에만 놓일 수 있다. 기계가 무엇을 행하는가, 어떻게 작동하는가는 전적으로 그것이 어떤 상태에 놓여 있는가와 그것이 읽는 부호에 달려 있다. 기계가 할 수 있는 것은 테이프의 한 곳에서 우측이나 좌측으로 움직이고 테이프에 하나의 부호를 쓰며 한 상태에서 다른 지정된 상태로 옮겨가는 것뿐이다.'

이러한 '튜링기계'는 각 단계에서 어떻게 행동할 것인지, 그리고 어떤 부호를 읽어야 하는지에 대한 결정적인 규칙을 갖는다. 튜링기계가 어떤 부호를 읽었을 때 각 단계에서 어떻게 해야 할지를 알려주는 '행동표'를 정해주면 인간은 기계에 대한 모든 것을 알 수 있게 된다. 즉 '명확한 방법'이라고 부를 수 있는 모든 것을 하나의 튜링기계로 생각할 수 있다는 것이다.

그러나 튜링기계의 중요성은 기계를 사용하는 사람들이 모든 단계에서 그 다음에 무엇을 행해야 할지에 대해 완벽한 메모를 남길 수 있으며 그 일을 다른 사람에게 인계할 수 있다는 점이다. 이러한 '명확한 방법'의 정의는 수리논리학에서 중요한 위치를 차지하는데 튜링은 24살 때 이 아이디어를 이끌어냈다.

튜링기계는 곧바로 '보편기계'라는 아이디어를 창출했다. '행동표'에 있는 값을 읽는 작업은 기계적인 과정이므로 특별한 종류의 튜링기계, 즉 보편적 튜링기계가 고안되면 다른 튜링기계의 행동표를 읽고 또 다른 튜링기계가 했던 일을 수행할 수 있다. 따라서 모든 튜링기계의 행동을 보기 위해서 하나 이상의 기계를 만들 필요가 없다는 점이다.

컴퓨터 하나로 게임을 하든 영화를 보든 이메일을 보내든 모두 다 수행할 수 있음을 떠올리면 쉽게 이해가 된다. 여기서 말하는 '보편기계'가 바로 지시된 프로그램을 읽고 그것을 수행하도록 고안된 컴퓨터이다. 기계 자체를 사용자가 손댈 필요가 없다. 컴퓨터게임을 위해 컴퓨터 케이스를 열 필요가 없으며 단지 그 기억장치에 다른 프로그램을 넣어주기만 하면 된다. 여러 다양한 업무를 처리하는데 하나의 기계만으로 충분하다.

지금은 너무도 당연한 이야기이지만 이 아이디어를 튜링이 1936년 실제로 컴퓨터가 존재하지 않고 상상 속의 아이디어로 구체화시켰다는 데 더욱 놀랍다. 튜링의 상상력은 더욱 비약하여 인공지능까지도 가능하다고 믿었다. 그러면서 '기계가 생각할 수 있다면 우리는 어떻게 그것을 알 수 있는가'라는 질문을 제기했다. 튜링의 생각은 단순했다. '기계의 응답이 인간의 응답과 차이가 없다면 그 기계는 생각(thinking)할 수 있다고 결론 내려야 한다.'

이것을 **튜링 테스트**라고 하는데 인공지능을 판별하는 시험으로 부른다. 훗날 등장하는 로봇의 지능을 이야기할 때에도 이 질문과 대답이 정확하게 부합되는 것은 물론이다.

튜링 테스트(Turing test)
기계가 인간과 얼마나 비슷하게 대화할 수 있는지를 기준으로 기계에 지능이 있는지를 판별하고자 하는 테스트. 튜링이 1950년에 고안했다.

암호 해독용으로 탄생한 컴퓨터

컴퓨터의 탄생은 여타 발명품들과 그 태어난 동기부터가 다르다. 컴퓨터가 전쟁의 비밀무기로 탄생했기 때문이다. 제2차 세계대전에서 독일군에게 결정적인 타격을 가하고 연합군에게 승리를 안겨준 것이 노르망디 상륙작전이다. 사상최대의 작전이라 불리며 100만 명 이상의 병력이 동원되었지만 이 작전의 성공 뒤에는 제3의 비밀병기가 있었다는 사실을 아는 사람이 드물다. 제3의 비밀병기는 초대형 기계였다.

2차대전 당시 유럽에서의 전투 과정을 주의 깊게 분석해 보면 연합군이 프랑스 어딘가로 상륙할 것임을 누구라도 짐작할 수 있었다. 독일군 측에서는 연합군의 상륙을 저지하고 초반에 승기를 잡는 가장 빠른 방법은 연합군이 프랑스의 어느 지점에 상륙할 것인가를 알아내는 일이었다. 그에 반해 연합군은 상륙작전 장소를 비밀리에 수행하는 것이 전쟁의 승패를 좌우한다고 믿었기에 상륙지를 위장하려고 총력을 기울였다.

결과적으로 연합군은 위장 작전을 훌륭하게 수행하고 2차 세계대

노르망디 상륙 작전(1944). 이 사진을 찍은 로버트 카파는 퓰리처상을 수상했다.

전을 승리로 이끌었다. 그런데 이런 위장 작전을 수립한 주역이 거대한 기계라는 것은 전쟁이 끝난 후 30년이 지날 때까지도 전혀 알려지지 않았다. 1976년 비밀이 해제되기까지 존재조차 알려지지 않은 기계의 정확한 이름은 세계 최초의 진공관 컴퓨터인 콜로서스(Colossus)이다.

일반적으로는 펜실베이니아대학에서 만든 에니악(ENIAC)을 세계 최초의 컴퓨터라고 인정하지만 본격적인 컴퓨터는 독일군의 암호를 해독하기 위해 만든 콜로서스가 최초였다. 컴퓨터 전문가 조페트는 에니악은 세계 최초가 아니라 11번째라고 발표했다.

콜로서스가 위장 작전에 참여할 수 있었던 것은 영국과 독일간에 첨예하게 벌어졌던 암호 해독 경쟁 때문이었다. 영국은 독일과 전쟁하기 이전부터 독일군의 암호를 해독하려고 총력을 기울였고 독일은 독일대로 암호가 해독되지 않도록 모든 방어체계를 도입했다.

독일 정보체계의 핵심은 구식 금전등록기와 비슷한 에니그마(Enigma, 수수께끼라는 의미)라는 기계였다. 1918년 독일의 엔지니어 세르비우스가 개발한 에니그마는 세 개의 톱니바퀴와 반사경으로 이루어져 있는데 이 톱니바퀴를 장착하는 순서에 따라 전혀 다른 암호가 나온다. 또 톱니바퀴 둘레에 알파벳을 나열하는 방법에 따라서도 완전히 다른 암호가 나오는 데다 반사경을 이용해 두 알파벳을 바꾸면 모두 2,418,983,437,669,710,912,000가지 경우가 가능하다는 것이다. 이후 톱니바퀴를 다섯 개까지 늘려 경우의 수는 더욱 많이 만들어졌다.

독일은 이 무수한 경우 가운데 몇 가지를 골라 암호책을 만들어 각지에 배포했다. 이 책자는 그날그날 사용할 에니그마의 상태를 기록했으므로 한 달간 유효했다. 전쟁의 막바지에는 8시간마다 바꾸어 쓰게 했다. 그러므로 독일은 자신들이 만든 기계의 성능이 얼마나 완벽한지 인간이라면 자신들이 만든 암호를 풀 수 없다고 자신했으므로 에니그마로 생성된 암호를 모든 분야에 사용했다. 세계 각지로부터 본국으로 보고되는 기밀문서 전송이나 군 작전통신 등에도 거리낌없이 에니그마를 이용했다.

그런데 에니그마에도 단점이 있었다. 그것은 암호책이 없으면 암호를 보낼 수도 없고 받은 암호를 해독할 수도 없다는 점이다. 따라서 독일군은 암호책이 유출될까봐 보안에 대단한 신경을 썼다. 그들은 암호책을 만들 때 불에 잘 타는 종이에 물에 잘 녹는 잉크를 사용하여 만약의 사태에 대비하도록 했다. 간혹 이 암호책이 연합군에 의해 탈취되는 경우가 있었지만 한 달에 한 번씩 암호책을 바꾸었고 나중에는 수시로 바꾸었으므로 에니그마는 계속 사용되었다.

전쟁에서 적군의 암호를 해독한다는 것은 전략상 매우 중요하다. 그 대표적인 예가 무적함이라고 불리던 독일의 전함 비스마르크 호의 격침이다. 1941년까지 독일의 비스마르크 호는 연합군의 고민거리였다. 연합군은 악착같이 이 괴물을 격침하려고 했으나 번번이 실패했다. 그런데 영국 정보부는 비스마르크 호가 수리를 위해 프랑스

독일군이 사용했던 에니그마 암호기

의 브레스트 항을 향하고 있다는 첩보를 입수했다. 독일군이 발신한 무선을 해독함으로써 얻은 정보였다. 영국은 곧바로 비스마르크 호의 항로로 전함을 파견했다. 비스마르크 호를 발견하자마자 포문을 열어 단 90분 만에 독일군의 자랑은 2000명의 수병과 함께 바다 속으로 침몰했다. 또한 연합군은 북아프리카에 있는 롬멜 장군의 아프리카 군단으로 향하는 독일군 보급선의 항로를 파악하여 정기적으로 침몰시켰다. 연합군은 심지어 롬멜 장군의 건강상태까지 파악하고 있었다.

그러나 독일은 또 다른 암호기를 사용하고 있었다. 독일군의 최고급 정보, 즉 독일군 사령관과 베를린 사이에 오가는 교신은 물론 히틀러가 보내는 특급 비밀정보는 텔레타이프로 전달되고 있었다. 독일의 텔레타이프는 문자 배열이 무작위의 배열이므로 암호 해독이 간단치가 않았다.

컴퓨터, 정보 혁명을 촉발시키다

튜링은 1938년 박사학위를 받자마자 프린스턴대학의 교수직 제안을 마다하고 영국으로 돌아갔다.

그런데 2차대전이 발발했고 영국이 전쟁에 돌입한 지 하루만인

1939년 9월 4일, 튜링은 런던 북쪽에 위치한 정부암호학교에서 암호 해독반의 수학팀장으로 임명된다. 이 학교를 운영하던 영국첩보부가 평소 튜링을 눈여겨보고 있다가 그를 스카우트한 것이다.

튜링은 암호학교 내에서도 이방인처럼 지내면서도 까탈스런 외곬 성격을 유감없이 드러냈다. 일에만 파묻힌 채 군대 내의 규칙이나 법규는 깡그리 무시하고, 자신보다 실력이 떨어지는 사람들에 대한 경멸과 군대에 대한 혐오를 숨기지 않았다. 동료들은 개인적으로 그를 좋아하지 않았지만 튜링이 수학적 천재라는 데는 다들 인정했다.

여하튼 그는 1940년 자신의 논문을 구체화하는 기계를 완성했다. 군인들과 동료들은 그 기계를 '폭탄'이라고 불렀는데 폭탄 하나는 12개의 원통형 연산기로 이루어졌고 독일 무전들 가운데 의미를 유추할 수 있는 철자들을 걸러내는 작업을 수행했다. 제2차 세계대전이 점점 가열되자 1943년 영국 국방부는 튜링을 비롯한 과학자에게 간단한 부탁을 했다. 독일 해군의 암호인 텔레타이프를 해독해 달라는 것이다.

세계 최초의 진공관 컴퓨터인 콜로서스. 1976년 비밀이 해제되기까지 존재조차 알려지지 않았다.

영국 정부에서 튜링에게 시급하게 부탁한 이유는 제2차 세계대전 중 가장 고민거리였던 독일군 U보트에 대한 대응 때문이었다. U보트는 세계 바다를 누비면서 연합군 함정들을 효과적으로 침몰시키고 있었는데 연합군에서는 그들을 격파하는 방법은 독

일군 암호를 해독하는 방법뿐이라고 결론 내렸다. 그러나 숙련된 장병들이 독일군의 암호를 푼다고 해도 속도가 문제였다. U보트의 명령 내용과 보고 내용을 해독하여 이용하려면 몇 시간 안에 암호를 풀어야 한다.

튜링은 이 작업을 수행하면서 놀라운 통찰을 떠올렸다. 전체 계산의 아주 작은 일부분만 계산하는 사람은 전체 작업에 대해 전혀 모르면서도 당시 최고의 암호 체계를 해독하는 중요한 일에 기여한다는 사실에 주목했다. 튜링은 각각의 계산하는 사람(컴퓨터)의 역할을 간단한 기계 조작으로 대치하고, 이러한 간단한 기계 조작을 모두 결합하여 하나의 큰 기계를 만들면 암호 해독이나 논리적 추론, 수학 명제를 증명하는 것과 같은 지적인 작업도 기계가 해낼 수 있다고 역설했다. 마침 속도에 대한 필요를 느끼던 영국 국방부는 전자공학의 도입을 결정했다. 이로써 튜링은 케임브리지대학의 수학교수였던 맥스웰 뉴먼과 함께 당시의 전기기계가 사용했던 전화교환 기술보다 천 배나 빠른 논리적인 연산을 수행할 수 있는 기계 '히스 로빈슨(Heath Robinson)'을 제작했다. 이들의 성과는 곧바로 나타났다.

1943년 3월 1일부터 20일까지 108척, 총 62만7000톤의 연합군 선박이 독일 잠수함에 의해 침몰되었다. 상선을 호송하던 연합군 전함들도 38척의 잠수함으로부터 기습 공격을 받아 21척이 파괴되었다. 반면 독일 잠수함은 단 1척만 피해를 입었다. 그런데 3월 21일을 기점으로 전세는 완전히 뒤집혔다. 독일 잠수함이 격침한 연합국 선박수가 현저하게 줄어든 반면 연합국이 침몰시킨 독일 잠수함의 수는 크게 늘어난 것이다. 이것은 대서양에서의 전투에서 히틀러의 패배를 의미한다.

펜실베이니아대학에서 만든 에니악(ENIAC). 일반적으로 최초의 컴퓨터로 알려졌다.

이 같은 전황의 변화에 대해 처칠은 그 원인을 정교해진 레이더 시스템, 개선된 어뢰, 장거리 폭탄의 증강, 그리고 새로운 호송 전술 덕분으로 돌렸다. 그 말이 틀린 것은 아니지만 처칠은 하루아침에 갑자기 전세가 뒤바뀐 진짜 '이유'에 대해서는 설명하지 않았다. 그러나 숨은 진실은 튜링의 암호해독반의 결정적인 역할이었다. 튜링기계는 독일군의 1일 암호 해독 시간을 한 시간으로 단축시켰고 나중에는 단 몇 분으로, 즉 다시 말해 암호문이 수신되는 즉시 해독할 수 있었기 때문이다.

1943년 12월, 튜링은 당시 전자교환기를 제작하고 있던 플라워스와 함께 진공관으로 작동되는 전자식 암호해독기 '콜로서스 마크I'을 개발했다. 이전과는 완전히 다른 개념의 진정한 컴퓨터의 탄생이다.

1944년 6월에는 개량된 콜로서스 마크II가 2400개의 진공관에다 800개의 전자기식 중계기를 덧붙여 가동에 들어갔다. 콜로서스는 그들의 기대에 부응하여 독일군 암호들을 성공적으로 해독해냈고 순식간에 독일의 U보트는 연합군의 먹이가 되었다.

튜링이 만든 컴퓨터는 디지털 컴퓨터로 오늘날 컴퓨터가 갖고 있는 모든 기능을 갖추고 있었다. 이것은 미국 펜실베이니아대학의 모클리와 에커트가 1943년부터 1946년에 걸쳐 만든 세계 최초의 컴퓨터로 알려진 에니악(ENIAC)과는 완전히 구별된다. 콜로서스는 10

자리 수의 덧셈과 뺄셈은 0.2밀리초(1밀리초는 1000분의 1초), 곱셈은 3밀리초, 나눗셈과 곱셈은 20밀리초에 풀어낼 수 있었다. 이것은 오늘날과 비교해도 아주 훌륭한 속도이다.

콜로서스의 활약으로 영국은 독일의 텔레타이프 암호를 90퍼센트 가량 해독할 수 있었다. 가장 중요한 것은 노르망디 상륙작전에 즈음하여 독일군의 반격을 속속들이 파악하고 시시각각 대응할 수 있었다는 점이다. 독일군은 자신들의 암호가 밝혀지고 있다는 사실을 알지 못한 채 전쟁이 끝날 때까지 모든 비밀문건을 에니그마와 텔레타이프로 작성했다. 콜로서스가 해독한 그 모든 정보는 고스란히 연합군 손에 들어갔음은 물론이다.

화학적 거세,
그리고 자살…

전쟁이 끝나고 튜링은 1948년까지 국립물리학연구소에서 컴퓨터 개발 프로젝트 팀장으로 일했다. 그는 곧이어 맨체스터대학의 컴퓨터연구소 부소장에 임명되었고 그의 관심은 인공지능에 집중되었다. 1951년 영국왕립학회 회원이 된 것을 정점으로 이후 그의 위상은 급격히 추락한다. 그런 데는 튜링의 돌출적이고 비사교적인 성격도 한몫을 했다.

콜로서스를 개발할 당시 동료 연구원들은 그를 썩 좋아하지 않았다. 멜빵 대신 새빨간 줄을 바지에 묶고 나타나는가 하면, 자전거로 출퇴근하면서 봄만 되면 꽃가루를 조심해야 한다면서 방독면을 쓰고 다니는 등 기행을 일삼았다. 동료들이 그를 결정적으로 싫어하게 만든 한 사건이 있었다.

튜링은 자신이 사용하는 컵을 다른 사람이 쓰는 것을 몹시 싫어해 동료들에게 자기 컵을 쓰지 말아달라고 말했다. 그런데도 자신의 요구가 지켜지지 않자 자신의 머그컵을 남이 사용하지 못하도록 난방기에 자물쇠로 채워놓았다. 튜링의 행동이 지나치다고 생각한 동료들은 튜링의 관심을 다른 데로 돌려놓은 후 컵의 자물쇠를 풀었다. 튜링이 화가 나서 펄펄 뛰는데도 동료들은 심각하게 받아들이지 않았다. 화를 삭이지 못한 튜링은 총을 가져와 동료를 향해 쏘았다. 그 일로 튜링은 도망갔지만 그가 극비 중의 극비를 다루는 인물이라 지명수배도 하지 못하고 그의 사진 한 장도 구할 수가 없자 그 사건은 흐지부지 끝났다. 얼마 후 튜링이 다시 연구소로 돌아왔을 때 동료들은 더 이상 그를 놀리지 않았다.

그런데 튜링에게는 또 한가지 평범하지 않은 면이 있었다. 그가 동성애자라는 점이다. 청소년기에 셔본 스쿨에서 만나 함께 수학 문제를 풀던 크리스토퍼 모컴의 안타까운 죽음 때문에 그런 성향이 더 생겼을지도 모르겠다.

1952년 1월 튜링은 아널드 머레이라는 젊은 남자와 동성애 관계를 맺었지만 곧 시들해졌다. 그런데 튜링의 집에 도둑이 들자 그는 머레이를 의심하며 추궁했다. 머레이로부터 그의 친구가 튜링의 집을 털자고 제의했다는 자백을 받고 튜링은 경찰에 도난 사실을 신고했다.

그런데 경찰 조사 과정에서 튜링이 동성애자임이 드러났다. 당시 영국에서는 동성애는 2년 이하의 징역에 해당하는 범죄 행위였고 경찰은 튜링과 머레이를 심각한 외설죄로 고발했다. 전쟁 영웅이었던 과학자가 19세 소년과 불법적인 성관계를 맺었다는 기사가 신문을 장식했고 소문은 점차 확산되어갔다. 법정에 선 튜링은 자신은 왜

동성애가 죄가 되는지 모르겠다고 순진한 변호를 하다가 유죄 판결을 받았다.

법원은 금고형을 받든지 아니면 호르몬 요법 즉 화학적 거세를 받든지 둘 중 하나를 선택할 것을 명령했고 그는 후자를 택했다. 당시 동성애란 남성이 남성답지 못하고 여성은 여성답지 못해 생긴 질병으로 성호르몬을 사용하면 치유될 수 있다고 믿었다. 그러나 당시의 호르몬 요법은 부작용이 심각했다.

화학적 거세란 화학약물을 투입해 성충동을 억제하는 치료법이다. 대개 시상하부에서 뇌하수체를 거쳐 테스토스테론으로 이어지는 연결고리를 끊거나 성선자극호르몬을 투입해 테스토스테론을 일시적으로 과도하게 분비하도록 해서 이에 놀란 뇌하수체가 테스토스테론의 분비를 막는 방법을 사용한다. 튜링의 경우는 여성호르몬을 투입해 남성호르몬 분비를 억제하는 방법을 사용했다.

호르몬 요법의 부작용으로 안면홍조, 골다공증을 겪을 수 있으며, 지속적인 여성호르몬의 투입은 가슴을 나오게 하고 목소리가 가늘어지는 등의 신체적 변화를 일으켰다. 그렇지 않아도 심한 스트레스를 받던 튜링은 발기불능과 가슴이 커지는 등 부작용을 겪게 된 데다 영국 정부의 일급 기밀 전산 프로젝트에서도 배제되자 극도의 절망감에 빠지게 된다.

1954년 어느 날 맨체스터전산연구소 실험실에서 한 남자의 시신이 발견되었다. 마치 화학실험을 하다가 실수로 청산가리를 마신 것처럼 꾸며서 한 장의 유서도 남기지 않은 채였다. 청산가리가 든 사과를 먹고 스스로 목숨을 끊은 남자는 42살의 튜링이었다. 당시 영국 언론에서는 평생 결혼도 하지 않은 튜링에 대해 '위대한 천재의 우울증에 의한 죽음'이라고 짤막하게 보도했다.

'우리가 세상을 보는 방법과 행하는 방법을 바꿔 놓은 사람'이라고 평가되는 튜링의 죽음은 그의 과학적 업적인 컴퓨터 개발과는 전혀 관련이 없는 듯이 보인다. 하지만 당시의 사회가 좀 더 관용적이었더라면 과학의 역사도 달라졌을 수 있다는 생각을 해본다. 과학의 천재인 튜링이 연구를 못하게 된 것도 당시의 인식과 편견 때문이라고 볼 수 있다. 튜링이 다소 앞선 시대에 살았다는 것이 문제이지만 학자들이 아쉬워하는 것은 그가 자살하지 않았다면 컴퓨터의 세계가 현재와 달라졌을지 모른다는 생각 때문이다.

튜링이 자살하게 된 직접적인 요인은 그가 동성애자였기 때문이다. 동성애를 보는 시각이 비교적 관대해진 현대적인 관점에서 보면 그는 당대의 사회가 만든 규범에 의한 희생자여서 그의 죽음이 더욱 안타깝게 느껴지는 것이다.

2013년 12월 24일, 영국 여왕은 1952년 동성애로 유죄판결을 받았던 앨런 튜링을 사면조치했다. 튜링은 이로써 사후 59년만에 범죄자의 굴레를 벗을 수 있게 되었다.

20

노벨상 문턱에서 도둑맞다

로절린드 프랭클린(1920-1958)

영국의 생물물리학자. 런던의 유대인 집안 출생. DNA가 이중나선형 구조를 가진다는 것을 X선 회절 사진을 찍음으로써 DNA의 구조 규명에 결정적으로 기여했다. 그러나 이를 논문으로 발표한 왓슨과 크릭, 그리고 그녀의 상관인 윌킨스가 DNA의 구조를 밝힌 공로로 1962년 노벨 생리의학상을 받았다. X선 노출로 인한 난소암으로 사망했다.

로절린드 프랭클린 Rosailnd Franklin, 1920~1958

DNA 구조 촬영, X선 영향으로 난소암 사망

'부모의 형질이 어떻게 자손에게 전달되는가?'하는 유전의 메커니즘은 오랫동안 사람들을 궁금하게 했다. 사실 우리들은 모두 부모의 어딘가를 닮았다. 쏙 빼다박은 얼굴도 있기에 부모와 별로 닮은 점이 없으면 돌연변이라는 농담도 한다. 오죽하면 김동인의 〈발가락이 닮았다〉라는 소설에서 주인공은 자신과 발가락이 닮았다는 것을 발견하고 자신의 자식이 틀림없다고 만족하기까지 했을까.

과거의 학자들은 부모에게서 자녀에게로 전달되는 혈액이나 체액에 의해서 개인의 유전적 특성이 유전된다고 생각했다. 그래서 혈족(blood relative)이라는 단어도 나왔다. 물론 이렇게 믿게 된 까닭은 당시에는 유전정보를 전달하는 물질의 정체를 몰랐기 때문이다.

이 의문은 1953년 4월, 25살의 케임브리지대학의 왓슨(James Dewey Watson, 1928~)과 37살의 크릭(Francis Harry Compton Crick, 1916~2004)이 128줄의 짧은 논문을 〈네이처〉지에 발표하면서 풀리기 시작한다. 논문의 첫

머리는 다음과 같이 시작한다.

'우리는 DNA의 구조를 제시하고자 한다. 그 구조는 생물학자라면 상당히 관심을 가질 만한 새로운 특징을 보이고 있다. DNA의 두 가닥은 오른쪽 방향을 따라 나선형으로 꼬여 있지만 각 가닥을 구성하는 원자들이 상대편 가닥의 원자들과 상호보완 관계를 이루기 때문에 각 가닥의 원자 배열은 상대편 가닥의 배열과 반대방향이다. 우리가 가정했던 특정한 쌍이 유전물질을 복제하는 메커니즘이라는 것을 알아냈다.'

생명의 비밀이 풀리다

생명의 기본 단위는 세포이다. 동물이나 식물이나 모든 살아 있는 것들은 세포로 이루어져 있다. 그 세포 속에서 수천 가지의 화학적 반응이 일어나면서 생명이 유지된다. 세포는 대체로 원형 또는 타원형인데 광학 현미경으로 천 배 정도 확대하면 그 구조를 볼 수 있다. 세포의 중심부에는 세포 크기의 몇 분의 1 정도 되는 진한 덩어리가 있는데 이것을 세포핵이라고 부른다.

1869년 스위스의 생리학자 프리드리히 미셰르(Johann Friedrich Miescher)는 수술 부위의 부패한 고름에서 얻은 백혈세포의 단백질을 펩신으로 분해하던 중 펩신이 세포핵을 분해하지 못한다는 것을 발견했다. 핵은 약간 작아지기는 했지만 완전한 형태로 남아 있었던 것이다. 세포들은 끈적거렸는데 미셰르는 인(P)을 함유한 이 점액질이 세포핵을 둘러싼 세포질이 아니라 세포핵 내에 존재하는 것임을 발견했다. 미셰르는 이를 뉴클레인(nuclein, 오늘날의 DNA)이라 불렀고 산성과 염기성 복합체임을 밝혔다. 20년 뒤 뉴클레인 중에서 강산성을 띠는 것은 핵산으로, 염기성 단백질은 프로타민으로 이름이 바뀐다.

독일의 생화학자 코셀(Albrecht Kossel, 1853~1927)은 핵산 분자를 분해하여 일련의 질소 함유 혼합물을 얻었다. 그곳에는 4가지 혼합물이 있었는데 각각 아데닌(A), 구아닌(G), 시토신(C), 티민(T)이라고 이름 붙였다. 또한 두 개의 고리를 갖고 있는 아데닌과 구아닌을 퓨린, 한 개의 고리를 갖고 있는 시토신과 티민을 피리미딘이라 불렀다. 따라서 아데닌, 구아닌은 퓨린 계열이고 시토신과 티민은 피리미딘 계열이 된다. 이 연구로 코셀은 1910년 노벨 생리의학상을 받았다.

코셀은 진실을 존중하는 과학자였다. 제1차 세계대전 중 그는 독일의 관리들로부터 국민들에게 배급되는 식량의 양이 과학적으로 판단해 충분하다고 설득해 달라는 부탁을 받았다. 그러나 그는 "거짓을 진실이라고 말할 수 없다"며 한 마디로 거절했다. 코셀의 용기있는 거절은 국가의 명령이라는 핑계로 진리의 왜곡을 서슴지 않는 과학자들이나 정치가들에게 좋은 모범으로 자주 인용되는 사례이다.

코셀의 제자 레빈(Phoebus Aaron Theodor Levene, 1869~1940)은 1905년 핵산에는 수산기가 있는 디옥시리보스와 수소원자가 붙어 있는 리보스의 두 종류가 있음을 밝혀냈고 각각 DNA와 RNA라고 이름 붙였다. 또한 그는 핵산이 퓨린이나 피리미딘 염기 중 하나, 리보스나 디옥시리보스 하나, 그리고 인산 하나를 포함하는 작은 조각으로 분리될 수 있다는 것도 밝혀냈다. 이 조합을 '뉴클레오티드'라 하며 단백질이 아미노산으로 구성된 것처럼 DNA 분자는 뉴클레오티드가 연속적으로 결합된 고분자화합물이다.

DNA는 유전물질

과학자들은 두 가지 연구 주제를 갖게 되었다. 첫 번째는 세포에서 이루어지는 에너지와 물질대사를 파악하여 유전의 메커니즘을 밝혀내는 것이고, 두 번째는 유전자의 화학적 본질을 파악하는 것이었다.

영국의 생화학자 토드(Alexander Robertus Todd, 1907~1997)는 간단한 물질로부터 여러 종류의 뉴클레오티드를 합성하는 개가를 올렸다. 곧이어 뉴클레오티드의 합성을 거쳐 뉴클레오티드에 대한 인산화에도 성공했고 마지막으로 인산염이나 다인산염의 잔류물과 뉴클레오티드와의 중합도 성공했다. 그는 이 연구로 1957년 노벨 화학상을 받았다.

1920년대 영국의 세균학자 프레드 그리피스(Fred Griffith, 1877~1941)는 폐렴의 원인이 되는 병원성 폐렴쌍구균과 비병원성 폐렴쌍구균을 발견했다. 그는 두 세균을 각각 R형과 S형으로 구분했는데 그 중에서 S형만이 폐렴을 일으킨다는 사실을 밝혀냈다. 그런데 매우 이상한 사실을 발견했다. 죽은 S형 세균과 살아 있는 R형 세균을 한꺼번에 쥐에게 투입했더니 쥐가 폐렴에 걸린 것이다. 그는 인체에 무해한 R형 세균이 죽은 S형 세균으로부터 무언가 희한한 물질을 넘겨받아 갑자기 공격형 세균으로 돌변했다고 추정했다.

캐나다 출신 미국 세균학자인 오스왈드 에이버리(Oswald Theodor Avery, 1877~1955)는 1944년경 그리피스의 연구에 주목했다. 그는 병원성 세균의 형질이 전이되는 과정을 연구하고 있었는데 당시 학자들은 낯선 단백질이 흘러들어 온 것으로 믿었다. 당시에도 핵산의 존재는 알려져 있었지만 단백질에 부수적으로 딸린 중요하지 않은 물질로 여겼다. 에이버리는 핵산, 즉 DNA가 죽은 폐렴균에서 무해한 다른 세균으로 전이되었다는 것을 밝혔다. 즉 단백질이 유전자가 아니고 DNA가 유전물질이라는 사실을 확실하게 증명한 것이다. 에이버리는 〈바이러스의 증식 기구와 유전학적 구조에 관한 연구〉로 1969년 노벨 생리의학상을 받았다.

DNA가 유전물질이라는 것이 받아들여진 것은 허시(Alfred Day Hershey, 1908~1997) 등에 의해서이다. 허시는 바이러스를 이용한 실험을 통해 인(P)을 포함한 DNA만이 세포 내로 침입해서 바이러스 증식에 참여한다는 것을 확인했다. 이 사실은 핵산인 DNA가 유전물질임을 입증한 것으로 과학사에서 매우 중요한 발견이었다.

이처럼 핵산인 DNA가 유전물질이라는 연구 결과가 속속 나오고 있었음에도 과학자들은 여전히 DNA처럼 단순한 물질이 어떻게 복잡한 유전형질을 전할 수 있겠느냐며 반신반의했다. 이 문제를 말끔하게 풀어준 사람이 어윈 샤가프(Erwin Chargaff, 1905~2002)이다. 그는 다음과 같이 생각했다.

'생물은 그 종에 따라 각기 독특한 형질을 갖고 있다. 만약 그 형질의 차이가 DNA의 차이에 좌우된다면 DNA 사이에도 화학적으로 증명할 수 있는 차이가 있어야 한다.'

그는 같은 종류의 생물, 예를 들어 소는 어떤 조직을 채취해도 DNA 속의 아데닌, 구아닌, 티민, 시토신의 분자수 비율이 일정하다는 것을 예로 들었다. 그의 발견은 이후 DNA의 구조 연구에 매우 중요한 의미를 갖는다. DNA를 통한 유전현상을 분자 차원에서 고찰할 수 있는 기반이 구축되었기 때문이다. 유전자에 대한 연구를 보면 일관성이 있고 조직적인 연구가 있어야 과학이 발전한다는 것을 알 수 있다. 학자들의 부단한 노력에 의해 유전자 분야에서 몇 가지 중요한 결론을 내릴 수 있었다.

첫째, 핵산은 미생물, 식물, 동물의 어느 세포에도 들어 있다.

둘째, 핵산은 DNA와 RNA로 되어 있으며

셋째, DNA는 주로 핵 부분에, RNA는 주로 세포질 부분에 한정되어 있다.

마지막으로 박테리아의 경우에는 핵과 세포질이 뚜렷이 구별되지 않지만 DNA와 RNA는 반드시 들어 있다는 것이다.

학자들은 핵산의 일반적인 구조가 단백질과 유사하다는 놀라운 사실을 발견했고, 핵산에 유전물질이 존재한다는 것을 알게 되었다. 이제 학자들은 핵산의 위치를 정확히 파악하고자 했다. 다행히도 이미 개발된 세포 염색 기술을 이용해 DNA가 핵 속에 있고 특히 염색체에 위치하고 있음을 알아냈다. 이것은 동물세포뿐만 아니라 식물세포에서도 동일했다. 말하자면 핵산은 모든 살아 있는 세포에 존재하는 '보편적인 물질'이라는 뜻이며 RNA와 DNA 중에서 DNA가 유전 정보를 갖고 있다는 것이 확인되었다. 그후 DNA 일부는 미토콘드리아 또는 엽록체 등 세포질 성분에도 들어 있으며 핵소체(nucleolus) 속에도 RNA가 들어 있다는 것이 발견되었다.

이제 과학자들은 DNA가 유전 물질로 확인되자 '생명이란 무엇인가?', '우리는 어디에서 왔는가?'라는 질문에 초점을 맞추기 시작했다. DNA가 유전 물질인 것이 확인된 이상 이를 규명하면 인간의 근원을 찾을 수 있다는 기대 하에 전 세계의 학자들은 본격적인 유전자 사냥에 나선다.

DNA는 이중나선 구조 핵산 구조를 밝히는 데 도전장을 던진 사람은 1954년에 이미 노벨 화학상을 수상한 경력이 있는 라이너스 폴링(Linus pauling, 1901~1994)이었다. 그는 우선 자신에게 노벨상을 안겨준 X선 회절 연구를 참조하여 분자의 축소 모형을 만들려고 시도했다. 그러나 커다란 분자는 여러 번의 연결로 다양한 대칭을 이룰 것이라는 기존 학자들의 일반적인 관념에 문제가 있음을 발견했다. 폴링은 나선형이 '당량(當量)이지만 비대칭인 두 물체의 일반적 관계'를 나타낸다는 것을 깨달았다.

단 하나의 세포 속에 들어 있는 DNA를 풀어서 직선으로 펼치면 그 길이가 무려 2.4미터에 이른다. 특히 살아 있는 모든 세포의 생식에서 중요한 역할을 담당하는 어떤 단백질 물질이 나선형 가닥처럼 생겼음을 볼 때 DNA 구조는 나선형이 틀림없다고 추측했다. 그의 예측은 정확했지만 그에게 노벨상이라는 두 번째의 과실은 돌아오지 않았다. 그가 DNA는 3중나선형을 취한다고 발표했기 때문이다. 그의 모형은 이중나선형이라는 정답에서 약간 벗어난 것이다.

케임브리지대학의 왓슨(James Dewey Watson)과 크릭(Francis Harry Compton Crick)은 DNA가 3중나선형 구조일 것이라고 주장한 폴링의 견해를 검토하고 있었지만 확신을 할 수 없었다. 이때 영국의 윌킨스(Maurice Huge Frederick Wilkins)는 핵산 분자가 규칙성을 갖고 있으며 그것은 **뉴클레오티드**와 뉴클레오티드 간의 거리보다 훨씬 더 큰 간격으로 반복된다고 발표했다. 그 역시 핵산 분자가 어떤 특정한 반복으로 나타나는 나선 형태를 갖고 있다고 했다.

뉴클레오티드(nucleotide)
염기, 당, 인산의 세 가지 요소로 구성된 화학적 단량체로서, DNA 사슬의 기본 구성 단위

이 사실에 흥미를 느낀 왓슨과 크릭은 윌킨스를 찾아갔다. 윌킨스는 별생각 없이 자신의 연구소의 로절린드 프랭클린이 찍은 한 장의 사진을 보여주었다. 그것은 DNA 분자를 세로로 찍은 사진으로, 꼬여 있는 두 갈래의 DNA 줄기와 그 중심을 수직으로 싸고 있는 염기의 그림자를 보여주고 있었다. 그 지름은 20Å(옹스트롬), 염기와 염기의 간격은 3.4Å 정도였다. 이 사진이야말로 왓슨과 크릭이 그토록 찾고자 한 것이었다!

옹스트롬
빛의 파장, 원자 사이의 거리를 재는 데 사용하는 길이의 단위. 기호는 A 혹은 Å이다. 1Å=10^{-8}cm

왓슨은 당시의 순간을 다음과 같이 회고했다.

"그 사진을 본 순간 입이 쩍 벌어지고 맥박이 마구 뛰기 시작했다. 그 패턴은 전에 찍었던 것들보다 더 단순했다. 더구나 사진에 뚜렷이 드러난 검은 X 모양은 나선형 구조에서만 나올 수 있는 것이었다."

크릭과 왓슨은 프랭클린의 사진을 토대로 나선형 계단과 같은 모형에 당-인산의 두 뼈대는 분자의 바깥쪽에서 서로 꼬여 있고, 그 속에 수소 결합으로 연결된 염기쌍이 들어 있는 이중나선의 구조 모형을 발표했다. 간단히 말해 폴링이 2개월 전에 이미 발표한 3중나선 구조를 이중나선 구조로 바꾼 것이다.

이것이 바로 제2차 세계대전 이후 과학 분야 중에서 가장 중요한 발견이라고 일컬어지는 이중나선 구조의 발견이다. 그들의 발견은 생물학 전반에 혁명을 가져왔다. 유전 연구 부분을 완전히 뒤바꾸었으며 의학에서도 광범위한 발전을 일으키게 했다.

왓슨과 크릭이 제시한 DNA 모형은 다음과 같다.

첫째, DNA는 이중나선 형태를 갖고 있다.

둘째, DNA 분자는 두 줄기로 당과 인산기를 골격으로 해서 만들어진다. DNA를 이루는 기본단위, 즉 당, 염기, 인산으로 이루어진 구조를 뉴클레오티드라고 부르므로 결국 DNA 분자는 뉴클레오티드가 연속적으로 결합된 고분자화합물로 볼 수 있다. 각각의 뉴클레오티드는 매우 강한 공유결합으로 결합되어 있어 특정한 효소의 작용이 없으면 끊어지지 않는다.

셋째, 두 줄기의 DNA의 염기들은 반드시 아데닌(A)은 티민(T)과, 시토신(C)은 구아닌(G)과 짝을 짓고 수소결합을 한다.

DNA의 결합은 특별한 규칙에 의해 이루어진다. 즉 아데닌(A)은 티민(T)과 결합하고 시토신(C)은 구아닌(G)과 결합하며, 결코 다른 경우의 결합은 생기지 않는다. 상대편 DNA 골격에 매달린 염기의 순서는 반대쪽 염기 순서의 음화(negative print)와 같은 관계이다.

나선 구조를 지퍼로 생각하면 이해하기가 쉽다. 염기는 지퍼의 이빨에 해당하고 당의 사슬은 이빨을 붙인 헝겊에 해당한다. 이 두 가닥이 서로 상호보완적이며 수소로 연결되어 있는데 두 가닥이 풀렸다가 각 염기의 수소 결합에 의한 친화력으로 원래 구조와 재결합하기도 한다. 이것은 DNA가 자기복제에 안성맞춤의 구조를 가지고 있다는 뜻으로 이중나선에서 풀려진 한쪽 염기의 배열법

이중나선

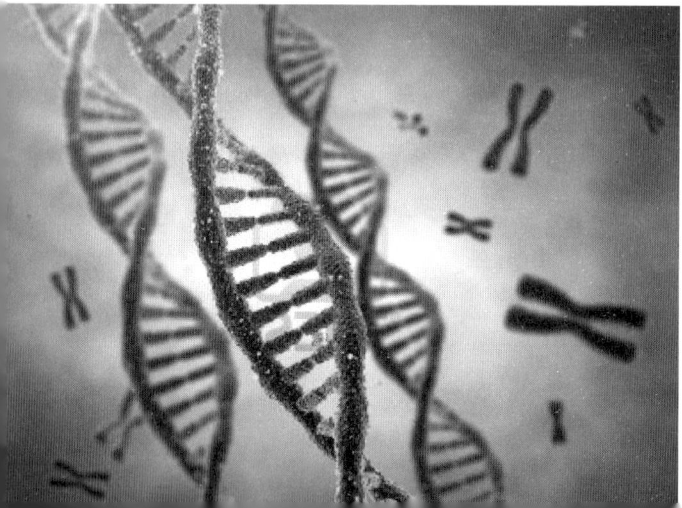

이 결정되면 자동적으로 다른 쪽 염기의 배열법이 정해지는 것이다. 따라서 나선구조가 풀리면서 각각의 기둥에 새로운 뉴클레오티드가 차례로 붙어 새로운 DNA를 만들면서 새로 생겨난 DNA는 원래 DNA를 정확하게 복제하게 되는 것이다.

마지막으로 모든 생물체에서 분리되는 DNA의 구조는 X선 회절 및 화학적 구성으로 보아 서로 비슷하며 생물체 전반에 걸쳐 보편적인 유전물질임이 확실하다는 것이다. 같은 종의 개체들 사이에 있는 차이점과 다른 생물들의 개체 간의 차이도 모두 DNA분자 안에 연결된 4개의 염기 총 수와 다양한 조합에 의해 결정된다.

남자 형제와 똑같이 자란 프랭클린

DNA 구조의 해명은 20세기 생물학에서 가장 중요한 업적으로 꼽힌다. DNA가 이중나선형 구조를 가진다는 사실이 밝혀짐으로써 DNA가 어떤 방식을 통해 복제되고 후손에게 전달되는지 파악할 수 있게 되었다. 왓슨과 크릭, 그리고 윌킨스는 DNA의 구조를 밝힌 공로로 1962년 노벨 생리의학상을 받았다. 하지만 학자들이 가장 아쉽게 생각하는 것은 정작 노벨상을 받아야 할 당사자 두 명이 빠져 있다는 사실이다. 한 명은 DNA의 염기조성을 분석한 샤가프이고, 다른 한 명은 로절린드 프랭클린(Rosailnd Franklin)이다.

프랭클린은 1920년 영국 런던의 유복한 유대인 집안에서 태어났다. 노동자대학(Working Men's College)의 교사였던 아버지는 평등과 봉사를 신념으로 삼아 프랭클린을 남자 형제들과 똑같이 대했고, 심지어 그녀에게 남자아이들의 장난감을 주어 놀게끔 했다.

로절린드 프랭클린은 DNA의 이중나선 구조를 발견해놓고도 그 영광을 놓쳐버렸다.

런던 시내에 있는 세인트폴 여학교(St Paul's Girls' School) 시절 프랭클린은 특히 물리와 화학을 좋아했다. 세인트폴 여학교는 과학을 집중적으로 가르쳤는데 그곳의 과학 수업은 웬만한 대학 수준이었다고 한다. 1938년에 프랭클린은 케임브리지 대학교의 거튼 칼리지(Curtin College)에 입학했다. 뉴턴이 다녔던 트리니티 칼리지가 수학과 과학으로 유명했지만 여학생을 받지 않았으므로 남녀공학인 거튼 칼리지를 택한 것이다. 당시 프랭클린의 주임교수인 노리시(Ronald Norrish)는 프랭클린에 대해 '실력은 있지만 완고하고 고집이 세서 가르치기 힘든 학생'이라고 평가했다. 여느 여학생들과 달리 그녀는 자기 주장이 분명하고 열성적으로 공부했기 때문에 유별나게 보였던 것이다.

대학교를 우수한 성적으로 졸업한 프랭클린은 1942년 남녀 구별 없이 최신 연구에 밝은 젊은이들을 연구원으로 뽑았던 영국 석탄활용연구협회(British Coal Utilisation Research Association)에서 직장을 잡았다. 그때 그녀의 나이 22살이었다. 그곳에서 프랭클린은 자신이 사용할 장치를 직접 만들어 석탄을 연구하는 새로운 실험 방법을 고안해냈다. 그녀는 석탄 결정의 구조를 해명하는 연구로 1945년 박사학위를 받았다.

1947년 프랭클린은 프랑스 파리의 국립중앙화학연구소로 자리를 옮겨 3년 동안 근무했다. 그곳에서 메링(Jacques Mering) 박사의 도움으로 X선 회절을 통한 결정학의 전문가로 성장했고 1951년에 영국으로 돌아와 런던대학교의 킹스 칼리지(King's College)에 자리를 잡았다. 그녀가 킹스 칼리지로 옮긴 것은 랜달 경(Sir John Randall)이 의학에 X선 결정학 연구가 필요하다며, X선 결정학 연구에 필요한 기구들을 설치하고 조정하는 일을 도와달라고 부탁했기 때문이다.

프랭클린은 그 제안을 받아들여 3년 동안 일하기로 했지만, 불과 8개월 만에 주어진 임무를 완벽하게 끝냈다. 덕분에 3년 계약기간 중 남은 2년 4개월을 자유롭게 연구할 수 있어서 그녀가 킹스 칼리지의 윌킨스 교수와 함께 DNA의 X선 사진을 찍는 실험을 시작할 수 있었던 것이다. 그런데 윌킨스는 여성인 프랭클린을 동료로 인식한 것이 아니라 조수로 간주했다는 것이 불씨였다.

모든 종류의 파동은 회절이라는 독특한 특징을 나타낸다. 회절이란 파동이 장애물 근처를 지날 때 뒤로 돌아가는 현상을 말한다. 파장이 긴 파동은 파장이 짧은 파동보다 더 큰 각도로 회절한다. 회절과 굴절은 다른 개념이다. 회절은 '빛이 직선으로 이동한다'는 규칙과는 반대로 직선 전달 너머로 빛의 확산과 관련된다. 전파가 지구 곳곳을 이동하는 가장 큰 이유는 전리층 때문이지만 어느 정도는 회절 때문이기도 하다. 그러므로 회절 효과의 관찰로 인해 빛의 파동이 입증될 수 있었다. 폰 라우에는 황화아연 결정을 X선으로 실험한 후 다음과 같이 설명했다.

"짧은 파장 때문에 이 파동은 시각적으로 원자 사이의 거리를 드러낼 수 있지만 빛처럼 더 긴 파장의 복사는 빠져나간다. 이 실험은 X선의 파동 속성에 대한 최초의 결정적 증거를 제시했다."

다소 어려운 이야기이지만 X선은 연구에 사용할 수 있는 충분히 짧은 파장을 갖고 있다. 파장이 알려지면 회절 패턴은 결정 원소의 구조와 간격이 드러나며, 간격이 알려지면 파장을 측정할 수 있다는 설명이다. 아들 윌리엄 로렌스 브래그(William Lawrence Bragg, 1890~1971)와 함께 1915년 노벨물리학상을 공동으로 수상하는 윌리엄 헨리 브래그(William Henry Bragg, 1862~1942)는 X선의 중요성을 다음과 같이 설명했다.

"현미경은 특정 거리까지만 갈 수 있다. 원자가 여러 물체에 독특한 성질을 주도록 작용하는 법을 이해한다면 도달해야 할 지점에 훨씬 못 미친다. 이는 금속 속 개별적인 결정의 존재를 증명하지만 결정 속 원자의 배열은 증명하지 못한다. X선은 새로운 희망이 있다."

그러므로 오랫동안 과학자들은 유전이 어떻게 일어나는지 알아내는 관건으로 X선 회절 사진을 주목했다. DNA의 X선 사진을 찍고 그 사진을 보면 DNA가 어떤 모양인지 알아낼 수 있을지 모른다는 생각이다. 그런데 투명한 실 같은 DNA는 아주 가늘고 잘 부서지기 때문에 X선 사진을 선명하게 찍기가 쉽지 않았다. 프랑스에서 X선 결정학의 전문가로 일했던 프랭클린은 자신이 이 문제를 해결할 수 있다고 생각했다. 선명한 X선 사진을 찍을 수 있는 다양한 방법을 고안했고, 덕분에 점점 더 좋은 사진을 얻을 수 있었다.

이 점에 관한 한 프랭클린은 윌킨스에게 고마움을 표시해야 한다. 프랭클린이 최고의 DNA 시료를 입수할 수 있었던 것은 스위스의 어느 학자가 송아지의 흉선(가슴샘)에서 추출한 DNA 샘플을 윌킨스에게 주었고, 그것을 연구소 소장 존 랜들이 프랭클린에게 전해 준 것이다.

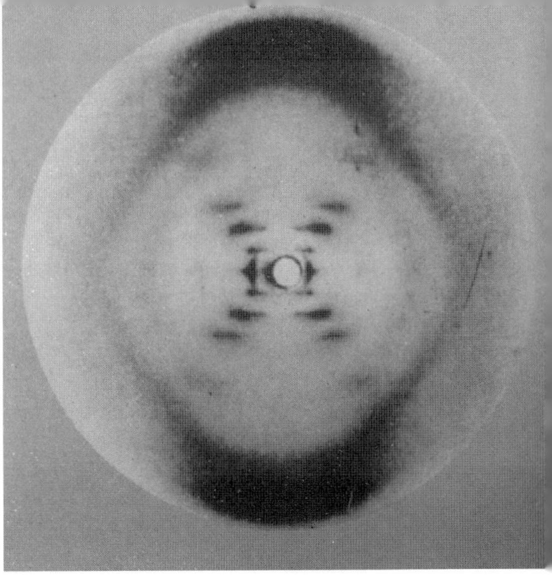

프랭클린의 회절 사진. 회절은 파동이 장애물 근처를 지날 때 뒤로 돌아가는 현상이다.

프랭클린의 연구는 차질없이 진행되고 있었지만 킹스 칼리지의 분위기는 그녀에게 썩 어울리는 곳은 아니었다. 킹스 칼리지는 영국 국교회의 전통을 따라 여성에 대한 차별이 심한 곳이어서 남자 교수들은 프랭클린을 동료 과학자로 대우하지 않았다. 심지어 여자들은 교직원 식당에 들어갈 수 없고 학생들과 함께 식사하도록 되어 있었다.

프랭클린은 혼자 연구하는 타입이었고, 자신의 연구가 완전하다는 확신이 들 때까지 그 결과를 발표하기를 꺼렸다. 이러한 성향은 윌킨스의 연구실 운영 방식과 맞지 않아 사사건건 부딪쳤지만 어쨌든 프랭클린의 연구는 성과를 보기 시작했다. 프랭클린은 미세한 DNA 가닥을 묶고 이것을 X선으로 촬영하는 방법을 통해 DNA가 두 가지 형태가 있다는 것을 발견했다. 즉 DNA 분자는 쉽게 물과 결합되거나 건조된다는 것이다.

살아 있는 세포는 대부분 물로 이루어져 있으며 DNA는 늘 물과 상호작용을 해야 한다. 그러므로 그녀는 DNA 표본이 말라버리면 구조가 변한다고 생각했다. 그런데 마른 표본이 사진 찍기가 수월했다. 그녀는 이것을 A형이라고 했다. 반면에 B형인 젖은 표본은 선명하게 나타나지 않고 교차되는 선만 보여주었다. 특히 X선은 인산기가

DNA 분자의 중심부에 위치하고 있다는 점을 보여주었다. 당시 프랭클린은 알지 못하고 있었지만 교차된 선이야말로 DNA가 나선형 구조로 되어 있음을 보여주는 표시였다.

X선 사진의 각도에 따라 나선형이 나타나기도 하고 나타나지 않기도 했다. 긴 축을 위에서 내려다보면서 X선 촬영을 했을 때는 통이나 관 모양으로 나타났고 회절무늬로 보아서는 그것이 실제로 나선형인지 알 수 없었다. 그런데 옆에서 촬영했을 때는 DNA 분자가 지그재그 형태나 십자형 무늬로 나타났다. 이것은 나선 구조의 특성이다. 1952년 5월, 프랭클린은 DNA의 B형에 대한 선명한 사진을 찍는데 성공했다. 사진은 DNA가 나선 구조로 되어 있음을 명확하게 보여주었다.

노벨상 수상의 파문

당시 DNA를 연구하는 학자들 간에는 DNA의 구조가 일종의 나선 형태라는 생각이 우세해지고 있었다. 이미 노벨상을 수상한 폴링이 가장 앞서 모형을 만들고 있었는데 3중나선으로 생각하고 있었다. 크릭과 왓슨도 DNA가 3중나선이라는 생각하에 모형을 만들고 있었다.

왓슨과 크릭은 1951년 런던의 한 회의에서 프랭클린이 X선 사진을 발표하며 DNA 가닥의 기본적인 크기와 형태에 대해 발표하는 것을 들었다. 이때 크릭과 왓슨은 3중나선을 기초로 해서 만든 모형을 프랭클린에게 보여주었다. 프랭클린은 곧바로 DNA가 나선구조일리 없다며 모형의 문제점들을 지적했다. 왓슨과 크릭도 자신의 모형에 결점이 많다고 생각하던 참이어서 프랭클린에게 공동연구를 제안했지만 거절당했다. 프랭클린이 독자적인 연구로 DNA 구조를 풀 수 있었다고 확신했을 수도 있고, 어느 정도 시간이 지나면 프랭클린도 DNA 구조가 나선이라는 것을 인식하게 될 것은 자명한 사실이다. 그런 상황에서 윌킨스가 별생각 없이 왓슨과 크릭에게 프랭클린의 사진을 보여준 것이다.

그런데 사진을 보자마자 왓슨과 크릭은 DNA가 실 두 가닥이 꽈배기처럼 꼬인 형태라는 점을 확신했다. 프랭클린이 간과한 것을 두 사람은 즉각적으로 간파한 것이다. 이를 토대로 두 사람은 곧바로 이중나선에 대한 얼개를 작성한 후 1953년 4월 이중나선 구조에 대한 논문을 〈네이처〉에 게재했고 이 논문으로 1962년 노벨상을 수상했다.

왓슨과 크릭이 이중나선 DNA 구조를 발표한 〈네이처〉 지에는 유명한 논문 3편이 동시에 게재되었다. 첫째는 왓슨과 크릭의 논문이고 둘째는 윌킨스 등의 논문이며 셋째는 프랭클린과 대학원생 고슬링의 논문이다. 모두 유전자에 관한 내용을 다룬 것인데 왓슨과 크릭은 그들의 논문에 프랭클린을 인용하지도 않았고 그녀에게 감사의 말을 쓰지도 않았다.

처음에 프랭클린은 왓슨과 크릭의 논문을 반겼다. 자신의 결과와 일치하기 때문인데 그들의 이중나선 모형이 자신의 실험결과에 기초했다는 사실은 전혀 알지 못한 채였다.

그런데 프랭클린의 주임교수인 윌킨스가 그녀의 허락도 받지 않고 왓슨과 크릭에게 DNA 분자의 X선 회절 사진을 무단으로 공개했다는 것이 알려지자 학계에 큰 파장이 일어났다. 단순한 사진 공개가 아니라 당사자들에게는 노벨상을 받느냐 못 받느냐를 결정하는 매우 중요한 문제였다. 노벨상은 같은 연구에 3명까지만 수여하는데 이 경우 노벨상 수상 후보자가 5명이나 되기 때문이다. 5명 중 두 명은 반드시 탈락해야 하는데 많은 학자들은 첫번째 수상 대상자는 샤가프가 되어야 하며 나머지 4명 중에서 2명이 탈락해야 한다고 생각했다. 좀 더 구체적으로 말하면 샤가프가 포함되고 왓슨과 크릭, 윌킨스, 프랭클린 중 2명이 선정되어야 한다는 것이다.

샤가프가 탈락하고 엉뚱한 윌킨스가 포함된 것에 대해 많은 학자들이 노벨상위원회에 곱지 않은 시선을 보냈다. 그것은 윌킨스가 DNA를 연구하기는 했지만 그의 결정적인 공적은 프랭클린의 사진을 왓슨과 클릭에게 보여준 것뿐이라고 생각하기 때문이다. 샤가프는 DNA의 가수분해물을 크로마토그래피법으로 핵산을 이루는 4가지 염기에 대해 정량분석을 실시하고 DNA 구조를 밝히는 데 결정적인 역할을 하는 **샤가프의 법칙**을 발표했다. 샤가프는 화학적인 연구방법으로 핵산에 대한 연구를 진행하여 DNA 구조의 바탕이 되는 대부분의 이론과 실험결과들을 정립해 놓고도 골인 지점 눈앞에서 그만 넘어지고 만 셈이다.

샤가프의 법칙(Chargaff's rule)
DNA를 구성하고 있는 염기인 퓨린과 피리미딘 사이의 양적인 관계가 어떠한 규칙성을 나타낸다는 이론. 퓨린과 피리미딘의 양은 서로 같다는 것을 의미함.

세계의 전문가들을 놀라게 한 이례적인 수상자 선정에 대한 진상은 알려진 바가 없다. 다만 샤가프의 탈락에 대한 그럴듯한 변명은 그가 미국 컬럼비아대학에서 혼자 고군분투하고 있었음에 반해 왓슨과 크릭은 윌킨스와 밀접한 교류를 가지면서 서로 왕래했기 때문에 세 사람이 보다 더 심사위원들에게 알려졌을 뿐이라는 것이다. 시카고 DNA국제회의 개회사를 담당했던 귄터 스텐트(Gunter Stent) 박사는 다음같이 말했다.

"르네상스가 시작된 지 500년이 지난 1953년에 생물학계에서는 이와 유사한 혁명이 왓슨과 크릭의 연구발표에 의해 시작됐다. 왓슨과 크릭의 발견에 있어서 위대한 점은 그 연구의 완벽성과 최종성에 있다."

왓슨과 크릭이 염기가 쌍을 이룬다는 샤가프의 예측과 윌킨스와 프랭클린 등의 X선으로부터 얻어진 구조의 결과를 이용해 정확한 DNA 모델을 제시했기 때문에 샤가프가 노벨상을 받지 못한 것이라는 설명도 된다.

여하튼 노벨상 수상자 대열에서 탈락한 샤가프는 처음엔 매우 낙담했다. 그러나 노벨상을 수상하지 못했다고 해서 인생이 끝난 것은 아니다. 샤가프는 그후 자신의 휘하에 모여드는 숱한 연구자를 거느리고 DNA 염기배열의 연구를 추진했다. 또한 그가 노벨상을 받지 못한 것에 대한 동정과 여론의 비판으로 그는 수많은 국제적 과학상을 수상했다.

윌킨스가 왓슨과 크릭에게 무단으로 사진을 제공한 사건은 싱겁게 끝이 났다. 윌킨스 자신이 프랭클린의 허락을 받지 않고 두 사람에게 공개한 것은 실수라고 자인한 데다가 그녀는 1958년에 사망했으므로 나머지 세 사람이 1962년 노벨상을 수상하는데 하등 문제가 되지 않았다. 노벨상은 사망한 사람에게는 수여하지 않는다. 이런 까닭으로 로절린드 프랭클린은 'DNA의 다크 레이디'로 불린다.

역사에 만약이라는 단어는 큰 의미가 없겠지만 왓슨과 크릭이 노벨상을 수상할 때까지 그녀가 살아 있었다면 그녀에게 노벨상이 돌아갔겠느냐, 하는 질문이 여러 차례 제기된 것도 사실이다. 왓슨과 크릭의 연구는 원천적으로 프랭클린의 업적을 기본으로 하기 때문이다. 특히 왓슨, 크릭과 함께 그녀의 주임교수인 윌킨스가 노벨상을 받은 사실로 인해 더욱 비화되었는데 학자들은 그녀가 살았더라도 수상하지 못했을 것에 손을 들어주었다.

프랭클린에게는 결정적인 약점이 있었는데 자신이 찍은 중요한 사진에 큰 의미를 두지 않았다는 점이다. 프랭클린도 왓슨과 크릭이 이중나선 DNA 구조를 발표한 〈네이처〉 지에 논문을 제출했지만 그녀는 중요한 사진이 확보되었음에도 DNA 사진에 대해 언급조차 하지 않았다. 프랭클린이 DNA의 구조를 해명할 수 있는 문턱에 도달했는데도 포괄적이고 엄밀한 실험만을 고집한 나머지 그 문턱을 넘지 못했다고 설명된다. 이를 뒤집어 말하면 당시 프랭클린이 나선이 DNA 구조의 핵심이라는 생각을 받아들이지 않은 것은 자신이 찍은 사진의 참뜻을 이해하지 못했기 때문인 듯하다. 다시 말해 프랭클린이 자신이 찍은 사진의 의미를 정확하게 알지 못해서 〈네이처〉 지에 그 내용을 삽입하지 않았는데, 학자들은 당시의 논문에 이 내용을 단 한 마디만 적었어도 그녀에 대한 평가가 완전히 달라졌을 것이라고 말한다.

게다가 프랭클린은 1953년 3월 킹스 칼리지와의 계약이 만료되자 버크벡 칼리지(Birkbeck College)로 자리를 옮겼다. 이때는 왓슨과 크릭의 논문이 제출되기 전으로, 프랭클린은 자신의 사진으로 크릭과 왓슨이 부지런히 이중나선에 대한 이론을 정리하고 있는 것을 모르는 상태에서 킹스 칼리지에서 해임되자 DNA에 미련을 버리고 버크벡 칼리지에서 담배 모자이크 바이러스(Tobacco Mosaic Virus, TMV)로 연구 주제를 바꾼 것이다. 그녀는 생명과 관련된 물질 구조에 관심을 가졌을 뿐, 꼭 DNA가 중요하지는 않다고 생각한 것이다.

프랭클린은 이후 5년 동안 17편이나 되는 논문을 출간했고, 세계 최초로 담배 모자이크 바이러스의 중앙 구조가 빈 튜브 모양이라는 점을 밝혀냈다. 당대의 유명한 결정학자로 그녀를 버크벡 칼리지에 초청했던 버널(John D. Bernal)은 프랭클린이 찍은 X선 사진들이 가장 훌륭하다고 극찬했으며 그녀가 연구팀을 꾸려 나가는 능력도 높이 평가했지만 DNA 구조는 프랭클린의 관심사가 아니었다.

프랭클린이 DNA 연구에서 떠나 보다 업그레이드 된 과학자로 거듭나고 있을 때인 1956년 그녀는 자신이 난소암에 걸렸다는 사실을 알았다. 그녀 연구의 기본인 X선에 너무 많이 노출된 탓이었다. 그녀는 이 사실을 다른 사람들에게 숨기고 홀로 병마와 싸웠다. 두 번의 수술도 그녀를 구할 수 없었고 죽기 직전까지 연구에서 손을 놓지 않던 프랭클린은 가족들과 크릭 부부를 포함한 몇몇 친구들이 지켜보는 가운데 조용히 세상을 떠났다. 투병 생활을 한 지 2년 만이었다.

프랭클린을 37살이란 젊은 나이에 사망케 한 암이 X선 때문이라는 것은 충분히 가능성이 있다. X선은 극히 짧은 파장의 전자기 복사선으로 물체를 뚫고 지나가는 성질을 갖고 있으므로 골절이나 부상자에게 박힌 파편이나 유리조

크릭과 왓슨은 이중나선 구조에 대한 논문으로 1962년 노벨상을 수상했다.

각, 또는 어린아이가 우연히 삼킨 물건 등을 찾아내는 데 사용된다. 또한 X선은 인체를 투과할 경우 장기 또는 조직의 밀도에 따라 흡수 또는 흩어지는 정도가 다르기 때문에 이 성질을 이용해 질병의 증상을 알아낼 수 있다. 그런데 X선을 많이 받으면 유해하다는 것은 방사능 때문이다.

한 번 X선 촬영을 할 때 받는 방사선량은 약 0.1밀리시버트(mSv)이다. 컴퓨터단층촬영(CT)을 한 번 했을 때 몸에 쪼이는 방사선량은 6.9밀리시버트이다. 일반적으로 방사선 1시버트(Sv) 이상을 온몸에 쬐게 되면 구토가 일어나고, 7시버트를 쬐면 죽는다고 알려져 있다. 마리 퀴리가 200시버트의 방사선에 피폭되었다는 것은 얼마나 많은 방사선을 받았는지 알 수 있다. 원전 종사자는 연간 20밀리시버트 이상 방사선을 받지 않도록 주의하고 있다.

프랭클린은 연구를 위해 항상 X선에 노출되어 있었는데 마리 퀴리 정도까지는 아니라 하더라도 상당량의 방사능에 피폭되었을 것은 두 말할 여지가 없다. 물론 현재는 X선 피폭의 위험성이 알려져 모든 X선 촬영장에서 연구원을 비롯한 종사자들이 주의하고 있음은 기본이다.

| 참고문헌 |

〈거북이야기〉, 김성호, 문화일보, 2005.11.21

〈고려청자의 수난〉, 김태익, 조선일보, 2005.1.20

〈고삐 풀린 방사능, 공포의 진실은 무엇인가〉, 김형자, 시사저널, 2011.04.06

〈남성 진화속도, 여성보다 빠른듯〉, 대중과학, 2010년 3월

〈루비레이저에서 자유전자레이저까지〉, 조재흥, 과학동아, 1991년 2월

〈비난으로 얼룩진 노벨상 수상〉, 유지영, 과학동아, 1998년 2월

〈손에서 손으로 전해진 비법, 전통 지키며 끝없는 현대화〉, 조강수, 중앙선데이, 2010.09.19

〈알프레트 베게너〉, 모리 이즈미,

〈왓슨과 크릭, 이중나선 구조 발견의 드라마〉, 최강열, 과학동아, 1995년 9월

〈인류를 먹여 살린 화학비료〉, 김희준, 과학동아, 1998년 2월

〈전범으로 몰린 화학자 하버〉, www.scienceall.com

〈제임스 왓슨 & 프린시스 크릭〉, 표정훈, 네이버캐스트, 2009.04.25

〈제임스 쿡〉, 표정훈, 네이버캐스트, 2009.04.29

〈지구의 내부 구조〉, 김동희, 네이버캐스트, 2011.02.29

〈진화 고속으로 일어난다〉, 임소형, 과학동아 2005년 2월

〈찬양과 비난을 동시에 받은 화학자-프리츠 하버〉, 대중과학, 2010년 4월

〈콩의 정체는〉, 이덕환, 디지털타임스, 2007.2.6

〈튜링 100주년의 화학적 거세 논란〉, 이성규, 사이언스타임스, 2012.08.30

〈판구조론〉, 김경렬, 네이버캐스트, 2011.07.19

〈프리츠 하버〉, 전성원, 인물과사상, 2011년 6월호

《100 디스커버리》, 피터 매시니스, 생각의날개, 2011

《20세기 대사건들》, 리더스다이제스트, 1985

《21세기에 풀어야 할 과학의 의문 21》, 존 말론, 이제이북스, 2003

《거의 모든 것의 역사》, 빌 브라이슨, 까치, 2005
《과학 우리 시대의 교양》, 이필렬 외, 세종서적, 2005
《과학 혁명과 바로크 문화》, 안드류 그레고리, 몸과마음, 2003
《과학, 그 위대한 호기심》, 서울대학교 자연대 교수 외, 궁리, 2002
《과학과 기술로 본 세계사 강의》, 제임스 E. 매클렐란 3세 외, 모티브, 2006
《과학교과서 영화에 딴지를 걸다》, 이재진, 푸른숲, 2004
《과학사 속의 대논쟁 10》, 핼 헬먼, 가람기획, 2007
《과학사신론》, 김영식 외. 다산출판사, 1999
《과학으로 생각한다》, 이상욱 외, 동아시아, 2007
《과학의 역사(3)》, J. D. 버날, 한울, 1995
《남극의 대륙, 아문센과 스콧》, 라이너 K. 랑너, 생각의 나무, 2004
《내가 듣고 싶은 과학교실》, 데이비드 엘리엇 브로디 외, 가람기획, 2001
《놀라운 발견들》, 프랭크 애셜, 한울, 1996
《누가 우리의 일상을 지배하는가》, 전성원, 인물과사상사, 2012
《누구나 화학》 위르겐 블래커, Gbrain, 2012
《뉴턴》 2005년 5월
《랭킹 100 세계사를 바꾼 사람들》, 마이클 H. 하트, 에디터, 1993
《리더스 다이제스트 잡학사전》, 두산동아, 1980
《문명의 불을 밝힌 과학의 선구자들》, 이세용, 겸지사, 1993
《미래와 진화의 열쇠 이머전스》, 스티븐 존슨, 김영사, 2004
《사람이 알아야 할 모든 것-과학》, 존 그리빈, 들녘, 2010
《사상사개설》, 고영복, 사회문화연구소, 1996
《사이언스 오딧세이》, 찰스 플라워스, 가람기획, 1998
《사이언스 퍼스트》, 로버트 E. 아들러, 생각의 나무, 2003
《살아있는 과학 교과서》, 홍준의 외, 휴머니스트, 2011
《생각 1g만으로도 유쾌한 화학 이야기》, 레프 G. 블라소프외, 도솔, 2002
《생명 생물의 과학》, 윌리엄 K. 푸르브, 교보문고, 2003
《생물학과 생물학자 이야기》, 강건일, 참•과학, 2004
《세계를 바꾼 20가지 공학기술》, 이인식 외, 생각의 나무, 2004

《세계사의 100대 사건》, 리더스다이제스트, 1995
《슈뢰딩거의 고양이》, 에른스트 페터 피셔, 들녘, 2009
《신과학사》, 박상준 외, (주)북스힐, 2002
《역사 속의 의인들》, 황상익, 서울대학교출판부, 2004
《역사를 바꾼 17가지 화학이야기》, 페니 르 쿠터, 사이언스북스, 2007
《열정의 과학자들》, 존 판던 외, 아이세움, 2010
《오류와 우연의 과학사》, 페터 크뢰닝, 이마고, 2005
《왜 사람들은 이상한 것을 믿는가》, 마이클 셔머, 바다출판사, 2007
《우리가 처음은 아니다》, 앤드류 토머스, 현대과학신서, 1988
《우연과 행운의 과학적 발견이야기》, 로이스 M. 로버츠, 도서출판국제, 1997
《위대한 여성 과학자들》, 송성수, (주)살림출판사, 2011
《위대한 패배자》, 볼프 슈나이더, 을유문화사, 2005
《유레카》, 레슬리 앨런 호비츠, 생각의나무, 2003
《의학사의 숨은 이야기》, 예병일, 한울, 1999
《의학오디세이》, 강신익 외, 역사비평사, 2007
《이것이 생물학이다》, 에른스트 마이어, 몸과 마음, 2002
《이타적 과학자》, 프란츠 M. 부에티츠, 서해문집, 2004
《일본에 남은 한국 미술》, 존 카터 코벨, 글을읽다, 2008
《장난꾸러기 돼지들의 화학피크닉》, 조 슈워츠, 바다출판사, 2002
《종의 기원, 자연선택의 신비를 밝히다》, 윤소영, 사계절, 2004
《종의 기원》, 다윈, 삼성출판사, 1983
《중화5000년 과학고사》, 鄭士波 외, 광명일보출판사, 2005
《지식의 원전》, 존 캐리, 바다출판사, 2006
《진정일의 교실 밖 화학 이야기》, 진정일, 양문, 2006
《질투하는 문명》, 와타히키 히로시, 자작나무, 1995
《천재 과학자들의 숨겨진 이야기》, 야마다 히로타카, 사람과책, 2005
《천재들의 수학노트》, 박부성, 향연, 2004
《천재를 이긴 천재들》, 이종호, 글항아리, 2007
《청소년을 위한 과학자 이야기》, 송성수, 신원문화사, 2002

《클라시커 50 재판》, 마리 자겐슈나이더, 해냄, 2004
《탐험과 발견》, 이병철, 아카데미서적, 1989
《탐험사 100장면》, 이병철, 가람기획, 1997
《틀을 깬 과학자들》, 오진곤, 전파과학사, 2002
《하리하라의 몸 이야기》, 이은희, 해나무, 2012
《한국 속의 세계》, 정수일, 창비, 2005
《한권으로 보는 인물 과학사》, 송성수, 북스힐, 2012
《해리포터의 과학》, 로저 하이필드, 해냄, 2003
《화학의 프로메테우스》, 새런 버트시 맥그레인, 가람기획, 2002

| 찾아보기 |

ㅇ

ㅈ

ㅎ

기타